H XING ZUHESHI KANGHUA ZHIDANG JIEGOU JILI

h 型组合式抗滑支挡结构机理

YANJIU YU YINGYONG

研究与应用

王 羽 柴贺军 阎宗岭 唐胜传 熊卫士 著

人民交通出版社股份有限公司
China Communications Press Co.,Ltd.

内 容 提 要

普通抗滑单桩作为悬臂结构,受力情况简单,在工程中得到广泛使用,但其抗滑能力有限,自身刚度小,整体技术经济性较低。h型组合式抗滑桩属于空间h型组合抗滑结构体系,可以通过改变前后排桩的排距、榀桩距、连接位置等结构形式,调节其力学性能。在进行h型组合式抗滑桩结构分析中,因涉及因素较多,受力机理复杂,十分有必要进行深入地研究。本书针对h型组合式抗滑桩这种新型抗滑结构形式,从其受力特点及工程适宜性入手,进行荷载分析与结构计算,并对结构参数进行影响性分析,同时通过数值模拟和模型试验,进一步建立了h型组合式抗滑桩设计计算方法。

本书内容丰富,系统全面,可供土木工程、地质工程领域研究人员、工程设计人员及大专院校相关专业师生学习参考。

图书在版编目(CIP)数据

h型组合式抗滑支挡结构机理研究与应用 / 王羽等著
. — 北京:人民交通出版社股份有限公司,2017.1
ISBN 978-7-114-13628-3

Ⅰ.①h… Ⅱ.①王… Ⅲ.①抗滑桩—组合结构—研究 Ⅳ.①TU753.3

中国版本图书馆 CIP 数据核字(2017)第 009997 号

书　　名:h型组合式抗滑支挡结构机理研究与应用
著 作 者:王　羽　柴贺军　阎宗岭　唐胜传　熊卫士
责任编辑:钱　堃　王景景
出版发行:人民交通出版社股份有限公司
地　　址:(100011)北京市朝阳区安定门外外馆斜街3号
网　　址:http://www.ccpress.com.cn
销售电话:(010)59757973
总 经 销:人民交通出版社股份有限公司发行部
经　　销:各地新华书店
印　　刷:北京鑫正大印刷有限公司
开　　本:787×1092　1/16
印　　张:15.5
字　　数:367千
版　　次:2018年1月　第1版
印　　次:2018年1月　第1次印刷
书　　号:ISBN 978-7-114-13628-3
定　　价:55.00元
(有印刷、装订质量问题的图书由本公司负责调换)

前　言

我国西部山区自然地理和地质构造复杂,地质环境脆弱,地形切割剧烈,地质灾害类型多样,发生频度高。地质灾害发生后,用于滑坡和高边坡治理的费用很高。目前在地质灾害防治问题上,支挡工程技术手段与形式的理论研究严重滞后于工程实践需要。传统支挡结构设计合理性有待改善,对新型支挡结构的探索和应用尚缺乏有效可靠的理论指导作为基础,一定程度地制约了地质灾害防治技术的创新和进步。

普通抗滑桩作为最普遍采用的滑坡支挡措施之一,其最主要的缺点是抗弯能力有限,桩身水平位移大且难以控制。对于推力较大的滑坡,采用普通抗滑桩往往无法满足要求,即使采用大截面设计,其技术经济性也较差。预应力锚索抗滑桩具有主动、柔性支护的特点,但易出现应力松弛、锈蚀和使用受地质环境限制的三大问题。中大型滑坡的防治,必须兼顾结构的稳定性、耐久性,同时,需避免截面尺寸过大带来的施工问题和成本增加。h型组合式抗滑桩属于空间组合抗滑结构体系,可以通过改变前后排桩的排距、栅桩距、连接位置等结构形式,调节其力学性能。在进行h型组合式抗滑桩结构分析中,因涉及因素较多,受力机理复杂,十分有必要进行深入的研究。

在国家科技支撑计划"西南山区干线公路路基灾变过程控制理论与动态调控技术研究"(编号:2015BAK09B00)、交通运输部建设科技项目"新型组合式抗滑支挡结构机理研究"(编号:2013318814180)和国家自然科学基金"基于桩土作用效应的h型组合式抗滑桩全过程受力机理与试验研究"(编号:51408086)的支持下,本书作者对以h型组合式抗滑桩和门架式抗滑桩为代表的组合式抗滑结构进行了大量研究,从h型组合式抗滑桩受力特点及工程适宜性入手,进行荷载分析与结构计算,并通过数值模拟、大型结构模型试验等方法,全面揭示了h型组合式抗滑桩的工作机理与结构性能,进一步建立了h型组合式抗滑桩设计计算方法,研发出了适宜于我国西部山区滑坡防治的新型结构,为地质灾害防治提供了新的工程技术手段。

　　本书共分为 11 章,由重庆交通大学王羽教授,重庆交通建设(集团)有限责任公司熊卫士教授级高级工程师(以下简称高工),招商局重庆交通科研设计院有限公司柴贺军研究员、阎宗岭研究员、唐胜传研究员共同撰写,其中王羽撰写第 2 章~第 8 章,熊卫士撰写第 10 章、第 11 章,柴贺军撰写第 1 章,阎宗岭、唐胜传撰写第 9 章。全书由王羽教授统稿。成都理工大学许强教授,重庆市交通规划勘察设计院冯玉涛高工,重庆市设计院吴明生高工,重庆建工集团龚文璞高工、张庆明高工、赵波工程师,重庆交建集团张昶高工,重庆交通大学硕士生翟永超、于远志、王富强、付有为、徐航、杨军等为本书做了大量的工作,在此一并表示感谢。

　　由于编者水平有限,书中错误之处在所难免,恳请读者批评指正。

作　者

2017 年 5 月

目　录

第1章 绪 论

1.1 研究背景与意义

滑坡,即一定自然条件下的斜坡,由于地下水活动、河流冲刷、人工切坡或地震等诱因影响,使部分岩体和土体在重力作用下沿着一定的软弱面(或软弱带),整体、间歇性、分散地顺坡向下滑动的变形现象。易滑地层,即具备发生滑动的地层岩性条件、地质构造条件、水文地质条件,并在内外地质营力作用下易于发生滑坡等地质灾害的地层。从岩性上讲,易滑地层涉及呈区域性分布的黏土、泥岩、泥灰岩、页岩、硬质岩的软弱岩地层、泥质含量较多的岩浆岩和某些浅变质的板岩、千枚岩、片岩等。我国西部山区,广泛发育着众多易滑地层,在各种因素的作用下,此地区时常发生规模大、危害重的各类滑坡,对该区域的滑坡预测与防治提出了巨大的挑战。

根据国外 E N Bromhead 等人进行过的粗略统计,地质灾害发生后用于滑坡和高边坡治理的费用占总工程费用的 30% ~55%。由于我国西部山区自然地理和地质构造复杂、地质环境脆弱,地形切割剧烈、岩土体支离破碎,地质灾害类型多样,发生频度高,加之不科学的人类建设活动,薄弱的经济基础和较差的承受灾害能力,成为影响和制约我国基础设施建设的瓶颈。我国在地质灾害的治理上,目前仍存在各种不足,集中体现于地质灾害发生频率高、破坏性大。

以三峡地区为例,在该地区广泛出露的侏罗系香溪组、沙溪庙组、遂宁组、三叠系巴东组和第四系堆积层等地层,由于外营力的作用,极容易失稳发生滑动。通过调研发现,该地区 52%以上的路基边坡灾害都集中在上述地层中,故应将这些地层作为该地区主要的易滑地层进行重点研究。加强滑坡等地质灾害研究,特别是易滑地层灾害防治技术研究,对确保路基质量,保障区域交通建设与运营,不断提高公路工程的社会、经济综合效益,具有很大的现实意义。本书通过总结作者相关研究成果,提出并设计适宜我国西部山区易滑地层的新型抗滑结构,力争将易滑地层地质灾害防治技术提高到一个新的台阶,实现减灾防灾的目的。

作为目前应用最普遍的一种滑坡支挡措施,抗滑桩(Slide-resistant Pile)是凭借桩与周围岩、土的相互嵌制作用,把滑坡推力传递到稳定地层,即利用稳定地层的锚固作用和被动抗力,来平衡滑体的剩余下滑力,加固稳定滑坡的工程结构物。抗滑桩具有许多优点,具体如下:

(1)结构抗滑能力强,能够发挥比抗滑挡墙更好的抗滑效果。同时,设桩位置机动灵活,能根据工程实际需要将桩设置在抗滑效果最佳的位置,大大提升其运用的适宜性和有效性。

(2)抗滑桩既可单独使用,也可与格构梁、锚杆、锚索等其他滑坡防治措施组合使用。设置时,可分排进行,这样能够把大体积的滑体划分为局部分散的块体,发挥分而治之的功效。

（3）抗滑桩施工作业面小，桩孔间隔开挖，通常不会恶化滑坡状态，既可用于支挡正在活动中的滑坡，也可用于抢修工程和运营线路中的滑坡，不影响线路正常通行。

（4）在开挖过程中，可以根据现场的地层岩性和地下水状况及时调整变更勘察设计，使之更符合实际工程需要。

（5）抗滑桩施工简单快捷，不需要特殊机具设备。一般采用机械化或半机械化施工，成桩后能迅速发挥抗滑作用。

（6）桩身配筋是根据弯矩大小进行合理的考虑，设计时，相对于不能分段设置钢筋用量的桩（如钢管桩、打入桩）更经济，有利于优化设计。

（7）与防治滑坡的传统措施相比，抗滑桩具有圬工量小、施工速度快捷、抗滑效果佳等特点，因而受到广泛的重视，并得到了迅速的发展与应用。

不过，普通抗滑桩的缺点也非常明显：其抗弯能力有限、桩顶水平位移大且难以控制、施工面狭窄等。对于一些剩余下滑力很大的滑坡，采用普通抗滑桩往往无法满足要求；某些情况下，由于桩身围岩横向容许承载力的不足，普通抗滑桩设计必须增加桩长或将其设计成大截面来达到强度标准，这样，既加大了施工难度和工程造价，也影响了工期，不能保证治理措施的有效性和及时性。

组合式抗滑桩作为一种新型的结构形式，不仅能有效地克服普通抗滑桩的不足，还能大幅提高抗滑效能。由于钢筋混凝土连梁的构造设计，能强化前、后排桩的整体连接，形成双排桩支护结构体系，大大增加结构整体刚度和稳定性，大幅提升抗滑支护能力。经初步估算：在相同的滑坡推力作用下，组合式抗滑桩最大弯矩仅为普通抗滑桩的1/3，受力性能大为提高，同时增加了施工工作面。若使两者实现相同的抗滑效果，则组合式抗滑桩工程费用能节省30%左右，故其具有很高的应用价值，是一种很具开发潜力的滑坡治理结构形式。但是，作为一种新型抗滑结构，目前，国内外对h型组合式抗滑桩的受力和变形机理研究甚少，对桩—土共同作用、桩距、排距、桩径等对支护结构的刚度影响尚未做深入分析；组合式抗滑桩的抗滑效果也未得到有效的计算与工程验证，因此，对组合式抗滑桩进行深入研究具有十分重要的现实意义和价值。

截至2016年底，我国西部地区有超过3000km的高速公路修筑在易滑地层之上，尚有10000km以上在建或规划建设的高速公路。如在建的云阳—奉节高速公路，公路设计全长69.5km，RK97 + 781 ~ RK98 + 011段右线右侧的肖家包滑坡（图1-1）由于路堑挖方，导致前部滑动。滑坡纵长124m，平行线路最大宽度231m，平均厚度15m，滑坡区上覆第四系残坡积的碎石土，下覆基岩为三叠系巴东组泥岩、灰岩。由于认识上的不足，未及时采取防治措施，使得滑坡滑动后后部岩体松动，滑坡范围进一步扩大，致使后续治理措施花费巨大。此高速公路施工过程中，仅由边坡变形破坏和路基失稳而新增的治理费用就超过2.3亿元，其中2/3的费用增加发生在B1 ~ B14合同段（易滑地层出露地段）。本书总结了作者相

图1-1　肖家包滑坡

关研究成果,这些成果可用于在设计阶段的预防护及指导路基工程出现变形和破坏后的防护工程优化,经初步估计,可以节省约一半的造价。若将本技术用于我国西部山区所有规划建设的位于易滑地层的高速公路、高速铁路及其他基础设施建设工程中,将产生巨大的经济和社会效益,需求前景广阔。

本书通过探索和研发适宜于我国西部山区滑坡及高边坡支挡的新型结构,为滑坡与高边坡防治技术和手段提供新的结构类型,从而降低基础设施建设成本,逐步改变易滑地层分布地区及滑坡多发段的地质灾害频发的不利局面。同时,通过成果的应用,提升我国西部山区地质灾害防治技术综合水平,真正提高山区的灾害处治能力,有效提升设计方法的有效性和针对性的目的。

1.2 国内外研究现状

抗滑桩(Shide-resistant Pile)是穿过滑坡体深入于滑床的桩柱,用以支挡滑体的滑动力,起稳定边坡的作用,适用于浅层和中厚层的滑坡,是一种抗滑处理的主要措施。抗滑桩在施工时土方量小,施工需有配套机械设备,工期短,是广泛采用的一种抗滑措施。抗滑桩对滑坡体的作用是利用抗滑桩插入滑动面以下的稳定地层,利用对桩的抗力(锚固力)平衡滑动体的推力,增加其稳定性。当滑坡体下滑时,受到抗滑桩的阻抗,使桩前滑体达到稳定状态。

国外学者 De Beer 依据桩周岩土体与桩的相互作用,把桩分为两类:第一类为"主动桩",是直接承受外荷载并主动向桩周岩土体传递荷载的桩;第二类是"被动桩",是由于桩周岩土体在自重和外荷作用下产生变形而使桩间接承受荷载。显而易见,抗滑桩属于侧向受荷被动桩。

抗滑桩的类型划分形式多样,可以从以下几个角度来考虑。由于抗滑桩的力学性质属于侧向受荷结构,按照桩的变形条件,可以分为弹性桩和刚性桩;根据桩的埋置情况和受力状态,可分为全埋式桩和悬臂式桩。此外,抗滑桩根据所用材料不同,可分为木桩、钢桩和钢筋混凝土桩;根据施工工艺不同,可分为钻孔桩、挖孔桩和打入桩;根据桩身的截面形式不同,可分为管形桩、矩形桩、圆形桩等。公路常见抗滑桩如图1-2所示。

统计资料显示,目前运用得最普遍的滑坡及高边坡支挡措施主要为大直径抗滑桩、锚索、微型抗滑桩,即通常所说的"一大、二锚、三小"。此三种类别在目前的设计和施工中运用得相对比较广泛。如专门针对抗滑桩结构形式进行划分,具体地讲,可以划分为以下几类:

(1)普通抗滑单桩:普通抗滑桩是穿过滑坡体深入于滑床的桩柱,利用滑动面以下的稳定地层对桩的抗力来抵抗滑体下滑力的一种悬臂抗滑结构。如图1-3所示。

(2)预应力锚索抗滑桩:是将预应力锚索和抗滑桩进行组合,在抗滑桩桩顶及部分桩身处设置预应力锚索,在发挥抗滑桩阻滑能力的同时,依靠锚索的主动锚拉力使抗滑桩的变形受到限制,大幅度改善桩顶位移和桩身的应力状态,能较好地提升抗滑桩的抗滑效果。如图1-4所示。

(3)门架式双排桩:是通过设置前、后排桩竖向桩并用连系梁将前后排桩桩顶进行连接的一种组合抗滑桩结构。其刚度大,抗滑能力强,变形小,一般用于深基坑工程和大推力滑坡治理中。如图1-5所示。

(4)排架式抗滑桩:在门架式双排桩的基础上,增加一根连系梁,由此更强化其抗滑刚度,但此种结构构造复杂,施工难度大。如图1-6所示。

a)   b)

c)   d)

图 1-2　公路常见抗滑桩

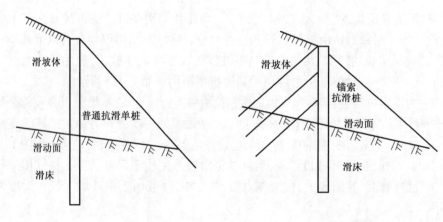

图 1-3　普通抗滑单桩　　　　　　　　　图 1-4　锚索抗滑桩

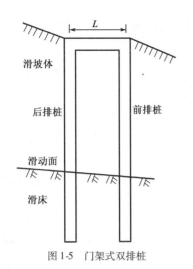
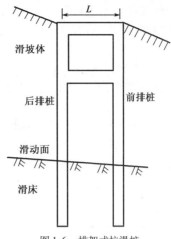

图 1-5 门架式双排桩 　　　　　图 1-6 排架式抗滑桩

（5）座椅式桩墙组合：由后排桩、前排桩、连系梁、拱板四部分组成，类似座椅，此种结构抗倾覆能力强，但构造复杂，施工困难。如图 1-7 所示。

（6）微型桩群加锚索：由微型桩（每根桩内放钢筋或钢轨，桩内注水泥砂浆）、预应力锚索、桩顶混凝土 L 形压顶梁组成。如图 1-8 所示。

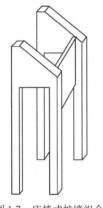
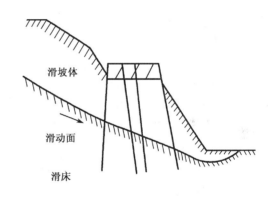

图 1-7 座椅式桩墙组合 　　　　　图 1-8 微型桩群加锚索

从目前国内外的研究与工程实践看，在各种桩型的选择上，应根据工程地质条件和滑坡推力大小灵活考虑。普通抗滑单桩是最常用的结构形式，也是抗滑桩的基本形式，其受力简单明确，应用广泛。而预应力锚索抗滑桩，由于预应力锚索的存在，可改变普通单桩的悬臂受力状况，使桩不必完全依靠桩侧岩土抗力来抵抗滑坡推力，可以大大降低桩的截面设计面积和锚固段长度，是一种较为科学合理的桩型。不过，锚索抗滑桩的应用有其局限性，其锚固端必须要具备良好且较坚硬的岩层以提供有效的锚拉力才能正常工作。

当在大推力滑坡防治中，单桩承载力不足或设计的技术经济性较差时，应考虑门架式或座椅式桩等组合桩型。这样的组合式抗滑桩相对于普通抗滑单桩和预应力锚索抗滑桩来说，特别适合应用于软弱地层和剩余下滑力大的滑坡，此时，能充分发挥其抗弯能力强、抗倾覆能力强、桩身弯矩小、桩—土结构变形小、适应地层多样的优势。纵观全国的以抗滑桩为主的滑坡支护措施中，普遍采用的是单排抗滑桩和锚索抗滑桩的支挡形式，双排抗滑桩及其衍生的组合式抗滑桩,由于现有研究成果较少,尚未得到充分的认识和重视,限制了其在滑坡治理和支护中的应用。结合本书主要研究内容,对国内外研究现状简要分析如下。

1.2.1 抗滑桩力学机理的研究现状

抗滑桩是滑坡防治中的主要工程措施之一,在工程中已得到广泛的运用。有关抗滑桩的研究工作也已经大量开展,其研究工作主要集中在滑坡推力大小和分布的确定、抗滑桩结构内力计算方法、合理锚固深度和优化设计等方面。以下对抗滑桩力学机理方面的研究工作进行简要归纳。

抗滑桩在边坡治理工程中,其承受的主要荷载就是滑坡推力,因此滑坡推力计算结果是否准确将决定抗滑桩的设计的成败与否。目前最常用的滑坡推力计算方法是基于极限平衡原理的传递系数法,但是该方法只能确定滑坡推力的大小,而对于滑坡推力的分布则只能根据经验假定。因此,研究者们对滑坡推力大小和分布的确定进行了大量的研究工作。

San Shyan Lin 利用桩土系统的能量守恒原理,引进傅立叶级数函数和西沙洛平均方法,通过测斜数据来反演抗滑单桩的受力。Begemann H-K S 提出计算由地面荷载产生、作用于桩上的荷载时,可近似地认为桩是刚性的,土体侧向位移和水平应力分布用弹性方法计算,桩按等值板墙考虑。

魏作安等利用专门设计的物理模型试验装置,通过改变抗滑桩的几何尺寸、布桩间距和滑移面角等参数,研究了抗滑桩与坡体的相互作用,获得了不同参数条件下抗滑桩的受力情况和作用在抗滑桩上的滑坡推力,并推导了分布函数。

戴自航等在现场采用千斤顶对抗滑桩分别近似按三角形、矩形、抛物线形施加水平分布荷载,实测了抗滑桩的内力与变形。认为当作用在抗滑桩上的滑坡推力较小时,不同形式分布的滑坡推力对内力计算结果影响不大。

Ito 在 1975 年提出了基于刚性抗滑桩分析计算得到的滑坡推力计算方法,而且提出钻孔灌注桩加固土坡稳定分析的普通条分法,在安全系数算式中包含了桩在临界滑动面处所增加的阻滑力。

许江波对滑坡推力计算的极限分析法和有限元强度折减法进行了对比分析,认为在安全系数较小的情况下,两者的计算结果会有一定的差距,但是随着安全系数的不断增大,两者的计算结果将趋于一致,而且有限元强度折减法在计算出滑坡推力大小的同时能得出推力的分布形式。

肖世国根据对似土质滑体的水平微层段的极限平衡分析,推导了桩后滑坡推力的近似解析表达式。计算结果显示,桩后滑坡推力呈抛物线分布,与室内试验结果相吻合,验证了该方法的正确性。

Cheng Jian-jun 对滑坡推力计算的三种方法进行了分析,认为随着计算理论的不断发展,传递系数法必将被更为先进的方法所取代。总的来说,有限元方法不仅能准确计算滑坡推力的大小,还能同时计算出抗滑桩的内力,建议在工程实践中广泛应用该方法。

1.2.2 抗滑桩计算与设计方法研究现状

目前,国内关于抗滑桩的内力计算有许多方法,其中最常用的是弹性桩法和刚性桩法,其区别在于根据桩的变形状态和桩周土体性质采取不同的计算模型和条件假设。其中,在计算滑动面以下地基抗力时,地基系数法应用得尤为广泛,根据不同的应用条件,地基系数法可细分为单参数法(包括"C 法""K 法""M 法")和多参数法。《建筑基坑支护技术教程》中建议的计算方法是"M 法","M 法"在计算过程中是将桩周土体对桩体位移的约束通过等效压缩刚度的土体弹簧来模拟,能部分反映土体与桩的相互作用关系,但该法不能完全反映土体的本构特征,有一定的局限性。采用多参数法计算出的地基系数,相对比较准确,通过它能够计算出桩身任意位置的变形和内力图,对于滑动面处的剪力、弯矩及变形值,用该法得出的结果与实际较为相符。

国外关于抗滑桩的内力计算常划分为两部分来进行,一般用悬臂梁法来计算滑动面(带)以上的抗滑段,滑动面(带)以下锚固段则运用线弹性地基系数法(P-y 曲线法),利用 P-y 曲线法求出桩身内力与位移。

在抗滑桩设计方面,由于工程实践较多,国内抗滑桩的设计方法是比较成熟和可靠的,大致有以下几个设计程序:

(1)掌握滑坡的规模、性质、原因和所处的工程地质环境,判断滑坡体的稳定程度及趋势预估。

(2)依据滑带岩土抗剪强度等指标,计算出桩断面的滑坡推力值。这个值是后续设计的重要指标。

(3)依据工程地质条件确定设桩位置和区域。

(4)根据滑坡推力,初步设计出桩身截面尺寸、悬臂段长度和锚固段长度、桩间距和排距等要素。

(5)确定桩的计算宽度和地基系数,运用弹性桩(刚性桩)法,结合桩底边界条件,计算桩身弯矩、剪力、内力和桩侧应力。

(6)校核地基强度和锚固段长度,根据最大弯矩、最大剪力值进行配筋。

国外抗滑桩设计从 20 世纪 70 年代开始,经历了漫长的发展过程,其设计思路与国内有所不同,一般有以下几个步骤:

(1)根据人为设定的安全系数来反推此时的剪力值。

(2)计算单根抗滑桩能够提供的阻止滑坡滑移的最大剪力值。

(3)设计出桩身截面尺寸、悬臂段长度和锚固段长度、桩间距和排距等要素,并校核设计结果。

抗滑桩计算方法与设计步骤多样,使用得最多的是"压力法""位移法""有限单元法"。在实际工程设计计算中,"压力法"应用最为普遍,其原理简单,能方便地计算出桩的变形和内力的数值解,但"压力法"对滑坡推力的分布形式和桩—土作用关系对最终桩体计算结果的影响考虑得比较粗糙,有一定误差。"位移法"相对来说避免了上述问题,但是,在无支撑的情况下,确定较复杂岩(土)体侧向变形是其不足。随着数值模拟技术的发展,对于抗滑桩的计算,目前学者们一般推荐采用"有限单元法"。"有限单元法"既能考虑结构、材料等因素,也能充分考虑桩—土相互影响作用关系,并能进行过程控制,该法虽考虑因素比较多,但计算精度较高。特别是郑颖人院士提出的有限元强度折减法,用梁单元来模拟抗滑桩,可以很快地计算出抗滑桩的应力应变状况与桩—土作用关系,大大简化了计算程序。

1.2.3 双排抗滑桩力学机理研究现状

组合式桩一直是基坑支护工程的主要技术措施,国内外学者在此应用领域研究众多,成为近年来研究的热点。20世纪70~80年代,国外部分学者开始提出门架式双排桩的概念,并进行了较初步的探讨:例如Duncan J M在1970年尝试性地分析了门架式双排桩基坑工程开挖中的支护运用,依据winkler假设和经典土压力理论构建计算模型进行计算,得到了近似的数值结果;Nicu、Oteo和Stewart等人利用现成测量与成果统计,归纳出门架式双排桩桩周土体位移与桩身内力之间的定量关系,由此提出了土压力法、结构变形法等计算方法,对此种结构进行设计计算。Mana A I在1997年首次较深入地研究了门架式双排桩的结构性能,利用平面有限元法对模型进行计算,并提出了桩间土压力的计算方法,考虑了桩—土共同作用,其计算结果较为理想和准确。

我国在20世纪90年代,中国建筑科学院何颐华、杨斌、龚晓南、金宝森等人开始研究此类组合结构,并进行了室内物理模型试验。模型试验采用两种排距($L = D$ 及 $L = 2D$,其中,L 为排距,D 为桩距)的双排护坡桩,并与普通单桩进行比较(双排桩总桩数与单排桩总桩数相等,其中双排桩间距两倍于单排桩)。试验桩数50根,桩径为30mm,桩长为1800mm,单排桩桩距 $D_单 = 60mm$,双排桩桩距 $D_双 = 120mm$,排距 $L_{双1} = D = 120mm$,$L_{双2} = 2D = 240mm$,嵌固深度为400mm。最终试验测试两个指标。①桩顶位移:单排桩为44.8mm,双排桩($L = 120mm$)为18.0mm,双排桩($L = 240mm$)为13.1mm。②桩身最大弯矩:单排桩为34.2N·m,双排桩($L = 120mm$)桩中最大弯矩为20.9N·m;双排桩($L = 240mm$)桩中最大弯矩为19.8N·m。由此得到结论,双排桩的刚度大、双排位移变形小、桩身整体弯矩值也大幅降低,双排组合桩的支护能力大大优于单排桩。

北京市方庄花园六号楼支护工程中采用了双排组合桩设计,建筑科学研究院地基所对其进行了现场测试。测试显示:钢筋的应力曲线数值与分布规律基本与室内试验接近,证明了室内试验的结果具有较大的指导性。同时,国内个别科研院所与机构也陆续对此种结构的应用情况进行观测与统计,测试指标涉及桩间土压力、钢筋应力应变、桩身(顶)位移、围岩压力等,均得出了双排桩支护效果相对于单排桩更佳的结论。不过,由于此种结构在国内外室内试验与工程实测中均较少,许多数据指标还处于空白状态,有待进一步深入的研究。

国内近年来对以门架式抗滑桩为代表的组合式抗滑桩的研究成果越来越深入,陆培毅、杨靖等采用二维数值模拟探讨了双排桩在深基坑工程软弱地质条件下的应用效果与经验总结;崔宏环等采用三维有限元软件对抗滑桩悬臂式支护结构的力学状态和桩—土效应进行了分析;蔡袁强等采用非线性弹性单元分析法,研究了前、后排桩的应力应变状态及结构位移变化情况,建立了前后排桩变形协调方程,并初步对比了基坑工程中双排组合式抗滑结构相对于单排桩的性能提升幅度。王湛等运用弹塑性分析法将门架式组合结构的桩和桩间土看作整体,推导出桩间土压力的计算式,并通过工程实例进行验证。应宏伟分析建立横撑—排桩—连梁—岩土之间力学影响机制,提出横撑排桩支护结构具有良好的工作性能。戴智敏、万智等通过三维分析,构建了门架式双排桩的力学模型,探讨了桩间距产生的土拱效应,计算得出了圈梁在控制桩顶位移中的作用和功能;此外,平扬等建立了门架式双排桩位移反分析计算方法,以此可以综合考虑结构各部分的协同工作效应,满足实际设计的需要。曹均坚通过变形协调原理构建了前、后排桩的变形协调方程,在考虑连系梁对组合桩空间作用影响的基础上,提出门架式抗滑桩的力学计算模型;黄凯重视压顶梁和围檩对结构的影响,提出准空间概念,推导出基坑护桩的力学解析解,利用数值软件,计算了支撑围檩、压顶梁对排桩性能的作用,得到一些初步结论,具有一定实际价值。

以上研究的对象均集中于以门架式双排桩为代表的组合桩在基坑工程支护中的应用,不过,门架式双排桩由于其受力机理复杂,前后排桩间土对结构的作用很难确定,故其运用于大型滑坡和高边坡工程并不普遍,特别是结合国内公路工程建设实践,关于此类结构的相关的研究成果较少。王旭、晏鄂川、吕美君采用有限元法计算了滑坡推力在两排桩之间的分布,研究了抗滑双排桩的内力分配,通过构建模型计算了两排桩的剪力和弯矩分布规律,分析了前后排桩排距对桩身内力的影响。探索性地将研究结果应用于三峡库区巴东县中环路内侧某由于路基开挖引发的古滑坡复活治理中。周翠英、刘祚秋等将前排桩和后排桩受到的地基土的抗力简化为弹性支承,将门架式抗滑桩前、后排桩及中间连系梁和桩间土视为一个整体,在前、后排桩的受力状态中必须考虑桩间土的主动土压力和附加土压力的共同作用,提出了桩间土对前排桩的弹性作用模式及桩间土对后排桩的计算分析模型,并将其研究理论应用于东深改造工程 K13 + 785 ~ K13 + 885 区段边坡治理中。蒋楚生计算了椅型抗滑桩的结构内力并进行了变形分析,将设计结果应用于枝柳路 K621 + 823 ~ K621 + 955 地段滑坡治理工程中,初步探讨了此种椅型抗滑结构的力学机理,为其他相似结构的计算提供了参考。杨波、郑颖人、赵尚毅等提出了基于强度折减的有限单元法,在 ANSYS 环境中,分析了在不同的折减系数下组合排桩随滑坡推力、桩前抗力、排距、桩距等变化下的力学状态。刘金龙、王吉利等对比了梅花形布置方式和平行布置方式下,双排抗滑桩的抗滑效果,认为在合适的桩距下,梅花形布置方式可充分发挥前排桩与后排抗滑桩土拱效应,以此实现设计的技术经济最优化。徐凤鹤、王金生采用"Finite Difference Method"对刚架式抗滑桩进行计算,并与其他数值模拟方法进行计算结果的对比,证明了该方法在计算精确程度上能够满足要求,并可以满足工程应用的需要,最后,将有关计算结果应用于罗依溪抗滑刚架桩的设计与施工中。

h 型组合式抗滑桩是在门型双排桩基础上创新发展而成,由于结构形式新颖,目前关于 h 型组合式抗滑桩的结构原理与实践探讨的相关论述极少,仅有赵海玲、肖世国等个别研究者对其进行过初步探讨。赵海玲把滑坡岩土体视为弹塑性材料,构建了平面有限元模型,采用 ANSYS 数值分析软件对 h 型组合式抗滑桩进行二维弹塑性有限元模拟,研究其受力状态和前后排桩变形情况,简单地对 h 型组合式抗滑桩受力状态与同等截面的单桩受力状态进行比较,发现 h 型组合式抗滑桩具有更大的抗滑能力。肖世国初步地研究分析了 h 型组合式抗滑桩工作的作用机理,根据其结构特征,建议按滑动面以上和滑动面以下两个部分分别计算,按上下两部分设计步骤进行设计,并尝试性地用于四川省广巴高速公路一大型堆积体路堑边坡工程中,取得了一定的实际效果。

在我国,使用最多、最广泛的也是排式单桩,即在滑坡的适当位置,每隔一定距离挖掘一竖井,再放置钢筋或型钢,最后灌注混凝土,形成了一排或数排的若干单桩。这是我国抗滑桩的基本形式,但对于比较大型的滑坡而言,这样的单桩在受力上并不能满足工程需要,为了增强桩的抗滑力,许多新的桩排形式——h型组合式抗滑桩被提出来。h型组合式抗滑桩主要指两排或两排以上的抗滑桩通过连系梁共同作用来提供抗滑力。作为一种新型抗滑桩,h型组合式抗滑桩因其受力机理复杂,前、后排桩桩间土对结构作用很难确定,因而其设计计算方法成为工程界的焦点问题。

Mana AI在1997年较深入地研究了组合式双排桩的结构性能,利用平面有限元法对模型进行计算,并提出了桩间土压力的计算方法,考虑了桩—土共同作用,其计算结果较为理想和准确。

中国建筑科学院何颐华、杨斌、龚晓南、金宝森等人开始研究此类组合结构,得到结论:双排桩的刚度大、双排位移变形小、桩身整体弯矩值也大幅降低,双排组合桩的支护能力大大优于单排桩。

陆培毅、杨靖等采用二维数值模拟探讨了双排桩在深基坑工程软弱地质条件下的应用效果与经验总结;崔宏环等采用有限元软件对抗滑桩悬臂式支护结构的力学状态和桩—土效应进行了分析;王湛等将前后排桩视为一个整体进行了桩土接触面的非线性分析,提出了桩间土压力的计算方法。应宏伟分析建立横撑—排桩—连梁—岩土之间力学影响机制,提出横撑排桩支护结构具有良好的工作性能。戴智敏、万智等采用土拱理论和土抗力法建立了双排桩分析计算模型,对已有方法提出了改进,并考虑深基坑空间效应及支护桩顶的水平圈梁作用,对双排桩支护结构体系进行了三维分析。曹均坚在考虑圈梁对桩空间作用影响的基础上根据变形协调原理建立了前桩和后桩的变形方程,从而推导出一种新的计算方法。此外,蔡袁强等采用非线弹性有限元法,对软土地基中双排桩围护结构的内力和变形特性进行了研究。平扬等在考虑排桩、圈梁、连接梁空间协同作用的前提下,提出了一种更适合双排桩实际工作形态的计算方法和反分析计算理论。关于深基坑研究的这些成果,有很多在滑坡治理中也是可以借鉴的。黄凯重视压顶梁和围檩对结构的影响,提出准空间概念,推导出基坑护桩的力学解析解,利用数值软件,计算了支撑围檩、压顶梁对排桩性能的作用,得到一些初步结论,具有一定实际价值。

综上所述,在以往直接关于组合式桩计算方法的研究中,大多采用近似理论解析的方法来分析桩身内力,不过,受其分析方法的限制,不可避免地引入了一些假设,不能完全符合工程应用要求,尤其是关于h型组合式抗滑桩与坡体的相互作用问题的科学机理,其考虑桩—土相互作用的合理性程度还需深入研究。部分研究人员采用有限元等数值模拟方法来分析h型组合式抗滑桩的应力状况,但由于数值模拟方法自身的局限性,使得单纯的数值模拟结果不足以作为充分的判据,还必须结合试验研究结果分析其合理性。可以看出,h型组合式抗滑桩作为空间组合桩,涉及荷载分布、整体刚度、空间效应、桩土作用等多重问题,其受力机理复杂,前、后排桩间土对结构的作用很难确定,且国内外学者对此探讨甚少,虽在边坡防护中有个别探索性研究,但理论研究严重滞后于实践需求。不过,与之结构形式类似的门架式双排桩则在深基坑工程中得到了尝试性的使用,并取得了比较良好的效果。研究者认为,深基坑门架式双排桩研究的某些成果可以为h型组合式抗滑桩的研究提供借鉴,以对此种结构加以深入全面的认识,为其在滑坡治理、边坡防护等工程中的推广运用,奠定完善的理论计算基础并提供设计依据。由于有关h型组合式抗滑桩结构的文献资料匮乏,可考虑将与之结构相似的双排抗滑桩和门架式抗滑桩的相关论述结合起来作为参考,并通过技术创新来实现此新型抗滑结构的系统研究。

1.2.4 h型组合式抗滑桩研究现状

目前,普通抗滑桩在我国使用最多、最广泛,它是按一定间距在滑坡的适当位置挖掘一竖井,放置型钢或钢筋后灌注混凝土,所形成的一排或数排的单桩,这是我国抗滑桩的基本形式。但对于规模较大的滑坡,由于其剩余下滑力较大,普通单桩在受力上则不能满足要求。而组合双排桩通过在坡体的适当位置设置前后两排桩,并用连接梁将前后两排桩连接成一个整体,形成一个后排桩具有悬臂段的排架结构,能够有效抵抗大推力滑坡。

对于h型组合式抗滑桩机理的研究,国外的研究多侧重于土坡变形对桩体受力的影响,尤其是对堤坝工程、海港工程中承受软黏土变形的被动桩的研究较多,而关于结构受力及设计、施工技术的很少。

国外学者针对在土体水平位移作用下的桩和桩群的设计计算,提出了一些方法,归纳起来主要有:位移法、压力法和有限单元法压力法。计算由地面荷载产生、作用于桩上的荷载时,可近似地认为桩是刚性的,土体侧向位移和水平应力分布用弹性方法计算,桩按等值板桩墙考虑;位移法必须已知土体在无桩时的自由侧向位移分布,然后把此位移叠加到桩上,而桩土相互作用则用弹性理论或地基反力计算,位移法能得到桩的位移和弯矩分布情况;有限单元法分为平面应变分析和三维分析,当采用平面应变计算桩土相互作用时,桩用等值的板桩墙替代,其抗弯刚度等于平均抗弯刚度,从而把桩群直接分成单元网格进行计算。与国外的研究不同,国内对于抗滑桩的计算研究主要集中于加固岩土体边坡方面,尤其以加固大、中型破碎岩体滑坡为主,对于普通抗滑桩的计算,将滑坡推力作为外荷载作用于抗滑桩上,桩与岩土相互作用的力学计算模型一般采用线弹性Winkler地基梁模型,这种计算方法与上面提到的压力法类似,在此我们也将其称为压力法。根据对桩前滑体的考虑方法不同,又可分为两种,即悬臂桩法和地基系数法,前者将桩身所承受的滑坡推力和桩前滑体的剩余抗滑力或被动土压力视为已知外力,然后根据滑动面以下岩、土的地基系数计算嵌固段的桩壁应力以及桩身各截面的变位、内力。此方法出现较早,计算简单,在实际工作中应用较多。地基系数法是将滑坡推力作为已知的设计荷载,然后根据滑动面上、下地层的地基系数,把整根桩当作弹性地基上的梁来计算;在具体计算时,根据采用的途径不同,又可分为初参数法、杆件有限单元法和无量纲系数法等不同方法。对于平面应变和三维有限单元法,国内也有学者进行了研究计算。励国良根据滑坡与桩相互作用的特点,提出了抗滑桩与滑坡体相互作用的位移模型,利用地基系数法通过假定滑体发生一个系统允许的整体位移和桩在滑动面处力的平衡条件,进行桩的内力计算和相应的地基反力计算。对于平面应变和三维有限单元法,国内也有学者进行了研究计算。

国内研究方面,有个别设计院在滑坡防治实践中,尝试性地开展了h型组合式抗滑桩的研究。铁四院的闵顺南、徐凤鹤等人在施溶溪滑坡治理中采用了椅型桩板墙的桩土受力变形计算方法:承台及上墙部分按悬臂梁设计,下部桩基嵌固于地层中,内外基桩位于外力作用面内,借助刚性承台座板连接成框架,其按埋置于地层内宽度等于B_p的弹性框架构件设计。铁二院的蒋楚生针对h型组合式抗滑桩认为:当桩身系梁很厚时,其结构设计可参照铁路桥涵中有关承台桩的内容;对于桩与系梁刚度相近的椅型抗滑桩,则按变形协调条件将系梁与桩分解,两桩则按常规的单桩进行受力变形计算。其具体思路是:将原结构分解为四部分,主桩上部分按悬臂段计算内力及位移(不考虑肋板作用),下部分与系梁及副桩建立变形协调方程,求出杆端力后,可按单桩(桩顶作用有集中荷载的桩)分别计算主桩及副桩的内力及位移。这种方法是以杆端的位移为基本未知量,通过位移再求解杆的内力,按照结构计算方法的分类可称之为位移法。

成都理工大学的研究团队以雅沪高速公路 K14 斜坡路堤治理为例,基于现场监测等方法,利用理论分析和数值模拟方法对组合式桩板墙抗滑结构进行研究。认为可通过在主副桩之间加设肋板来加强阻滑能力,此种优化方式可以增加桩体节点刚度,大大改善组合式桩板墙在工程中的抗滑性能,同时减小了系梁高度和副桩的桩长,节省了工程造价。赵海玲曾对四川省宜宾市五粮液纸箱厂 2 号滑坡治理中的 h 型组合式抗滑桩作过二维的弹塑性有限元分析,以研究 h 型组合式抗滑桩的变形性状。文中提到的桩型与常规的有所不同,一般来说,h 型桩的后桩及横梁均设置于坡体的外侧,以抵抗较大的倾覆力矩,但该文中把后桩及横梁置于土体之内,靠填土体的自重提供抗倾覆力矩,结果显示,这也能增加 h 型组合式抗滑桩的抗滑能力。肖世国通过研究和理论分析,认为可以用在滑坡推力作用下的横向弹性地基约束的平面刚架模型,以分析受荷段的内力,对锚固段的内力则可以直接按弹性地基梁理论进行计算,并将其成功应用于某堆积体边坡工程中。张泽坤采用数值模拟对 h 型组合式抗滑桩加固膨胀土边坡进行了数值分析,结果表明不同的抗滑桩尺寸参数将会导致抗滑桩内力与变形产生很大的不同,建议在滑坡治理当中要充分考虑不同结构尺寸参数的影响。陆兆也运用有限元软件对带斜撑的 h 型组合式抗滑桩结构的受力性状进行了分析,通过讨论设置斜撑对 h 型组合式抗滑桩受力性状的改变,探讨了带斜撑 h 型组合式抗滑桩的工作机理,亦分析了前后桩间距、斜撑刚度以及前、后桩锚固深度等桩身参数对支护结构内力和位移的影响。

1.2.5　h型组合式抗滑桩有待深入研究的问题

h 型组合式抗滑桩结构由于系梁的作用,构成空间刚架结构,其优点很多,工程适应性较强,特别对于大推力滑坡,是一种值得推广的新型加固结构。但目前国内外关于此结构的成熟完善理论研究较少,工程应用也处于起步阶段,还有许多问题有待更深入的研究:

(1)在研究 h 型组合式抗滑桩锚固段内力计算方法和锚固深度验算方法过程中应该考虑前、后排桩的相互影响问题,而 h 型组合式抗滑桩作为双排桩,在一定的地层条件和前、后桩排距一定的情况下,有必要考虑其相互作用。

(2)抗滑桩间距是抗滑桩设计的重要指标,而抗滑桩的间距往往是根据土拱效应确定的。h 型组合式抗滑桩作为双排抗滑桩,其土拱效应与一般单桩有所区别,所以可以对考虑土拱效应的 h 型组合式抗滑桩合理间距进行研究。

(3)对于 h 型组合式抗滑桩设计计算,一方面可参照普通抗滑桩的设计方法,但必须结合其自身受力特性和结构特征开展分析,以此建立起完善的设计流程和相应的计算步骤。

(4)h 型组合式抗滑桩的力学机理的研究将对该类组合式结构的施工有一定影响。h 型组合式抗滑桩虽然与普通抗滑桩有一定的相似性,但是,由于其系梁的存在和工程地质条件的复杂性,如何利用现代施工技术,找到施工过程及结构性能发挥与桩周岩土自稳性的平衡点,尽可能地发挥此类结构性能,是需要进一步研究的问题。

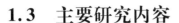

1.3　主要研究内容

h 型组合式抗滑桩属于空间抗滑结构体系。h 型组合式抗滑桩在平面上,前、后排桩用连系梁连接,可以按任意调节排距、桩距、连接位置等结构参数,而单排悬臂桩为一静定结构,不具备此种功能。总体上,对 h 型组合式抗滑桩进行力学分析,因涉及因素较多,受力机理复杂,前、后排桩与岩土体作用效应难以直接确定,十分有必要进行深入、系统的研究。本书主要针对 h 型组合式抗滑桩这种新型抗滑结构形式进行研究,在分析其结构受力特点与机理的基础上,提出相应的结构计算和结构设计的理论方法,并通过数值模拟和室外结构模型试验,进一步验证所建立的 h 型组合式抗滑桩计算、设计方法的合理性和有效性。本书的主要研究内容如下:

(1)h 型组合式抗滑桩受力机理及结构研究。主要针对 h 型组合式抗滑桩超静定结构特点和结构性能及工作状态进行研究。研究在多变的外荷载作用下,h 型组合式抗滑桩作为超静定结构体系,如何自动调整结构本身的内力,使之适应复杂而又难以预计的荷载条件;研究 h 型组合式抗滑桩前、后排桩抵抗滑坡推力作用机理,前、后排桩的位移与最大内力、弯矩、剪力值下降幅度及规律。

(2)h 型组合式抗滑桩地质条件应用适宜性研究。根据区域环境地质特征和工程地质条件及自身结构特点,深入探讨 h 型组合式抗滑桩在不同滑坡类型中的工程应用适宜性,提出此种结构的工程环境运用条件。

(3)h 型组合式抗滑桩设计计算方法研究。对于 h 型组合式抗滑桩设计计算,不仅要确定前、后排桩的滑坡推力形式,还要确定其推力分配状况,这样才能有效、准确地进行结构计算与设计。通过构造计算模型,确定后排桩与土之间的相互作用力、前排桩与土之间的作用力,给出较明确的 h 型组合式抗滑桩设计荷载分布状态。同时,依据结构力学中超静定结构数值解法,得出组合式抗滑桩上部受荷段结构解析解。对于下部结构的计算,先进行理论推导,再采用弹(刚)性桩法和 P-y 曲线法分别加以计算,获得较准确的数值解。

(4)在结构计算的基础上,基于抗滑桩的一般设计原则,提出了 h 型组合式抗滑桩的设计要求及设计内容,建立了 h 型组合式抗滑桩基本设计流程,并对 h 型组合式抗滑桩结构承载力设计进行研究,包括桩身双筋正截面受拉设计与校核、斜截面设计,构建了相应的计算步骤与算法。参考结构设计原理的基本要求并结合 h 型组合式抗滑桩的结构与构造特点,给出了 h 型组合式抗滑桩在配筋设计方面的相关要求。

(5)h 型组合式抗滑桩数值模拟与设计参数影响性分析。h 型组合式抗滑桩作为空间组合结构,其影响因素众多,为了能够对计算结果进行对比分析,本书从排距、桩距、桩间土压缩性、桩顶约束条件、悬臂段长度、土拱效应几个方面的因素变化加以讨论,以期深入掌握此种内力分布规律、结构特性与抗滑效果,优化结构设计。

(6)h 型组合式抗滑桩结构模型试验研究。目前,国内尚无既有试验可供参考,要准确地认清其结构受力特点和应力分布规律,非常有必要进行结构模型试验。通过结构模型试验,人工模拟矩形、三角形、梯形滑坡推力分布形式,并分级控制加载,以掌握 h 型组合式抗滑桩、门架式抗滑桩在给定的分布推力作用下的应力应变状态。同时,量测不同结构尺寸、排距的模型桩在滑坡推力作用下的桩身内力和桩顶位移,通过对比分析,归纳并总结 h 型、门架式抗滑桩的受力性能和工作机理,同时,验证理论推导所建立的 h 型组合式抗滑桩结构计算方法的有效性、可靠性,在此基础上,完善并优化 h 型组合式抗滑桩的结构计算理论与方法。

(7)h 型组合式抗滑桩施工工艺与施工控制研究。提出 h 型组合式抗滑桩的具体的施工工艺,包括:施工准备→放线、定桩位→开挖桩孔→地下水处理→护壁→钢筋笼制作与安装→混凝土振捣→混凝土养护等程序,并根据 h 型组合式抗滑桩自身结构形状的特点,在施工工艺研究中重点考虑以下几点:

①桩顶刚接与帽梁的制作工艺。

②前排桩、后排桩与连系梁的施工工序。

③施工质量控制标准的建立。

④不良地质情况的处理措施。

(8)以滑坡治理项目为依托工程,通过对不同的抗滑支挡设计方案进行对比,对结构受力状态、边坡稳定度、桩侧应力、工程造价等各指标加以分析,评价 h 型组合式抗滑桩的技术经济合理性。

第2章 h型组合式抗滑桩受力特性与结构特征

目前,普通抗滑单桩虽应用广泛,但缺点也非常明显:由于其结构原因,普通抗滑单桩的抗弯能力不足、整体刚度小,受荷后桩顶及桩身水平变形较大,且不易控制,总体抗滑能力有限等。因此,采用普通抗滑单桩来防治大推力滑坡,往往不能满足工程需要;虽然可以采取适当的措施进行弥补,如为了减小桩土侧向应力值而增加设计桩长或将其设计成大截面构件来达到强度标准,但这必将增加工程投资,延长工期,使工程综合效益和技术经济指标大幅下降。

为了弥补普通抗滑单桩的不足,从20世纪80年代开始,国内开始研究并应用预应力锚索抗滑桩,由于在桩身上部设置预应力锚索,大大约束了抗滑桩的变形,改善了普通单桩的悬臂受力状况和变形状态,既减小了桩的截面尺寸,又减小了桩的埋置深度。目前,锚索抗滑桩的设计计算也比较成熟,可按照横向变形的约束地基系数法进行。由于锚索抗滑桩的诸多优点,使得其被广泛地应用于基坑支护工程和滑坡治理工程中,也在路堑高边坡预加固工程和高填方支挡工程中得到了运用。不过,锚索抗滑桩的应用也有其局限性,其锚固端必须要具备良好且较坚硬的岩层以提供有效的锚拉力才能正常工作。同时,目前在工程实践中,预应力锚索的应力松弛和锈蚀问题都未得到有效的解决,使得这种支挡结构的应用受到了一定的限制。

在我国,门架式双排桩在20世纪90年代的基坑工程中得到了尝试性的使用,并取得了非常良好的效果。在深基坑、临时围堰等支护工程中被逐渐采纳应用,不过,目前在国内外,关于h型组合式抗滑桩的理论研究探讨得极少,计算设计理论方法很不成熟,在边坡防护和滑坡治理中还未被普遍的运用。由于其明显而突出的结构优势和性能,故非常有必要对此种结构加以深入全面的认识,为在滑坡治理、边坡防护等工程中的推广运用奠定完善的理论计算基础。

随着抗滑桩技术的发展,门架式双排抗滑桩作为一种组合抗滑支挡结构,已逐渐从深基坑工程引入大推力滑坡的治理中,并进行了尝试性应用。门架式抗滑桩设置两排抗滑桩,分别在前排桩桩顶和后排桩桩顶用刚度很大的连系梁将其连接成整体,构造成组合式结构形式,发挥前、后排抗滑桩协同抗滑能力。由于它的形状类似于门型刚架,故又简称为门型抗滑桩。门型抗滑桩结构中,滑坡传递过来的推力由前、后排桩共同承担,可增强抗滑结构自身稳定性和整体刚度。

基于门架式双排桩(图2-1)的基本原理,在门架式双排桩的结构基础上进行深入探索和研究,并结合工程实际需要,h型组合式抗滑桩(图2-2)作为新型抗滑支挡结构被提出。h型组合式抗滑桩作为一种组合式抗滑结构形式,能有效地克服普通抗滑单桩的缺点。它是在滑坡地段的适当位置,设置前、后两排钢筋混凝土抗滑桩,并用刚性连梁把前排桩桩顶与后排桩桩身连接起来,形成一个双排支护的空间结构,形状类似座椅,其结构实质为门架式双排桩的创新形式。由于钢筋混凝土连梁的存在,可充分发挥前、后排桩的抗滑能力,实现组合支护结构体系,在不用拉锚等构件的情况下,既大幅提升了结构综合性能,又达到了受力状态良好的支护效果。h型组合式抗滑桩通过与桩间土协同工作,发挥空间组合桩的整体刚度和空间效应,达到抵御滑坡推力、限制坡体变形、保持坡体稳定的目的。h型组合式抗滑桩具有结构受力合理、侧向刚度大、抗滑能力强、稳定性较好、抗倾覆能力强、收坡快、施工方便等诸多优点。

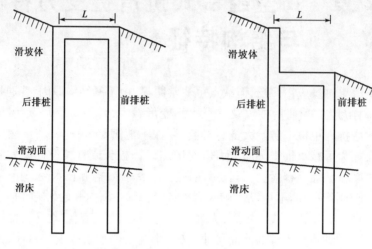

图2-1　门架式双排桩示意图　　　　图2-2　h型组合式抗滑桩示意图

　　h型组合式抗滑桩与门架式双排抗滑桩的结构形式相近,但受力机理与受力状态却有一定区别,抗滑效果和抗滑能力也大为不同;另外,h型组合式抗滑桩从平面上看,在构造上根据需要可采用多种排列组合方式,h型组合式抗滑桩由于可以人为地调节连系梁的位置高度,在改善和优化组合结构受力状态的同时,使之适应不同的工程地质环境与施工作业环境,故h型组合式抗滑桩相对于门架式双排抗滑桩的研究更具一般性和适用性,具有更为普遍的应用价值与研究价值。

2.1　h型组合式抗滑桩结构受力特点研究

　　h型组合式抗滑桩作为超静定空间组合结构,在结构性能及工作形式上具有自身特点及规律。掌握在复杂多样的滑坡推力荷载条件下,h型组合式抗滑桩调整结构自身内力的方式及传递过程具有重要的理论意义。本节研究将明确h型组合式抗滑桩结构在一定几何形式下,对分配前、后排桩和连系梁的受荷状态与最大弯矩、剪力的内力分布之间的数理关系。

2.1.1　作用力系及滑坡推力分布形式

（1）作用力系

作用于h型组合式抗滑桩的外力包括滑坡推力、受荷段地层(滑体)抗力、锚固段地层抗力、桩侧摩阻力和黏着力,以及桩底应力等,这些力均为分布力。抗滑桩截面大,桩周面积大,桩与地层间的摩阻力、黏着力大,由此产生的平衡弯矩对桩显然有利,但其计算复杂,所以,一般未予考虑。

抗滑桩的基底应力主要是由自重引起的,而桩侧摩阻力、黏着力又减小或抵消了一部分自重。实测资料说明,桩底应力一般相当小,加之在完整的岩层中,桩底还可能出现拉应力,情况更复杂。所以,为简化计算,对桩底应力通常也忽略不计。这样,计算稍偏安全,而对整个设计影响不大。

（2）滑坡推力分布形式

滑坡推力分布形式有三角形、矩形（平行四边形）和梯形三种模拟形式。国外有人把滑坡视作散体,用三角形分布,国内铁路部门多用平行四边形分布,两者造成的倾覆力矩差别很大,因此影响工程结构的大小和埋深。日本有学者认为滑坡滑动时滑坡推力主要集中在滑动面以上1.2m处,因此用三角形分布是合适的。真正的散体呈三角形分布;岩石滑坡按平行四边形分布较为适宜。对那些沉积年代久,具一定胶结的滑体,三角形和平行四边形都不尽合适,梯形应是比较符合实际的。当采用抗滑桩时,由于桩在滑动面附近的变形比顶部小,受力更大一些较为正常,合力作用点取滑体厚度F0.4～0.43比例处位置较合理,如滑体沿断面高度均匀向下变形,地基系数为常数,则推力呈均匀分布;如地基系数沿断面高度呈线性变化,则推力呈三角形分布;如地基系数在顶部呈线性变化,在底部为常数,则推力呈梯形分布。从一些滑坡实测资料看,当滑坡为堆积层、破碎岩层时,下滑力自上而下按三角形分布,由于滑体与滑动面间存在摩擦,其下滑力有所减小,因而整个分布图形接近于抛物线形。一般来说,如果滑体的变形是均匀往下蠕动,当滑体是一种黏聚力较大的地层（如黏土、土夹石等）,其推力分布图形可近似按矩形考虑,如果滑体是一种以内摩擦角为主要抗剪特性的堆积体,其推力分布图形可近似按三角形考虑,甚至按二次曲线考虑。介于以上两者间的情况,可假定为梯形。一般根据具体情况采用三角形、梯形或矩形。滑坡推力分布函数见表2-1。

滑坡推力分布函数表

表2-1

滑坡岩土类别	滑坡推力分布形式	滑坡推力合力作用点位置	滑坡推力分布函数 $q(z)$
岩石	矩形或平行四边形	$\dfrac{1}{2}h_1$	$q(z) = \dfrac{E}{h_1}$
砂土、散体	三角形—抛物线形	$\dfrac{3}{5}h_1 - \dfrac{2}{3}h_1$	$q(z) = \dfrac{(36k-24)E}{h_1^3}z^2 + \dfrac{(18-24k)E}{h_1^2}z$
黏土	三角形—抛物线形	$\dfrac{2}{3}h_1 - \dfrac{3}{4}h_1$	$q(z) = \dfrac{(36k-24)E}{h_1^3}z^2 + \dfrac{(18-24k)E}{h_1^2}z$
介于砂土和黏土之间	梯形	$\dfrac{13}{20}h_1$	$q(z) = \dfrac{1.8E}{h_1^2} + \dfrac{E}{10h_1}$

2.1.2　h型组合式抗滑桩结构分析假设

h型组合式抗滑桩结构,前、后排桩与连系梁是整体刚接,使h型组合式抗滑桩在平面内的横向刚度大为增加;同时,连系后排桩身与前排桩顶的连系梁主要受轴向力,可按普通梁进行构造配筋。在实际计算中作如下假定:

（1）在h型组合式抗滑桩结构中,由于前排桩、后排桩桩长较连系梁长度大得多,在三者截面尺寸相当的情况下,可以假定连系梁的刚度远大于前、后排桩的刚度,即可把连系梁当作绝对刚体看待。

(2)连系梁近似为刚体,连系梁产生拉伸和压缩变形量极小,可忽略不计,故连系梁左右两端水平位移值相等,即 $\Delta_A = \Delta_B$。

(3)结构受到外部荷载后,前排桩、后排桩与连系梁之间的转角保持不变,前排桩、连系梁、后排桩三者的连接为刚性连接。

2.1.3 前、后排桩土压力分析

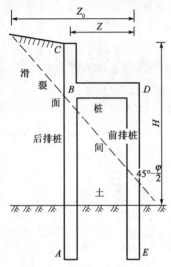

图2-3 前、后排桩土压力分析图示

如图2-3所示,把前排桩、后排桩和连系梁视为底部锚固的刚架结构,把连系梁作为绝对刚体,节点 B、D 视为刚性结点,在土压力作用下只产生水平位移而不产生转动。由于前排桩、后排桩处于一个平面,在纵向滑坡推力的作用下,可暂认为滑坡推力产生的主动土压力作用于后排桩身。设此时后排桩承受的主动土压力为 σ_a,由于桩间土的存在,故对后排桩也会产生相应的土压力 $\Delta\sigma_a$。对于前排桩,根据作用力与反作用力原理,受到的主动土压力亦为 $\Delta\sigma_a$,图2-3为土压力计算简图。实践表明,随着埋深的增加,σ_a 和 $\Delta\sigma_a$ 之间成正比例关系,可考虑比例系数 α,两者存在 $\Delta\sigma_a = \alpha\sigma_a$ 关系。假设受荷段深度为 H,双排桩间距为 Z,φ 为土的内摩擦角,按照后排桩靠基坑侧滑动土体占整个滑动土体的比重,确定比例系数 α。

$$\alpha = 2\frac{Z}{Z_0} - \left(\frac{Z}{Z_0}\right)^2$$

其中,$Z_0 = H\tan\left(45° - \dfrac{\varphi}{2}\right)$。

后排桩主动土压力为:

$$P_{ab} = \sigma_a - \Delta\sigma_a = \sigma_a - \alpha\sigma_a \tag{2-1}$$

前排桩主动土压力为:

$$P_{af} = \Delta\sigma_a = \alpha\sigma_a \tag{2-2}$$

被动土压力可用同样的方法取值。

后排桩被动土压力为:

$$P_{pb} = \sigma_p - \Delta\sigma_p = \sigma_p - \alpha\sigma_p \tag{2-3}$$

前排桩被动土压力为:

$$P_{pf} = \Delta\sigma_p = \alpha\sigma_p \tag{2-4}$$

前、后排桩桩身荷载确定后,h 型组合式抗滑桩结构的内力、位移即可通过结构力学方法进行分析。

2.1.4 桩的内力与位移计算

h 型组合式抗滑桩结构的弯矩与挠度可按结构计算的方法进行。首先将图 2-4 前、后排

桩在节点 B、D 处分解，此时，在 B、D 节点处作用在梁 AC、DE 与 BD 的内力如图 2-4 所示。

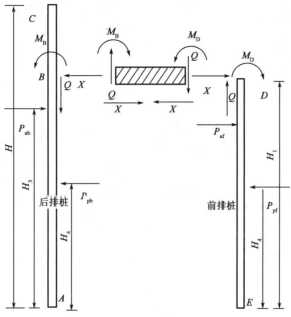

图 2-4　h 型组合式抗滑桩结构受力分解图

由静力平衡条件得：

$$\begin{cases} X_B = X_D \\ Q = \dfrac{M_B + M_D}{Z} \end{cases} \tag{2-5}$$

假定桩底支承条件为固定支承，那么图 2-4 中 A、E 点可按照嵌固点处理，A、E 两点的挠度与转角为零：

$$u_A = 0, u_E = 0, \varphi_A = 0, \varphi_E = 0$$

2.1.5　前、后排桩受力特性

如图 2-5 所示，作用在后排桩 AC 上的力，具体有以下几类：①主动土压力 P_{ab}，被动土压力 P_{pb}，对 B 点产生的位移为 δ_{b1}，转角为 θ_{b1}；②连系梁内部的轴向力 X_{BD}，对 B 点产生的位移为 δ_{b2}，转角为 θ_{b2}；③后排桩刚性节点弯矩 M_B，对 B 点产生的位移为 δ_{b3}，转角为 θ_{b3}。

又如图 2-5 所示，作用在前排桩 DE 上的力，具体有以下几类：①主动土压力 P_{af}，被动土压力 P_{pf}，对 D 点产生的位移为 δ_{f1}，转角为 θ_{f1}；②连系梁内部的轴向力 X_{BD}，对 D 点产生的位移为 δ_{f2}，转角为 θ_{f2}；③后排桩刚性节点弯矩 M_B，对 D 点产生的位移为 δ_{f3}，转角为 θ_{f3}。

$$\begin{cases} \delta_{b1} = \dfrac{P_{ab}H_3^3}{6EI}\left(\dfrac{3H_1}{H_3} - 1\right) - \dfrac{P_{pb}H_4^3}{6EI}\left(\dfrac{3H_1}{H_4} - 1\right) \quad \theta_{b1} = \dfrac{P_{ab}H_3^2 - P_{ab}H_4^2}{2EI} \\ \delta_{b2} = -\dfrac{H_1^3 X_{BD}}{3EI} \quad \theta_{b2} = -\dfrac{H_1^2 X_{BD}}{2EI} \\ \delta_{b3} = -\dfrac{H_1^2 M_B}{2EI} \quad \theta_{b3} = -\dfrac{H_1 M_B}{EI} \end{cases} \tag{2-6}$$

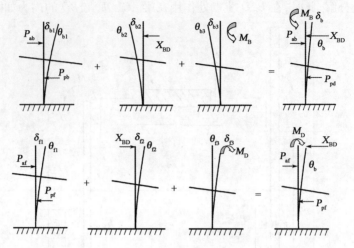

图 2-5 前、后排桩受力分析图

$$\begin{cases} \delta_{f1} = \dfrac{P_{af}H_3^3}{6EI}\Big(\dfrac{3H_1}{H_3} - 1\Big) - \dfrac{P_{pf}H_4^3}{6EI}\Big(\dfrac{3H_1}{H_4} - 1\Big) \quad \theta_{f1} = \dfrac{P_{af}H_3^2 - P_{pf}H_4^2}{2EI} \\[3mm] \delta_{f2} = -\dfrac{H_1^3 X_{BD}}{3EI} \quad \theta_{f2} = -\dfrac{H_1^2 X_{BD}}{2EI} \\[3mm] \delta_{f3} = -\dfrac{H_1^2 M_D}{2EI} \quad \theta_{f3} = -\dfrac{H_1 M_D}{EI} \end{cases} \tag{2-7}$$

式中:EI——后排桩 AC、前排桩 DE、连系梁 BD 的抗弯刚度;

H——后排桩 AC 的长度;

H_1——前排桩 DE 的长度;

H_3——桩底至前、后排桩主动土压力合力作用点的距离;

H_4——桩底至前、后排桩被动土压力合力作用点的距离。

基于变形协调关系,边界条件如下:

$$\theta_b = 0, \theta_f = 0, \delta_b = \delta_f$$

可展开为下列表达式:

$$\begin{cases} \theta_{b1} + \theta_{b2} + \theta_{b3} = 0 \\ \theta_{f1} + \theta_{f2} + \theta_{f3} = 0 \\ \delta_{b1} + \delta_{b2} + \delta_{b3} = \delta_{f1} + \delta_{f2} + \delta_{f3} \end{cases} \tag{2-8}$$

将式(2-6)、式(2-7)代入式(2-8),可以解出桩顶 B、D 两点的力及弯矩:

$$X_{BD} = \frac{6EI}{H_1^3}(\delta_{b1} - \delta_{f1}) - \frac{3EI}{H_1^2}(\theta_{b1} - \theta_{f1}) \tag{2-9}$$

$$M_B = \frac{EI\Big[\Big(\dfrac{5}{2}\theta_{b1} - \dfrac{3}{2}\theta_{f1}\Big)H_3 - 3(\delta_{b1} - \delta_{f1})\Big]}{H_1^2} \tag{2-10}$$

$$M_D = \frac{EI\Big[\Big(\dfrac{3}{2}\theta_{f1} - \dfrac{5}{2}\theta_{b1}\Big)H_3 + 3(\delta_{b1} - \delta_{f1})\Big]}{H_1^2} \tag{2-11}$$

由 X_B、X_D、M_B、M_D，土压力 P_a、P_p 及 δ_{b1}、θ_{b1}、δ_{f1}、θ_{f1}，则可求出前、后排桩弯矩分布及挠度 y。

(1)后排桩 AC 桩身挠度 y 及弯矩 M(距离底部 A 点 a 处):

当 $a < H_2$

$$y = \frac{P_{ab}a^2(3a - H_3) - P_{pb}(3H_4 - a) - 3a^2 X_{BD}H_1 + X_{BD}a^3 - 3M_B a^2}{6EI}$$

当 $H_2 < a < H_1$

$$y = \frac{P_{ab}a^2(3H_3 - a) - P_{pb}(3a - H_4) - 3a^2 X_{BD}H_1 + X_{BD}a^3 - 3M_B a^2}{6EI}$$

当 $H_1 < a < H_{DE}$

$$y = \frac{P_{ab}a^2(3a - H_3) - P_{pb}(3a - H_4) - 3a^2 X_{BD}H_1 + X_{BD}a^3 - 3M_B a^2}{6EI}$$

当 $a < H_2$

$$M_a = M_B + P_{ab}(H_3 - a) - X_{BD}(H_1 - a) - P_{pb}(H_4 - a)$$

当 $H_2 < a < H_1$

$$M_a = M_B + P_{ab}(H_3 - a) - X_{BD}(H_1 - a)$$

当 $H_1 < a < H_{DE}$

$$M_a = M_B - X_{BD}(H_1 - a)$$

当 $H_{DE} < a < H_{AC}$

$$M_a = -M_B + X_{BD}(H - a)$$

(2)前排桩桩身挠度 y 及弯矩 M(距离底部 E 点 a 处):

当 $a < H_2$

$$y = \frac{P_{af}a^2(3a - H_3) - P_{pf}(3H_4 - a) - 3a^2 X_{BD}H_1 + X_{BD}a^3 - 3M_D a^2}{6EI}$$

当 $H_2 < a < H_1$

$$y = \frac{P_{af}a^2(3H_3 - a) - P_{pf}(3a - H_4) - 3a^2 X_{BD}H_1 + X_{BD}a^3 - 3M_D a^2}{6EI}$$

当 $H_1 < a < H_{DE}$

$$y = \frac{P_{af}a^2(3a - H_3) - P_{pf}(3a - H_4) - 3a^2 X_{BD}H_1 + X_{BD}a^3 - 3M_D a^2}{6EI}$$

当 $a < H_2$

$$M_a = M_D + P_{af}(H_3 - a) - X_{BD}(H_1 - a) - P_{af}(H_4 - a)$$

当 $H_2 < a < H_1$

$$M_a = M_D + P_{af}(H_3 - a) - X_{BD}(H_1 - a)$$

当 $H_1 < a < H_{DE}$

$$M_a = M_B - X_{BD}(H_1 - a)$$

h 型组合式抗滑桩支护结构工作状态,受前、后排桩的土压力、桩顶连梁作用力以及锚固段土体弹性支承等因素影响。根据以上分析,能够得出 h 型组合式抗滑桩受力变形后的状况(图 2-6),以及前排桩、后排桩和连系梁的弯矩图、剪力图变化规律(图 2-7、图 2-8),为进一步进行结构受力研究提供依据。

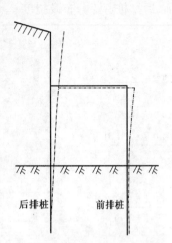

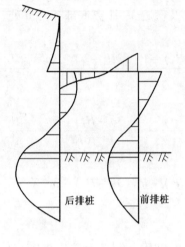

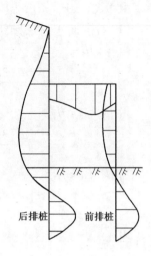

图2-6　h型组合式抗滑桩变形图　　　图2-7　h型组合式抗滑桩弯矩图　　　图2-8　h型组合式抗滑桩剪力图

2.2　h型组合式抗滑桩支挡机理分析

2.2.1　h型组合式抗滑桩自身的支挡机理分析

边(滑)坡治理中的h型桩结构,整个桩体后的滑坡推力首先直接作用于后排桩上,然后再通过横梁及桩排间岩土体传到前排桩上,最后形成后排桩、横梁、桩排间岩土体、前排桩这四位一体共同抵抗滑坡推力。另外,h型桩结构前侧的坡体也起着阻碍结构变形而间接抵抗滑坡推力的作用,这样就改善了单根抗滑桩单独承担大的滑坡推力时的弱点。归纳起来,h型桩抵抗滑坡推力可看作以下三大部分协同工作。

(1)h型桩结构本体的作用。由于后排桩与前排桩之间通过横梁联系在一起而成为一个整体结构,因而当滑坡推力直接作用于后排桩上时就表现为h型桩结构本体直接抵抗滑坡推力。在桩后滑坡推力的作用下,后排桩把力传递到横梁,横梁再传递到前排桩,三者形成受力共同体,实质上可视为平面刚架的作用。也就是说,桩后滑坡推力首先由平面刚架来抵抗,如图2-9所示。在这个平面刚架中,其在滑面以上部分主动抵抗滑坡推力,使前后桩变形并产生内力,再向下传递到稳定的滑床中,从而使整个结构整体直接抵抗滑坡推力。

(2)前、后桩间岩土体的作用。在滑坡推力使得后排桩挠曲并挤压横梁且使前排桩挠曲的过程中,后排桩向前挠曲必然会挤压桩排间岩土体。严格地说,该桩排间岩土体包括滑体及滑带部分和滑床部分。但由于滑床部分较为坚硬稳定,因而其变形较小,对前、后排桩的影响很小,可忽略不计。因此,对于前、后排桩有较为明显影响的主要是滑体及滑带部分。这部分岩土体在后排桩的挠曲挤压作用下会产生一定的变形,在滑带土的摩阻力及前排桩的阻抗作用下,该变形在较小范围内,发生变形的桩间岩土体会对后排桩产生抗力,并会把此抗力在桩间岩土体中传递,直到前排桩,同时前排桩原位还存在桩间岩土体的静止压力。

(3)h型桩结构前坡体抗力作用。若结构前侧有坡体,则在结构向前变形挤压前侧坡体

22

时,坡体就对 h 型桩结构产生抗力作用。该抗力作用在 h 型桩结构上,通过 h 型桩结构间接抵抗滑坡推力。

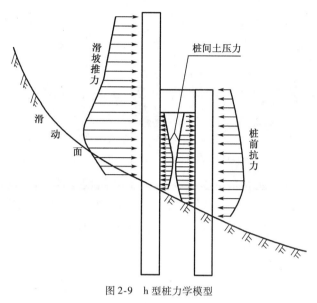

图 2-9　h 型桩力学模型

2.2.2　考虑土拱效应的支挡机理分析

h 型组合式抗滑桩以离散的修筑来实现连续的支挡,在离散实现连续的过程中,土拱效应起到了较为重大的作用,h 型是组合式抗滑桩支挡机理的重要研究内容。由于连系梁主要为内力和位移协调装置,直接进行桩土接触的主体还是双排桩部分。双排桩部分桩土作用分析才是 h 型组合式抗滑桩支挡机理的研究主体。

1)土拱类型及前排桩桩前土抗力分析

(1)双排桩土拱类型

本课题根据土拱不同的形成机理,提出把土拱分成端承拱、摩擦拱及联合拱三类。抗滑桩进行支挡时会形成联合拱(摩擦拱 + 端承拱)。双排桩会在前后排桩处分别形成各自的土拱,形成多层土拱效应(图 2-10)。数值模拟表明(图 2-11):滑坡推力会首先作用于后排桩,在桩后形成端承拱,在桩侧形成摩擦拱,随着滑坡推力的持续作用,当后排桩土拱效应达到极限后,前排桩开始发挥支挡作用,土拱效应开始发育,并到最后,后排桩与前排桩的土拱效应均达到极限。

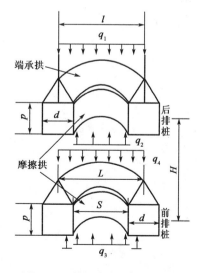

图 2-10　双排桩多层土拱计算模型

(2)前排桩桩前土抗力

一般地,桩前土抗力 q_3 = 滑坡推力 − 双排桩极限承载力。根据桩前抗力 q_3 是否存在,分成以下两种情况:

当 q_3 不存在时,即双排桩修筑后可以独自抵抗后排桩桩后的滑坡推力,此时双排桩承载

23

的力与滑坡推力达到平衡,双排桩与桩后土体形成一个稳定系统,而由于桩前土体只能被动受力、不能主动给力,故双排桩桩前土体与前排桩之间的作用力为零,即 $q_3 = 0$。

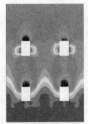

a)后排桩土拱形成　　b)后排桩土拱发育　　c)前排桩土拱初步发育　　d)前排桩土拱持续发育　　e)前排桩均形成土拱效应

图 2-11　双排桩多层土拱的形成发育过程

当 q_3 存在时,双排桩不能完全承担滑坡推力,需要桩前土体提供部分抗力来达到整体平衡,说明滑坡推力超过了双排桩所能承载的极限,超出的部分需要前排桩桩前土体来抵抗,这个抵抗力的大小即为前排桩桩前土体抗力的大小,这也说明前排桩桩前的土体抗力并不是一个定值,是由双排桩所能承载的极限抗力与滑坡推力决定。

2)计算模型

(1)基本假定

为了方便后续研究分析,本课题特做如下基本假定:

①所有土压力均为均布荷载。

②桩截面为矩形;相邻桩视为拱脚,无转动约束,为铰支承。

③不考虑土拱本身的自重,土拱受力状态视为平面应变问题。

④土体强度准则采用摩尔—库仑强度准则,土体的内摩擦角与黏聚力分别为:φ、c。

⑤端承拱所能承载的极限荷载集度为 q_z,摩擦拱所能承载的极限荷载集度为 q_s。

(2)合理拱轴线分析

双排桩桩周土体中所形成的土拱是一种力拱,其不同于普通建筑的拱形,土拱是先有力的作用,然后才产生了拱,所以不管是摩擦拱还是端承拱,所形成的形状必然最优,结合结构力学中三角拱的原理知识,前、后排桩土拱轴线的合理形式必然是沿最大主应力方向。

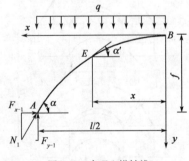

图 2-12　合理土拱轴线

如图 2-12 所示,在均布荷载作用下,土拱合理轴线为抛物线,其力学特点是拱轴线横截面上处处无弯矩和剪力,拱圈沿轴线切线方向也处处仅受轴向压力(即最大主应力),为单向受压应力状态。

$$y = \frac{4fx^2}{l^2} \qquad (0 \leqslant x \leqslant l/2) \tag{2-12}$$

式中:l、f——不同类型土拱净间距及其矢高。

在极限平衡状态下对拱轴线上任意点 E 进行直角坐标系下的应力分解,其水平、竖直推力分别为:

$$F_y = \frac{ql^2}{8f} \tag{2-13}$$

$$F_x = qx \tag{2-14}$$

其合力 N 为：

$$N = \frac{q}{8f}\sqrt{l^4 + 64x^2f^2}\qquad(2\text{-}15)$$

土拱上任一点 E 的方位角分别为：

$$\alpha' = \tan^{-1}\left(\frac{qx}{ql^2/8f}\right) = \tan^{-1}\left(\frac{8fx}{l^2}\right) = \tan^{-1}\left(\frac{\mathrm{d}y}{\mathrm{d}x}\right)\qquad(2\text{-}16)$$

根据单向受力条件和等横截面拱圈假设，拱脚横截面正应力大于跨中，因此拱脚处为最不利截面处。

3）端承拱力学计算模型

（1）端承拱拱脚处力学分析

图 2-13 为端承拱在脚拱处的受力分析图。相邻两土拱作用在后排桩桩后侧同一局部区域内而形成三角形受压区。三角形两腰的拱脚是最不利截面。

根据图 2-13 可得如下几何关系：

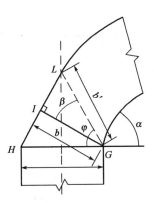

$$\begin{cases} b' = \dfrac{d}{2\cos\gamma} \\[2mm] b = \dfrac{b'\cos\beta}{2\cos\gamma} \\[2mm] \alpha = \tan^{-1}\left(\dfrac{4f}{l}\right) \end{cases}\qquad(2\text{-}17)$$

图 2-13　端承拱拱脚受力分析图

式中：b——土拱厚度；

b'——土拱破裂面的长度；

γ——桩背面与破裂面的夹角；

β——破裂面与轴向压力法平面的夹角。

根据文献，α、β、γ 之间的关系为：

$$\beta = \gamma + \alpha - 90°\qquad(2\text{-}18)$$

根据摩尔—库仑强度准则，当土体发生剪切破坏时，破裂面与最大主应力面成 $45° + \varphi/2$ 的夹角（φ 为土体内摩擦角），即 $\beta = 45° + \varphi/2$。同时还有：

$$\gamma = 135° + \frac{\varphi}{2} - \alpha\qquad(2\text{-}19)$$

将式（2-18）和式（2-19）代入式（2-17）即可得端承拱的相关几何尺寸参数。

（2）控制条件

土拱在极限平衡状态下应满足以下条件：

①为保证土体不从桩间滑出，两侧滑裂面产生摩阻力之和应不小于滑坡推力。同时，根据式（2-19）中参数取值的一般规律，可近似地取滑裂面为竖直面，取极限状态，可建立如下关系式：

$$2\left(F_y\tan\varphi + cb'\right) = q_z l\qquad(2\text{-}20)$$

式中：c、φ——桩周土体的黏聚力和内摩擦角。

②由于采用平面应变分析，不考虑中间主应力影响，根据后排桩端承拱拱脚处塑性极限平衡，可建立如下方程：

$$N = 2c\tan\left(45° + \frac{\varphi}{2}\right) \tag{2-21}$$

把式(2-15)代入式(2-21)可得:

$$\frac{q_z\sqrt{l^4 + 16^2f^2}}{8f} = 2c\tan\left(45° + \frac{\varphi}{2}\right) \tag{2-22}$$

(3)模型求解

将式(2-13)代入式(2-20),并与式(2-22)联立方程组可得:

$$\begin{cases} 2\left(\dfrac{q_z l^2\tan\varphi}{8f} + cb'\right) = q_z l \\ \dfrac{\left(q_z l\sqrt{l^2 + 16f^2}\right)}{8f} = 2c\tan\left(45° + \dfrac{\varphi}{2}\right) \end{cases} \tag{2-23}$$

上式中除了 q_z 和 f 为未知量,剩下的均为已知量,对上述方程进行求解可得:

$$q_z = \frac{8cb'f}{l(4f - l\tan\varphi)} \tag{2-24}$$

$$f = \frac{4\tan\rho\tan^2\left(45° + \dfrac{\varphi}{2}\right) + \sqrt{4\tan^2\left(45° + \dfrac{\varphi}{2}\right)\sec^2\varphi - 1}}{4\times\left[4\tan^2\left(45° + \dfrac{\varphi}{2}\right) - 1\right]} \tag{2-25}$$

式(2-24)、式(2-25)为双排桩间距为 l 时,端承拱所能承载的极限荷载与此时的矢高。

4)摩擦拱力学计算模型

(1)摩擦拱拱脚处力学分析

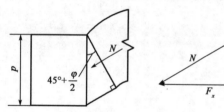

图 2-14 摩擦拱换脚处力学分析图

桩侧提供摩阻力并作为拱脚而形成的土拱叫摩擦拱。根据前期分析,前排桩和后排桩的桩侧均会形成摩擦拱,且由于前、后排桩桩身参数相同,土体性质相似,故前、后排桩所形成的摩擦拱所具有的力学性质大致相同。如图 2-14 所示为摩擦拱拱脚处的力学分析图,根据摩擦拱形成的性质分析,其拱线形式与式(2-12)相同。

根据式(2-23)~式(2-25),摩擦拱拱脚处的力学表达式具体为:

$$F_y = \frac{q_s s^2}{8f_1} \tag{2-26}$$

$$F_x = \frac{q_s s}{2} \tag{2-27}$$

$$N = \frac{q_s\sqrt{s^4 + 16s^2f_1^2}}{8f_1} \tag{2-28}$$

式中:s——桩间净间距($s = l - d/2$);

f_1——摩擦拱的净矢高。

摩擦拱的破裂面为桩土接触面,根据极限平衡理论,桩土接触面与最大主应力作用面的夹角为($45° + \varphi/2$),则土拱的厚度 t 为:

$$t = p\cos\left(45° + \frac{\varphi}{2}\right) \tag{2-29}$$

根据三角变换和摩擦土拱轴线方程,摩擦拱脚处的斜率为:

$$\frac{\mathrm{d}y}{\mathrm{d}x}\bigg|_{x=s/2} = \frac{4f_1}{s} = \tan\left(45° + \frac{\varphi}{2}\right) \tag{2-30}$$

依据摩尔—库仑强度准则,在桩—土作用面处,在极限平衡状态下应满足:

$$F_y = F_x\tan\varphi + cp \tag{2-31}$$

(2)模型建立和求解

把式(2-26)、式(2-27)代入式(2-31),并与式(2-30)联立方程组得:

$$\begin{cases} \dfrac{4f_1}{s} = \tan\left(45° + \dfrac{\varphi}{2}\right) \\ \dfrac{1}{2}q_s s = \dfrac{qs^2}{8f_1}\tan\varphi + cp \end{cases} \tag{2-32}$$

对式(2-32)进行求解,可得:

$$q_s = \frac{8cpf_1}{4sf_1 - s^2\tan\varphi} \tag{2-33}$$

$$f_1 = \frac{s}{4}\tan\left(45° + \frac{\varphi}{2}\right) \tag{2-34}$$

式中:q_s——在极限状态下摩擦土拱所能承载的极限荷载集度;

f_1——在双排桩净间距为 s 时的矢高。

5)双排桩前后排桩间距 H 分析

为了保证前排桩的土拱效应能够得到充分的发挥,前、后排桩需要有一定的间距来保证前排桩土拱效应的发挥不受后排桩的影响。故对前、后排桩的最小距离需要进行界定。

前、后排桩最小间距应不小于前排桩端承拱的矢高,即前、后排桩最小间距 H 应大于等于前排桩端承拱的矢高 f 再加上其土拱厚度的一半,即

$$H \geqslant f + \frac{b}{2} \tag{2-35}$$

6)双排桩桩间距 L 分析

根据推导可知,为确保以上两公式有效,桩间距 L 不能无限制地扩大,其桩间距应满足:

$$\begin{cases} L(4f - L\tan\varphi) > 0 \\ 4sf_1 - s^2\tan\varphi > 0 \end{cases} \tag{2-36}$$

化简后得:

$$L < \frac{2(f + f_1)}{\tan\varphi} + \frac{d}{2} \tag{2-37}$$

故双排桩桩间距应满足式(2-37)。

此公式不适用于 $c = 0$ 的情况,即在砂性土($c = 0$)的情况下本公式得出不能承载滑坡推力,与实际不符。

7)滑坡推力分配及桩前抗力分析

根据前面分析可知,双排桩能否完全完成桩后滑坡推力的支挡,需要分成前排桩桩前有无抗力两种情况进行分析。为了便于分析,假设摩擦拱和端承拱之间没有缝隙,不同土拱之间的力可以无损失传递。滑坡推力 q 根据朗肯土压力有:

$$q = \gamma z \tan^2\left(45° - \frac{\varphi}{2}\right) - 2c \tan^2\left(45° - \frac{\varphi}{2}\right) \tag{2-38}$$

8）滑坡推力在前后排桩的分配

（1）前排桩桩前无抗力

当双排桩桩前的土体不产生抗力时，即双排桩的前、后排桩所产生的支挡力能够完全满足滑坡推力，不需要前排桩桩前土产生抗力进行额外的支挡，此时后排桩达到了支挡能力的极限，前排桩最多只能达到支挡能力的极限，说明后排桩所承受的滑坡推力不小于前排桩。前、后排桩的滑坡推力荷载集度分别为：

后排桩

$$q_{后} = q_z + q_s = \frac{8cb'f}{l(4f - l\tan\varphi)} + \frac{8cpf_1}{4sf_1 - s^2\tan\varphi} \tag{2-39}$$

前排桩

$$q_{前} = q - q_{后} = q - \frac{8cb'f}{l(4f - l\tan\varphi)} + \frac{8cpf_1}{4sf_1 - s^2\tan\varphi} \tag{2-40}$$

（2）前排桩桩前有抗力

当双排桩桩前的土体产生抗力时，即双排桩的前后排桩所产生的支挡性能不能够完全满足滑坡推力，需要前排桩桩前土产生抗力进行额外的支挡，此时前、后排桩所产生的支挡能力均达到极限，前、后排桩所承担的滑坡推力相同。前、后排桩的滑坡推力荷载集度为：

后排桩

$$q_{后} = q_z + q_s = \frac{8cb'f}{l(4f - l\tan\varphi)} + \frac{8cpf_1}{4sf_1 - s^2\tan\varphi} \tag{2-41}$$

前排桩

$$q_{前} = q_z + q_s = \frac{8cb'f}{l(4f - l\tan\varphi)} + \frac{8cpf_1}{4sf_1 - s^2\tan\varphi} \tag{2-42}$$

9）前排桩桩前土抗力分析

根据前几节的探讨，前排桩桩前土体抗力可能存在也可能为零。当前排桩桩前土体抗力为零时，无需进行计算，故本节只对存在桩前土抗力进行分析。当前排桩桩前土体存在抗力时，即前、后排桩所能产生的极限支挡能力不足以抵消全部的滑坡推力，需要前排桩桩前的土体提供部分抗力来满足滑坡体的平衡，此时，前、后排桩的支挡能力必然达到极限。即：桩前土体抗力＝滑坡推力－前、后排桩的极限承载力。

$$q_k = q - q_{后} - q_{前} \tag{2-43}$$

即

$$q_{抗} = q - \frac{16cb'f}{l(4f - l\tan\varphi)} - \frac{16cpf_1}{4sf_1 - s^2\tan\varphi} \tag{2-44}$$

2.3　h型组合式抗滑桩结构受力计算思路分析

2.3.1　分析模型

由上述机理分析可见，h型桩的支挡边坡作用首先是滑面以上的结构部分直接抵抗滑坡推力,然后再通过桩体传递到滑床,其桩排间岩土体对 h 型桩结构存在坡体压力作用并间接抵抗滑坡推力。于是,h 型桩的力学分析模型可以分解为两部分,即滑面以上的部分和滑面以下的部分,如图 2-15 所示。在滑面以上的部分,后排桩后作用着滑坡推力,前排桩前作用着坡体抗力,可取被动土压力、剩余抗滑力及弹性抗力三者中的最小值。

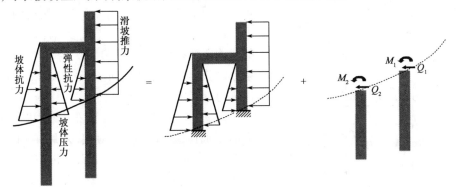

图 2-15　h 型桩计算分析分解模型

在滑面上,两排桩间的岩土体对前后桩体分别作用于坡体压力,由于桩间土变形较小,作用于后排桩上的桩间岩土体压力可取为弹性抗力,而作用于前排桩上的桩间岩土体压力则为其静止压力或主动压力与从后排桩前经桩排间岩土体传来的弹性压力之和。考虑到排间岩土体变形较小,为简化分析并兼顾设计安全,这里就不计该部分对后排桩的弹性抗力影响,而只考虑该部分对前排桩的挤压作用,取其作用力为静止压力。这样,h 型桩结构上半部分可视为承受滑坡推力作用的横向弹性地基约束的平面刚架,按此模型计算分析后,可获得刚架固定端的支反力,然后再以此支反力反向作用于结构的下半部分,即相当于两个锚固于稳定滑床中的单桩,可采用弹性地基梁分析模型(弹性桩体置于弹性地层中)分别计算。

2.3.2　计算思路

1)桩排间滑体作用力计算

前已述及,为简化分析问题并兼顾设计安全考虑,桩排间岩土体的作用主要体现在对前排桩的影响上,并取为静止弹性压力,对后排桩的作用忽略不计。也就是说,桩排间岩土体对 h 型桩的作用主要体现在对前排桩的作用上,由于前排桩的阻碍,其沿滑面滑移量一般很小,仍可视为弹性变形阶段,所以其坡体压力就按弹性静止压力计算。按线性分布考虑,则前排桩后侧滑面以上部分任一点处的坡体压力为:

$$p_3 = k_0 z \gamma L$$

式中:p_3——滑面以上前排桩后侧任一点处的桩排间岩土体线分布压力;

z——前排桩顶以下任一点处的深度;

k_0——桩排间岩土体的侧压力系数,可取为 $k_0 = \mu/(1-\mu)$,μ 为泊松比;

γ——桩排间岩土体的重度;

L——相邻两个 h 型桩结构的间距。

这样,前排桩后坡体压力就为梯形分布,但由于通常横梁高度相对于前排桩受荷段长度显得很小,为了简化分析,略去横梁高度部分桩间坡体压力的影响,从而前排桩后坡体压力可简化为三角形分布。

2)结构内力计算

（1）上半部分计算

根据前述分析模型，h型桩结构内力计算可按上、下两个部分分别计算，上半部分的计算

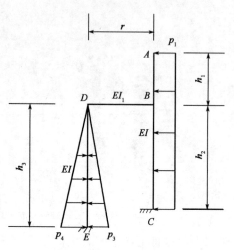

图式如图2-16所示。其中，p_1为结构后侧的滑坡推力，按矩形分布考虑，若为悬臂式结构，即结构前侧的滑体全部挖除，则$p_4 = 0$。p_1的计算可根据传递系数法获得，p_4可取被动土压力、剩余抗滑力及弹性抗力三者中的最小值。

根据图2-16所示的线分布力作用下的底端固定的平面刚架结构计算图式，采用结构力学方法（如位移法或力矩分配法）求出结构内力和支反力，具体过程此处不赘述。需要注意的是，这里所述的作用于桩侧的坡体压力均为水平向的，对于滑面倾斜的情况，这些压应力应分别根据相应桩侧合力的水平分量计算确定。

图2-16　h型桩结构上半部分计算图式

（2）下半部分计算

下半部分的计算为根据上半部分计算获得的相应支反力结果，如M_1、Q_1、M_2、Q_2，这里反向作用于锚固段的桩顶。于是，可按照弹性地层中的弹性桩或刚性桩的方法计算出各桩的内力及桩侧地层反力，从而得到h型桩结构下半部分的解。

2.3.3　h型组合式抗滑桩特点分析

通过以上分析可以看出，h型组合式抗滑桩有以下几个显著特点：

（1）在滑坡推力作用下，前、后排桩桩顶和后排桩桩身通过连系梁的连接，形成一个超静定结构，由于前、后排桩与连系梁之间是刚性连接，大幅度增强了此种结构弯矩的抵抗能力，使前、后排桩的弯矩值降低，在结构中出现交变内力的合理状态，避免了局部应力过大的现象。

（2）连系梁与桩是整体刚接，使h型组合式抗滑桩平面内的横向刚度大大增加，和单排桩相比，h型组合式抗滑桩双排结构的抵御侧向变形能力强，前、后排桩均能产生与侧向土压力反向作用的力偶，使h型组合式抗滑桩的位移明显降低，而普通抗滑单桩是完全依靠弹性嵌入滑床岩石内的足够深度来承受桩后的侧压力并维持其稳定性，随着外部推力的加大，前、后排桩的桩顶变形和桩身位移均难以控制。强化h型组合式抗滑桩桩前被动土体，能有效降低桩身侧向位移，对提升抗滑结构的刚度和稳定性非常重要。

（3）h型组合式抗滑桩可以随下端支承情况的变化而自动调整结构内部的弯矩，从而使结构各部分的内力状态随着外部环境的变化而变化，以适应复杂多变、荷载分布模糊的滑坡支护问题，从而可以最大程度地利用材料的功能，减小截面尺寸，而普通单桩和预应力锚索抗滑桩均不具备这样的主动调节能力。

（4）h型组合式抗滑桩的抗倾覆能力强。滑坡推力产生的倾覆力矩，通过后排桩锚固段抗拔能力、排桩锚固段抗压能力共同作用形成的力偶来抵消，此外，h型组合式抗滑桩利用前、后排桩锚固段桩前稳定岩土体的被动土压力和h型组合式抗滑桩刚性连系梁的构造，进一步强

化了其抗倾覆能力,体现了 h 型组合式抗滑桩的特殊优势。

(5)h 型组合式抗滑桩相对于门架式双排桩结构,从构造上看,前排桩的受荷段长度缩短,这样能使锚固段弯矩得到有效控制,h 型组合式抗滑桩在后排桩最大负弯矩增加很小的情况下,大幅降低了前排桩的最大负弯矩,有效地解决了门架式双排桩结构前排桩最大负弯矩过大的问题。同时,桩顶连系梁的轴向力较小,完全可以设计成普通钢筋混凝土结构,故通过条件构造尺寸,可使得前后排桩的最大弯矩值相等,这时,能方便地将 h 型组合式抗滑桩整体截面尺寸(包括前排桩、后排桩、连系梁)设计成一致,在方便设计的同时,又有利于施工的顺利进行。

由此可见,h 型组合式抗滑桩,因其刚性连系梁与前、后排桩组成一个超静定结构,前、后排桩均能抵抗滑坡推力作用,使双排桩的位移明显减小,同时,前、后排桩的最大内力、弯矩、剪力值相对于普通单桩也大幅度下降。另外,h 型组合式抗滑桩代替加锚杆的护坡桩,可避免交叉施工,在不能采用锚杆的工程场地和地质条件下将更显示出其独特的优越性,具有较高的应用价值,是一种很具开发潜力的滑坡治理结构形式。

2.4　h 型组合式抗滑桩工程适应条件分析

2.4.1　滑坡和高边坡灾害主要工程防治措施与适应条件

目前主要的滑坡和高边坡加固措施和工程结构类型如表 2-2 所示。滑坡灾害治理首先应根据滑坡的性质、成因、规模大小、滑体厚度以及对工程的危害程度提出相应的治理工程措施,同时,选择滑坡防治方案还应考虑以下因素:

(1)滑坡的性质、规模和稳定状态是制订防治方案的工程地质基础。

(2)综合考虑方案的可靠性、耐久性、先进性、经济性,以及对工程环境的影响。

(3)详细分析各种防治措施的条件适用性。

(4)兼顾施工工艺和施工技术的可行性等因素。

滑坡与高边坡病害常用的防治手段　　　　　　　　　　　　　　表 2-2

减少高边坡数量、降低 高边坡高度措施	排 水 措 施	力 学 平 衡	坡面防护工程
1. 线路外移 2. 调整线路坡度 3. 用桥跨越老病害体 4. 分离式路基 5. 以隧道代替路基 6. 以桥代路,避免高路堤	1. 表面排水 (1)截水天沟 (2)边坡内排水沟 2. 地下排水 (1)边坡渗沟 (2)截水盲沟 (3)截水盲洞 (4)仰斜孔排水 (5)支撑盲沟	1. 刷方 2. 减重 3. 加固工程 (1)土钉墙 (2)挡土墙 (3)锚杆挡土墙 (4)普通抗滑桩 (5)锚索抗滑桩 (6)微型抗滑桩 (7)组合抗滑桩 (8)钢架锚索桩 (9)锚拉洞 (10)锚索桩板墙 4. 锚索 (1)锚索地梁 (2)锚索框架 (3)锚索墩 5. 锚杆 (1)锚杆挂网喷射 (2)锚杆框架	1. 拱形骨架护坡 2. 浆砌片石护坡 3. 柔性防护网 4. 锚杆骨架护坡 5. 绿色植物防护

　　加固(支挡)工程包括挡土墙、抗滑桩、预应力锚索、锚杆、坡面防护结构等支撑和锚固结构,是用来支撑、加固填土或边坡岩土体,防止其坍滑,以保持稳定的一种建筑物。在地质灾害防治工程、铁路、公路路基工程中,加固(支挡)工程结构被广泛应用于防治滑坡、稳定路堤、路堑、隧道洞口以及桥梁两端的路基边坡等,主要用于抵抗横向土压力。加固(支挡)工程技术已成为地质灾害防治技术水平的标志,随着我国基础设施建设能力和技术水平的提高,加固(支挡)工程也得到了迅速的发展,在滑坡治理、路基、边坡稳定等工程中运用得非常普遍,并取得了良好的效果。表2-3为目前国内外常用的加固工程结构类型及基本特点。

滑坡与高边坡工程加固(支挡)工程结构形式

表2-3

结 构 类 型		结 构 特 点	结 构 适 用 条 件
预应力锚索	PC格构	(1)施工难度小; (2)批量生产,保证质量; (3)边开挖边坡,边锚固,缩短工期,容易保证边坡安全; (4)雨季干扰小,便于抢险	(1)工点场地较好,易运输和吊装; (2)工期紧张的工点
	现浇结构	(1)适应于大吨位锚索工程; (2)可依据地形灵活调整结构形式; (3)施工难度较大	(1)工点场地狭窄; (2)边坡高陡,坡面不平整
	压力分散型锚索	(1)锚固段受力较均匀,能获取较高的锚固吨位; (2)采用无黏结钢绞线,双层防腐性能好; (3)锚固段注浆体拉剪力较小; (4)锚固段地层受力均匀,塑性变形较小,降低预应力损失; (5)锚固段地层条件适用范围扩大,可减少工程量,节省造价	(1)含水率大或具腐蚀性的地层; (2)锚固段提供单位黏结力较低的地层
	拉压分散型锚索	(1)锚固段受力较均匀,在同类地层中提高锚固吨位及选择锚固地层范围更容易; (2)改善锚固段与自由段交界段孔壁地层的受力条件,孔壁地层应力集中减小; (3)自由段孔壁周围地层受力减小,土体塑性变形较小,降低锚索应力损失; (4)降低锚索永久性反力结构的受力; (5)减小运营期间气候导致的应力损失	(1)含水率大或具腐蚀性的地层; (2)锚固段提供单位黏结力较低的地层; (3)自由段强度较低的地层
锚杆	精轧螺纹钢锚杆	(1)与普通预应力锚杆相比可大幅提高锚固力;与预应力锚索相比施工简单,综合经济效益较好; (2)材料生产工厂化,保证质量; (3)专用锚杆连接器强度高,避免人工焊接的质量问题; (4)拼装式锚杆主体在制作安装过程中简化施工工艺,降低施工难度	锚固深度不大,适应于锚固力要求不高的工程
	全长黏结型锚杆	(1)改善自由段的受力形式,降低自由段孔壁周围土体的塑性变形,从而减少预应力损失; (2)降低永久性反力结构的受力要求; (3)节省工期; (4)节省工程造价	各种条件

结 构 类 型		结 构 特 点	结 构 适 用 条 件
抗滑桩	普通抗滑桩	(1)设桩位置灵活,并可与其他防治措施联合使用; (2)开挖土石方量小,施工中对坡体的稳定状态影响小; (3)挖孔桩桩孔可作为探井,方便弄清工程地质情况,检验和修改原设计以更符合实际情况; (4)在新线施工中,可采用先做桩后开挖路堑的施工顺序,防止产生新滑坡或老滑坡复活; (5)施工方便,设备简单	抗滑桩适用范围广,尤其对中、厚层大型滑动岩土体可采用抗滑桩治理;当桩前悬臂段较长时,可选用预应力锚索抗滑桩或h型组合式抗滑桩
	锚索抗滑桩	(1)属于主动受力结构,可防止边坡出现大的变形; (2)改变了一般抗滑桩不合理的悬臂受力状态,类似弹性铰的简支梁式受力状态; (3)大幅度地减小了桩长和桩身的横截面面积及桩身内力; (4)节省了钢筋、水泥等原材料,工程造价较低	预应力锚索抗滑桩适用于稳定中、厚层大型滑动岩土体,特别是桩前悬臂段较长的滑坡治理工程中
	h型组合抗滑桩	(1)由前、后排桩与连系梁共同组成的空间组合结构,通过发挥空间组合桩的整体刚度和空间效应,与桩间土协同工作,抵抗滑坡体中的剩余下滑力; (2)具有侧向刚度大、抗滑能力强、稳定性较好、收坡快、施工方便等特点; (3)可以人为地调节悬臂段长度,在起到收坡作用的同时,优化结构内力分布; (4)自动调整结构各部分的内力以适应复杂多变、荷载作用位置模糊的边坡支护问题; (5)抗倾覆能力强; (6)避免了锚索的锈蚀和松弛问题; (7)h型组合式抗滑桩代替加锚杆的护坡桩,可避免交叉施工,并节约造价5%以上	h型组合式抗滑桩适用于各类中、厚层大型滑坡及高边坡的治理,特别适用于滑坡推力大于2000kN/m的大推力滑坡和易滑地层的防治
挡土墙	一般挡土墙	(1)一般挡土墙所承受荷载为主动土压力; (2)就地取材,工艺简单; (3)工程造价低	(1)一般设置于边坡坡脚; (2)防止坡面坍塌、岩土松弛
	抗滑挡土墙	(1)承受的是滑坡推力; (2)就地取材,工艺简单; (3)工程造价低	(1)一般设置于边坡坡脚; (2)用于治理推力较小的滑坡和作为辅助设施设在大滑坡的前缘两侧
坡面防护工程	骨架护坡	以坡面防护为主,防止坡面在雨水冲刷等作用下出现局部、浅表层破坏	适用于土质、类土质及部分强风化软岩边坡
	锚杆挂网喷浆	以坡面防护为主,防止坡面的进一步风化、剥蚀、局部掉块等作用	适用于岩质边坡,但由于目前人们绿色环保意识的增强,该类防护工程应审慎使用
	绿色技术	以坡面防冲刷、减轻风化作用的程度为主,兼有坡面景观的绿化功能	可用于土质、岩质坡面,但应根据不同坡面具体情况选用相适宜的防护类型

一方面,上述的支挡(加固)工程措施,一般是根据具体的工程地质条件和防治要求来加以运用的。另一方面,随着现代工程建筑技术的不断发展,在实际工程中,往往需要面对各种错综复杂的地质环境,也促进了新型支挡(加固)工程技术的发展和创新,各种新结构、新方法不断被提出和使用,以满足现代灾害防治的需要,大大丰富了支挡(加固)工程措施的可选性。

2.4.2　h型组合式抗滑桩适宜应用于剩余下滑力大的滑坡工程治理

我国是一个山地灾害频发的国家,特别是西部山区,由于其地质环境多样、地质构造复杂,这就对目前地质灾害防治技术提出了新的、更高的要求。随着我国基础设施建设的大力进行,特别是西部大开发建设的有力推进,目前在国内工程建设中滑坡和高边坡稳定问题越来越多,特别是在我国西部山区进行的水利水电工程、公路工程、铁路工程中,大推力滑坡现象时有发生。

根据滑坡推力大小,可将滑坡分为小推力滑坡、中推力滑坡和大推力滑坡三种类型。滑坡推力 $T < 500 \mathrm{kN/m}$ 时,暂考虑为小推力滑坡;$500 \mathrm{kN/m} < T < 2000 \mathrm{kN/m}$ 时,为中推力滑坡;滑坡推力 $T > 2000 \mathrm{kN/m}$ 时,为大推力滑坡。目前,国内工程支挡(加固)措施,基本上能够满足中、小型滑坡防治工程的要求,但对于大推力滑坡来讲,可选择的支挡(加固)措施较少。

针对大推力滑坡的防治,国内往往采用预应力锚索抗滑桩和大截面抗滑单桩支挡结构形式。不过,从实践效果看,这两种形式均存在不足之处。

图 2-17　公路预应力锚索抗滑桩

预应力锚索抗滑桩,如图 2-17 所示,利用锚索的主动锚拉力优化结构内部受力状态,可减小抗滑桩桩身截面尺寸,缩短抗滑桩锚固段深度,能较好地提升抗滑桩的抗滑效果。与传统的工程抗滑结构相比,预应力锚索抗滑桩具有主动、柔性支护的特点,因而得到了广泛的应用,是目前工程界较为认同的一种支护结构:

不过,随着近年来该结构使用的增多,其缺点也逐渐被工程技术人员所认识。概括地讲,预应力锚索抗滑桩有以下三大不足之处:

(1)预应力锚索的应力松弛现象。在预应力张拉过程中,锚索产生变形,导致预应力损失。同时,由于材料自身物理性质的原因,长时间使用过程中,钢绞线应力的损失不可避免。此外,岩体构造与节理的存在,使得岩体在锚固作用下,产生塑性变形,从而带来预应力损失与锚索松弛现象。

(2)预应力锚索的锈蚀问题。如图 2-18 所示,预应力锚索的锈蚀实质是一种电解现象,在岩土体中的地下水、氧气和土壤中存在杂散电流共同作用下,出现化学反应,导致预应力锚索锈蚀现象的出现。使预应力锚索的设计锚拉力大幅度下降,甚至破坏。

(3)预应力锚索抗滑桩的使用受地质环境的限制。预应力锚索抗滑桩较适合于岩质滑坡,这样,它才能充分发挥预应力锚索的主动锚拉力作用。而对于土质滑坡来讲,由于岩土体松软,不能提供可靠、有效的锚固条件,往往不能发挥预应力锚索抗滑桩结构的功能和优势。

大截面抗滑单桩是将普通抗滑桩的截面尺寸加大,从而增强结构的抗滑能力,但也有其自身的缺陷,主要有:

(1)大截面抗滑单桩由于自身属于悬臂式受力结构,此种结构要发挥较大抗滑支挡能力,必须要有足够的锚固段深度和锚固段的稳定性,否则将大为降低该结构的设计作用效果。

(2)大截面抗滑单桩作为简单受荷结构,决定了其抗弯能力有限,桩顶水平位移较大且不易控制。某些地质条件下,由于桩身围岩横向容许承载力的不足,必须将截面尺寸设计为足够大(3.5m×5m以上),在增加工程

图 2-18　预应力锚索抗滑桩锈蚀

造价的同时,大大地提高了施工挖孔难度和坡体扰动,容易诱发坡体失稳。

(3)如单独使用大截面抗滑单桩来抵抗大推力滑坡,对其桩间距有严格的限制,以防止桩间土体的滑动,这会大幅度地增加此种支挡结构的成本,使得单独采用这种结构的技术经济指标较差。

针对滑坡推力大小不同的滑坡,其支挡(加固)措施也会有所区别。基于以上分析,针对大推力滑坡的防治,必须要兼顾结构的稳定性和耐久性,同时,需避免截面尺寸过大带来的施工问题和成本增加。h型组合式抗滑桩作为组合抗滑桩结构,通过发挥结构优势来治理大推力滑坡,正好同时具备这样的条件。

h型组合式抗滑桩结构,前排桩和后排桩共同承担滑坡推力,根据排距(连系梁长度)的不同,前排桩、后排桩承担的抗滑作用也随之变化,后排桩起着"拉锚支撑"或"支挡"功能。

同时,合理的调节前、后排桩排距,可以充分地提高h型组合式抗滑桩组合工作的能力,优化结构受力状态。强化h型组合式抗滑桩桩前被动土体,能有效降低桩身侧向位移,对提升抗滑结构的刚度和稳定性非常重要。h型组合式抗滑桩能充分发挥自身结构特性和优势,较好地控制坡体变形和位移,对大推力滑坡的防治提供了一条行之有效的途径。

综上所述,支挡工程结构形式的选择必须考虑诸多因素:滑坡推力的大小、滑面深度与特征、施工技术水平、防护效果、工程性质等。如以滑坡推力 T 这个重要因素来加以分析,通常地讲,建议考虑如下标准:

(1)200kN/m < T < 1000kN/m 时,可广泛采用普通抗滑桩或锚索抗滑桩结构用于支护(加固)。

(2)1000kN/m < T < 2000kN/m 时,以采用预应力锚索抗滑桩为主,以减小桩身截面尺寸和埋置深度。

(3) T > 2000kN/m 时,最好考虑双排抗滑桩,或采用以 h 型组合式抗滑桩为代表的组合桩,或抗滑桩与锚索框架共同工作,发挥抗滑功能。在大型滑坡的治理以及桩体位移受到限制的地方,特别是在岩土体较松软的工程地质条件下,可优先采用 h 型组合式抗滑桩这种新型支挡结构。

2.4.3　h型组合式抗滑桩适宜应用于路堑边坡的收坡

在路堑高边坡工程的防治中,收坡对于工程安全非常重要。通常,边坡的高度与坡度之间存在越低越陡的关系。随着路堑边坡高度的增加,坡率也会从下至上逐级放缓,以保证边坡的稳定安全。但边坡坡率只能下降到不使边坡线与坡体面重合,这就会导致边坡不断变高,出现不利的局面。因此,支挡防护工程设计中必须要求支挡(加固)结构具有较好的收坡作用。

h型组合式抗滑桩十分适合应用于路堑高边坡工程中。对于路堑高边坡工程来说,坡脚支挡措施需要具有两类功能:第一,h型组合式抗滑桩由于悬臂段的存在,能降低边坡开挖高度,起到"收坡"的效果;第二,h型组合式抗滑桩能强固坡脚,确保边坡的稳定性。

h型组合式抗滑桩的悬臂段既可以承担桩后土体的作用力,又可以起到收缩坡脚和挡土的作用,其悬臂段长度的设计不仅要考虑挡土收坡功能,更要通过计算合理的尺寸,以实现对桩身弯矩的控制。

h型组合式抗滑桩支挡(加固)措施同时具有"收坡"与"固脚"的效果,符合路堑高边坡工程设计的基本原则和理念。

例如,使用路堑边坡坡脚设置低矮挡墙,既不能起到降低边坡高度的收坡作用,固脚作用也不明显。这里以一简单示例加以说明(图2-19)。

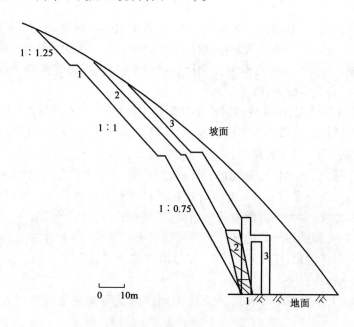

图2-19　路堑支挡结构与边坡位置高度计算简图
1-脚墙;2-高挡土墙;3-h型组合式抗滑桩

设面坡坡率为1:0.25,此低矮挡墙高2.0m。如墙顶平台宽2m,此时和第四纪松散堆积层的稳定坡率(1:1.25)相同。如墙顶平台宽1.5m,此时和强风化岩体的稳定坡率(1:1)相同。由此分析,低矮挡土墙的设计,对于降低边坡高度没有贡献。

由于重力式挡土墙最大设计高度一般不超过12m,在某些情况下,不能有效限制边坡高度,此时就需要考虑以抗滑桩为代表的竖向支挡结构。而 h 型组合式抗滑桩结构受力性能又大大优于普通抗滑桩,并且避免了预应力锚索抗滑桩的许多不足和工程地质运用的局限性。以边坡顶部坡面坡度 30°计算,在本算例中,如果采用 h 型组合式抗滑桩设计,相对于低矮挡墙,竖向高度每增加 1m,对于不同地质条件下,可使上部边坡坡面向外平移 1～1.25m,边坡高度下降 0.57～0.62m,充分地发挥了结构收坡功能。由此可见,h 型组合式抗滑桩比较适合应用于路堑高边坡工程中。

2.5 本章小结

本章主要对 h 型组合式抗滑桩结构基本受力特点和工程适宜性进行了较深入的分析和探讨。通过研究,得出以下结论:

(1)h 型组合式抗滑桩结构,由于前、后排桩桩顶和后排桩桩身是刚性连接,是一个超静定结构,使前、后排桩的弯矩值降低,在结构中出现交变内力的合理状态,避免了局部应力过大的现象,大幅度增强了其弯矩的抵抗能力。同时,h 型组合式抗滑桩可以随下端支承情况的变化而自动调整结构内部的弯矩,从而使结构各部分的内力状态随着外部环境的变化而变化,以适应复杂多变、荷载分布模糊的滑坡支护问题。此外,和单排桩相比,h 型组合式抗滑桩刚度大,双排结构的抵御侧向变形能力强,前、后排桩均能产生与侧土压力反向作用的力偶,使 h 型组合式抗滑桩的位移明显降低。

(2)滑坡灾害治理应根据滑坡的性质、成因、规模大小、滑体厚度以及对工程的危害程度提出相应的治理工程措施,h 型组合式抗滑桩适用于各类中、厚层大型滑坡及高边坡的治理,特别适用于滑坡推力大于 2000kN/m 的大推力滑坡和易滑地层的防治。

(3)在大推力滑坡防治中,相对于目前使用最广泛的预应力锚索抗滑桩,h 型组合式抗滑桩有效避免了预应力锚索的应力松弛、锈蚀和预应力锚索抗滑桩的使用受地质环境的限制三大问题。

(4)h 型组合式抗滑桩支挡(加固)结构由于悬臂外伸段的构造特点,具有较强的"收坡"功能,非常适用于路堑高边坡支挡工程。

第3章 h型组合式抗滑桩荷载分析与结构计算

h型组合式抗滑桩作为一种新型组合式抗滑支挡结构,其力学机理相对于普通抗滑桩复杂,虽然有诸多优点,但由于目前尚未有完善的结构计算方法,大大限制了其推广应用。本章在借鉴深基坑双排桩的分析思路和传统普通抗滑桩的计算理论的基础上,探索建立适合h型组合式抗滑桩自身特点的计算方法。

h型组合式抗滑桩作为组合式抗滑桩,内力计算较为复杂,特别是连系梁的存在,将后排桩与前排桩连接成一个刚性整体,连系梁既传递轴力又传递弯矩和剪力,故不能简单地对后排桩和前排桩分别应用现有抗滑桩的计算方法来进行计算,这样会因没有完全考虑h型组合式抗滑桩的整体性,使计算结果存在较大误差。

实际上,通过认清h型组合式抗滑桩结构受力特点和内力传递规律,根据滑动面位置,可将h型组合式抗滑桩划分为上部受荷段和下部锚固段分别进行计算。把滑面以上的上部受荷段看作一个刚性整体,其承受的所有桩土作用力看作外力,即将滑坡推力、桩间土作用力、滑面上端桩前土抗力等作为外荷载,通过结构力学方法计算受荷段的剪力与弯矩。对于h型组合式抗滑桩下部锚固段的计算,可根据桩周岩土条件,采用弹性桩或刚性桩法进行计算。这样,可以在不影响计算精度的同时,一定程度地简化计算过程。

3.1 荷载分析

3.1.1 滑坡推力分析

将纵向单位宽度的滑体中的任意一分离体,对其进行极限平衡条件下的静力研究,单元上所受的力为基本力系和特殊力系。

1)基本力系

如图3-1所示,作用在滑体上任一分块的基本力系包括:

(1)滑体重力 W_i。

(2)前一分块产生的剩余下滑力 T_{i-1}。

(3)后一分块形成的支撑力 T_i。

(4)滑面阻滑力 $F_i = W_i \cos\alpha_i \tan\varphi_i + c_i L_i$。

(5)滑床反力 $R_i = W_i \cos\alpha_i$。

根据图3-1,只考虑基本力系作用时,该位置的滑坡推力即为第 i 个条块的剩余下滑力。基于以下两种方法引入安全度。

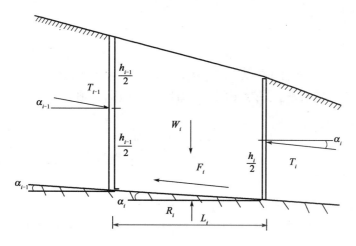

图 3-1 作用在滑体上任一分块的基本力系

（1）利用加大重力下滑力来提高安全度水平。

计算传递系数：

$$\psi = \cos(\alpha_{i-1} - \alpha_i) - \sin(\alpha_{i-1} - \alpha_i)\tan\varphi_i \tag{3-1}$$

分块滑坡推力：

$$T_i = KW_i\sin\alpha_i + \psi T_{i-1} - W_i\cos\alpha_i\tan\varphi_i - c_iL_i \tag{3-2}$$

（2）利用折减滑面的抗剪强度来提高安全度水平。

计算传递系数：

$$\psi' = \cos(\alpha_{i-1} - \alpha_i) - \sin(\alpha_{i-1} - \alpha_i)\frac{\tan\varphi_i}{K} \tag{3-3}$$

分块滑坡推力：

$$T_i = W_i\sin\alpha_i + \psi'T_{i-1} - W_i\cos\alpha_i\frac{\tan\varphi}{K} - \frac{c_i}{K}L_i \tag{3-4}$$

式中：W_i——第 i 个分块滑体自重；

T_i——第 i 个分块末端的滑动推力；

α_{i-1}——第 $i-1$ 个分块所在滑动面的倾角；

α_i——第 i 个分块所在滑动面的倾角；

c_i——黏聚力；

φ_i——内摩擦角；

L_i——第 i 个分块所在滑动面上的长度；

K——安全系数。

第一种方法计算方便，设计工作中一般采用此法。第二种方法便于理解，但计算安全系数需试算，较繁琐。本课题考虑剩余下滑力时，运用第一种算法。

2）特殊力系

上面对滑坡推力的分析，是基于基本力系进行的，而当滑坡体上作用有其他附加荷载时，需将其作为特殊荷载加以计算和考虑。

（1）分块上的外荷载 P。

（2）当滑动体裂隙填充水时，必须考虑水重。

（3）当滑动体全部饱水或其部分饱水且与滑带水相贯通，应计入动水压力 $D_i = \gamma_w \Omega_i n_i \sin\alpha_i'$ ［其中 γ_w 为重度（kN/m^3）］；Ω_i 为滑体条块的饱水面积（m^2）；n_i 为滑体土的空隙度；α_i' 为滑体水的水力坡度角。另外，由于水的浮托力作用，其值 $S_i = \gamma_w \Omega_i n_i \cos\alpha_i$，此时，应调整滑动面上的阻滑力：

$$F_i = (W_i \cos\alpha_i - S_i)\tan\varphi_i + c_i L_i$$

（4）当存在贯通于滑动带的裂隙的情况下，在滑动时裂隙部分充水，需计入裂隙水对滑体的静水压力，其值为：

$$\begin{cases} T_{wi} = \dfrac{1}{2}\gamma_w h_i'^2 \\ T_{wi-1} = \dfrac{1}{2}\gamma_w h_{i-1}'^2 \end{cases}$$

这些特殊力系的作用方向和分布见图3-2。

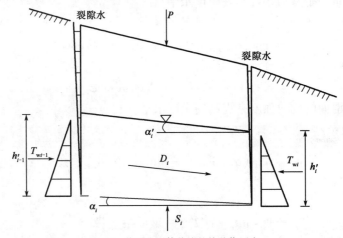

图3-2　作用在滑体分块的特殊作用力

3.1.2　h型组合式抗滑桩荷载分布规律

滑坡推力的荷载分布图形应根据滑体的岩性、滑体的厚度、滑坡的各层面速度等因素确定。滑坡推力的选择是否合理，将直接影响到桩身内力计算的准确性，从而影响结构设计的合理性与经济性。

（1）对于刚度较大、液性指数较小、黏聚力较大的密实滑体，滑动过程中各层面间的滑动速率基本相同，此时，滑坡推力分布图形可近似看作矩形分布，合力作用点为受荷段的1/2处。

（2）对于刚度较小、液性指数较大、以内摩擦角为主要抗剪特性的松散塑性滑体或密实度不均匀的滑体（堆积体），顶层的滑速较小，滑动面附近的滑体滑速较大，此时，滑坡推力分布图形可近似看作三角形分布，合力作用点接近受荷段的2/3处。

（3）对于介于上述两者之间的情况，可暂定为梯形分布。

近年来，关于滑坡推力分布的探讨一直较多，随着研究的深入，国内部分学者归纳总结出了部分分布函数供大家参考,如表3-1所示。

滑坡推力分布函数

表3-1

岩土体性质	滑坡推力合力作用点	滑坡推力分布函数	滑坡推力分布形式
岩石	$\dfrac{1}{2}h_1$	$Q(z) = \dfrac{E}{h_1}$	矩形(平行四边形)
黏土	$\dfrac{2}{3}h_1 - \dfrac{3}{4}h_1$	$Q(z) = \dfrac{(36k-24)E}{h_1^2}z^2 + \dfrac{(18-24k)E}{h_1^2}z$	抛物线形—三角形
砂土、散体	$\dfrac{3}{5}h_1 - \dfrac{2}{3}h_1$	$Q(z) = \dfrac{(36k-24)E}{h_1^2}z^2 + \dfrac{(18-24k)E}{h_1^2}z$	三角形—抛物线形
介于黏土与砂土之间	$\dfrac{13}{20}h_1$	$Q(z) = \dfrac{1.8E}{h_1^2}z + \dfrac{1E}{10h_1}$	梯形

注:h_1-滑动面以上的桩身长度;E-滑坡推力;k-地基系数;$Q(z)$-推力的分布函数。

对于 h 型组合式抗滑桩,不仅要确定前、后排桩的滑坡推力形式,也要确定其推力分配状况,这样才能有效、准确地进行结构计算与设计。本课题考虑的推力分配的具体计算模型见图3-3。根据研究,h 型组合式抗滑桩前排桩受到的滑坡推力与后排桩受到的桩前抗力联系紧密。

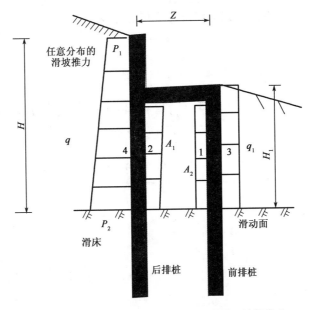

图3-3 h 型组合式抗滑桩前、后排桩推力分配计算模型

试验表明,h 型组合式抗滑桩的后排桩承受的滑坡推力受到岩土体性质、滑坡体各层面相对滑动速度和刚度控制(呈矩形分布、梯形分布或三角形分布),而前排桩承受的滑坡推力则往往呈矩形分布。对于桩前抗力,后排桩一般呈上大下小的倒梯形分布,而前排桩则呈矩形分布形式。

后排桩的滑坡推力及前排桩的桩前抗力可以通过计算得到。在该计算模型中,后排桩与桩间土的相互作用力 A_1 以及桩间土与前排桩的作用力 A_2,为需要计算的未知量。由于前、后排桩在连系梁处,后排桩与桩间土、前排桩与桩间土的水平位移值相等,可认为桩—土之间实现变形协调,故需建立一对变形协调方程,对 A_1、A_2 进行求解。

　　由图 3-3 可知,需建立在一定分布荷载作用下的位移计算公式,将桩、连系梁形成的 h 式结构看作一整体刚架,先运用结构力学的"位移法"计算出此刚架在外荷载作用下的刚性结点的转角和水平位移量,继而得出变形协调点的水平位移;再由土力学理论计算桩间土的变形;得到前后排桩及桩间土水平位移后,利用桩—土变形协调条件获得方程组,最终解得桩—土之间的相互作用力。

　　具体步骤:先将后排桩的桩间土 $H_1/2$ 处水平位移量设为 v_2、v_4;将前排桩受荷段 $H_1/2$ 处水平位移量设为 v_1、v_3,将模型中 1、2、3、4 点的转角值设为 Z_1、Z_2、Z_3、Z_4;此外,$E_1 I_1$ 为前排桩的刚度,$E_2 I_2$ 为后排桩的刚度,$E_3 I_3$ 为连系梁的刚度。经推导可得:

$$v_1 = \frac{A_1}{Z} S_j - \frac{A_2}{Z} S_y$$

$$v_2 = \frac{A_1}{Z} S_y - \frac{A_2}{Z} S_j$$

$$v_3 = \frac{A_2 - q_1}{32 E_1 I_1} H_1^4 - \frac{1}{8} H_1 Z_2 - \frac{1}{4} Z_3$$

$$v_4 = \frac{\dfrac{P_1 + P_2}{2} - A_1}{32 E_1 I_1} H^4 + \frac{1}{4} H_1 Z_2 - \frac{1}{8} H Z_4$$

由于前、后排桩受荷段纵向两侧截面位移值相等,故有:

$$v_1 = -v_3$$
$$v_2 = -v_4$$

这时,可计算得到 A_1 和 A_2。

$$A_1 = \frac{\left(2q T_3 - \dfrac{P_1 + P_2}{2} T_4\right) T_6 - \left(4 q_1 T_7 - \dfrac{P_1 + P_2}{2} T_8\right) T_2}{T_2 T_5 - T_1 T_6} \tag{3-5}$$

$$A_2 = \frac{\left(2q T_3 - \dfrac{P_1 + P_2}{2} T_4\right) T_5 - \left(4 q_1 T_7 - \dfrac{P_1 + P_2}{2} T_8\right) T_2}{T_2 T_5 - T_1 T_6} \tag{3-6}$$

其中:$T_1 = \dfrac{H^3}{128}\left(\dfrac{3 H_1}{E_1 I_1} + \dfrac{2}{\Delta} K_5 - \dfrac{3}{\Delta} K_1\right) + \dfrac{1}{Z} S_j$

$T_2 = \dfrac{H^3}{128}(6 K_6 - K_2) + \dfrac{1}{Z} S_j$

$T_3 = \dfrac{H^3}{128}(6 K_6 - K_2)$

$T_4 = \dfrac{H^3}{128}\left(\dfrac{2}{\Delta} K_5 - \dfrac{3}{\Delta} K_1 + \dfrac{3 H_1}{E_1 I_1}\right)$

$T_5 = \dfrac{H^3}{128}(K_4 + 2 K_5) + \dfrac{1}{Z} S_j$

$T_6 = \dfrac{H^3}{128}\left(\dfrac{3 H_1}{E_1 I_1} + \dfrac{2}{\Delta} K_6 - \dfrac{2}{\Delta} K_3\right) + \dfrac{1}{Z} S_j$

$T_7 = \dfrac{H^3}{128}\left(\dfrac{2}{\Delta} K_6 - \dfrac{3}{\Delta} K_3 + \dfrac{3 H}{E_2 I_2}\right)$

$$T_8 = \frac{H^3}{128}(K_4 + 2K_5)$$

$$K_1 = 2\left(\frac{4E_2I_2}{H} + \frac{E_3I_3}{Z}\right)\frac{E_1I_1}{H_1} - 4\frac{E_2I_2}{H}\left(\frac{E_2I_2}{H} + 8\frac{E_3I_3}{Z}\right)$$

$$K_2 = 4\frac{E_3I_3}{Z}\left(\frac{E_1I_1 + E_2I_2}{H_1}\right) - 6\frac{E_1I_1}{H_1}\frac{E_2I_2}{H}$$

$$K_3 = 16\left(\frac{E_1I_1}{H_1} + \frac{E_3I_3}{Z}\right)\left(\frac{E_1I_1 + E_2I_2}{H_1}\right) - 6\frac{E_1I_1}{H_1}\left(\frac{E_1I_1}{H_1} + 4\frac{E_3I_3}{Z}\right)$$

$$K_4 = 2\frac{E_3I_3}{Z}\left(\frac{E_1I_1 + E_2I_2}{H_1}\right) - 18\frac{E_2I_2}{H}\left(\frac{E_1I_1}{H_1} + 4\frac{E_3I_3}{Z}\right)$$

$$K_5 = 4\frac{E_3I_3}{Z}\left(\frac{3E_2I_2}{H} + \frac{2E_3I_3}{Z}\right) - 8\left(\frac{E_2I_2}{H} + \frac{2E_3I_3}{Z}\right)\left(\frac{E_1I_1}{H_1} + 2\frac{E_3I_3}{Z}\right)$$

$$K_6 = \frac{E_3I_3}{L}\left(\frac{E_1I_1}{H_1} + \frac{2E_3I_3}{Z}\right) - 2\left(\frac{E_1I_1}{H_1} + \frac{E_3I_3}{Z}\right)\left(\frac{E_2I_2}{H} + 4\frac{E_3I_3}{Z}\right)$$

如果前排桩与后排桩刚度一致,即 $E_1I_1 = E_2I_2$,可得:

$$\Delta = \frac{4E_1I_1}{H_1}\left(\frac{2E_1I_1}{H_1} + \frac{4E_3I_3}{Z}\right)\left(\frac{3E_1I_1}{H_1} + \frac{2E_3I_3}{Z}\right) \tag{3-7}$$

计算出 h 型组合式抗滑桩前、后排桩滑坡推力分布后,可进行整体结构计算。由于 h 型组合式抗滑桩整体刚度很大,在滑坡推力的作用下,虽产生一定的变形,但通过试验观测和分析,此类变形基本上是由于桩周岩(土)变形所致,而桩轴线形仍保持原有状态,故在计算时,可将滑动面以上的桩体受荷段所有力(包括滑坡推力、桩前抗力、桩间土作用力)当作外力看待,采用结构力学的方法进行计算。然后,将受荷段计算得到的滑动面处的弯矩和剪力值作为已知外荷载,运用刚性桩法,将桩周岩土体视为弹性体,计算其侧向应力和土体抗力,并最终计算出 h 型组合式抗滑桩锚固段的弯矩和剪力。

3.2 基于三次超静定图乘法的 h 型组合式抗滑桩受荷段求解

h 型组合式抗滑桩支护结构在横向荷载作用下,桩—土之间存在较复杂的荷载分布关系,要使内力计算获得合理的结果,必须使前、后排桩的桩身土压力分布与实际分布状况相一致。利用上节的计算,根据 h 型组合式抗滑桩前、后排桩推力分配计算模型,推导出了前排桩、后排桩及桩间土的荷载分布规律。以此为基础,就可以对 h 型组合式抗滑桩受荷段结构进行求解。目前关于抗滑桩结构计算,广泛应用的是有限单元法。不过,有限单元法虽计算模型较精确,但参数的选定对最终结果影响较大,故在运用时受到一定限制。另一种常用的方法是基于结构分解 h 型组合式抗滑桩受荷段力法求解。此种方法虽然简单、易于计算,但未考虑结构的整体效应,计算结果只能作为初步参考。本书将 h 型组合式抗滑桩看作一个由前、后排桩与连系梁共同组成的整体刚性抗滑结构来考虑,运用结构力学中的图乘法加以计算。计算时,将 h 型组合式抗滑桩简化成两端为固定端的刚架,推导 h 型组合式抗滑桩受荷段结构内力及位移分布。这样既简便易行,又避免了人为进行结构分解时所带来的假设问题导致的计算误差,保证了计算过程和结果的准确性。

计算前,先运用比例系数法来计算滑动面上部的桩侧土压力值,由于前排桩、后排桩处于一个平面,在纵向滑坡推力的作用下,可认为后排桩身承受滑坡推力产生的主动土压力和桩间土产生的被动土压力,而前排桩承受桩间土压力和桩前抗力。设后排桩承担的主动土压力为 q,桩间土对后排桩的抗力为 αq,前排桩主动土压力为 αq,前排桩桩前抗力为 q_1,从而使 h 型组合式抗滑桩结构变成一个 $2n+3$ 次的静不定结构(图 3-4)。对于 $2n+3$ 次静不定结构的解法,可运用虚功原理,得出 $2n+3$ 个相关位移,根据位移协调变形方程进行计算。

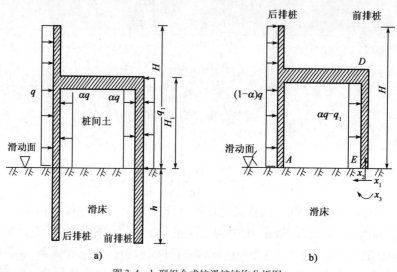

图 3-4　h 型组合式抗滑桩结构分析图

h 型组合式抗滑桩是由具有一定抗弯刚度的桩和连系梁相连形成的一个刚性整体,可以简化成一个两边为固定端的刚架来计算(图 3-4)。分析可知,$2n+3$ 次超静定结构可转化为一个受 $2n+3$ 个未知外力的静定结构,需要 $2n+3$ 个方程求解。

对于刚架 $ACDE$,其右侧固定端用多余未知力 X_1、X_2、M_1 代替,如图 3-5a)所示。根据位移条件,可以写出力法典型方程:

$$\begin{cases} \delta_{11}X_1 + \delta_{12}X_2 + \delta_{13}X_3 + \Delta_{1P} = 0 \\ \delta_{21}X_1 + \delta_{22}X_2 + \delta_{23}X_3 + \Delta_{2P} = 0 \\ \delta_{31}X_1 + \delta_{32}X_2 + \delta_{33}X_3 + \Delta_{3P} = 0 \end{cases} \quad (3\text{-}8)$$

现分别作出 M_1、M_2、M_3、M_P 图,以便求得式(3-8)中的未知数,如图 3-5b)所示。

$$\delta_{11} = \frac{1}{EI}\left(\frac{1}{2}H_1^2 \times \frac{2}{3}H_1 \times 2 + bH_1 \times H_1\right) = \frac{1}{EI}\left(\frac{2}{3}H_1^3 + bH_1^2\right)$$

$$\delta_{22} = \frac{1}{EI}\left(\frac{1}{2}H_1^2 \times \frac{2}{3}H_1 + bH_1 \times b\right) = \frac{1}{EI}\left(\frac{b^3}{3} + b^2H_1\right)$$

$$\delta_{12} = \delta_{21} = \frac{1}{EI}\left(-bH_1 \times \frac{b}{2} - \frac{H_1^2}{2} \times b\right) = \frac{1}{EI}\left(-\frac{1}{2}b^2H_1 - \frac{1}{2}bH_1^2\right)$$

$$\delta_{13} = \delta_{31} = \frac{1}{EI}\left(\frac{1}{2}H_1^2 \times 2 + bH_1\right) = \frac{1}{EI}(H_1^2 + bH_1)$$

$$\delta_{23} = \delta_{32} = \frac{1}{EI}\left(-bH_1 - \frac{1}{2}b^2\right)$$

$$\Delta_{1P} = \frac{1}{EI}\left[\frac{1}{3}H \times \frac{1}{2}(1-\alpha)qH^2 \times \frac{H_1}{4} - \frac{1}{2}(\alpha q - q_1)H_1^2 b \times H_1 - \frac{1}{3}H_1 \times \frac{1}{2}(\alpha q - q_1)H_1^2 \times \frac{3H_1}{4}\right]$$

$$\Delta_{2P} = \frac{1}{EI}\left[-\frac{1}{3}H \times \frac{1}{2}(1-\alpha)qH^2 \times b + \frac{1}{2}(\alpha q - q_1)H_1^2 b \times \frac{b}{2}\right]$$

$$\Delta_{3P} = \frac{1}{EI}\left[\frac{1}{3}H \times \frac{1}{2}(1-\alpha)qH^2 \times 1 - \frac{1}{2}(\alpha q - q_1)H_1^2 b \times 1 - \frac{1}{3}H_1 \times \frac{1}{2}(\alpha q - q_1)H_1^2 \times 1\right]$$

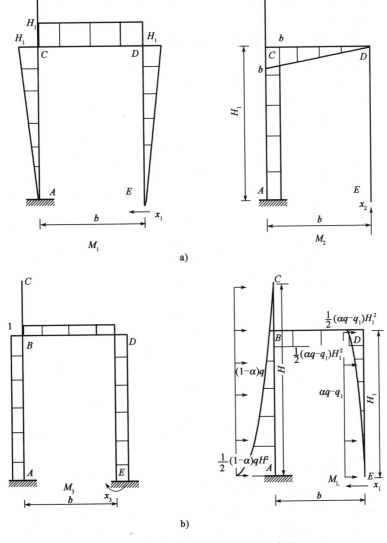

图 3-5 h 型组合式抗滑桩图乘法计算示意图

将上式代入式(3-8),即可求解。在解得 X_1、X_2、M_1 后,便可按照静定结构来确定 h 型组合式抗滑桩受荷段各部位的弯矩和剪力值。

3.3 h型组合式抗滑桩滑面以下锚固段计算研究

3.3.1 桩底支承条件与基本计算方法

1）桩底支承条件

h型组合式抗滑桩的顶端一般为自由端,而桩底根据嵌固条件的差别,可考虑为三种支承条件:

（1）自由支承[图3-6a)]。当滑动面以下地层为土体、松软破碎岩时,在滑坡推力的作用下,桩底有明显的位移和转动;或当滑动面以下地层岩性相同或虽然不同但是岩土刚度相差不大时,桩底按自由支承计算,即桩底弯矩和剪力为零($M_h=0,Q_h=0$),水平位移和转角不为零。

（2）铰支承[图3-6b)]。当桩底岩层完整,并较锚固段地层坚硬,但桩嵌入此层深度不大时,当桩底附近岩土体的水平地基系数远大于垂直方向地基系数时,桩底按铰支承计算,即桩底弯矩和水平位移为零($M_h=0,X_h=0$),转角和剪力不为零。

（3）固定支承[图3-6c)]。当滑动面以下地层岩性相同,但沿桩轴的水平地基系数急剧增大为对应截面水平位移多次方时,桩底按固定支承计算。或当滑动面以下地层岩性不同,岩土刚度比大于10倍时,桩底也可按固定支承计算,但此时下层岩层必须坚硬、完整,桩底嵌入该层之内有一定深度,嵌固段桩身侧应力小于岩土的侧向容许压应力,并且比上层的相对位移和转角小。此时可认为桩底的水平位移和转角为零($X_h=0,\varphi_h=0$),弯矩和剪力不为零。

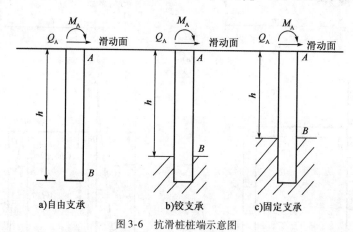

图3-6 抗滑桩桩端示意图

2）刚性桩与弹性桩

在滑坡推力的作用下,桩身结构会发生一定程度的变形。其变形有两种情形:一种是桩轴线仍保持固有线形,仅仅是桩的位置出现了偏离,这时,认为变形是由于桩周岩土体的变形所致;另一种是桩的位置和桩轴线同时出现变化,此时认为变形是桩周岩土体和桩轴线同时产生的。第一种情况,桩身在外荷载作用下仅出现了转动,可视抗滑桩为刚体性质,称为刚性桩;第二种情况,桩在外荷载作用下,桩身出现了结构弹性变形,称为弹性桩。工程实践证明,当抗滑桩锚固段有一定深度时,可按刚性桩计算,否则按弹性桩考虑,设计计算中参照相应规范,按照以下标准来界定刚性桩和弹性桩。

（1）按"K法"计算时

$\beta h_2 \geqslant 1.0$ 时，抗滑桩属于弹性桩。

$\beta h_2 \leqslant 1.0$ 时，抗滑桩属于刚性桩。

桩的变形系数：

$$\beta = \left(\frac{K_H B_P}{4EI} \right)^{0.25}$$

（2）按"m法"计算时

$\alpha h_2 \geqslant 2.5$ 时，抗滑桩属于弹性桩。

$\alpha h_2 \leqslant 2.5$ 时，抗滑桩属于刚性桩。

桩的变形系数：

$$\alpha = \left(\frac{m_H B_P}{EI} \right)^{0.2}$$

式中，B_P 为桩的计算宽度；K_H 为地基系数；m_H 为随深度增加的地基系数比例系数。

3.3.2　h型组合式抗滑桩锚固段弹性桩 *P-y* 曲线法计算研究

当h型组合式抗滑桩锚固段属于弹性桩计算范畴时，可在确定受荷段荷载分布形式后（矩形、三角形、梯形），运用 *P-y* 曲线法计算得到弹性桩的位移和内力。本课题根据一定的分布荷载对h型组合式抗滑桩的计算过程进行推导，建立了双参数抗力模式的地基系数解析算法，运用有限差分格式描述桩身位移，结合桩底、桩顶边界条件，最终得到h型组合式抗滑桩前、后排桩内力变形解析方程组。

（1）桩身弹性挠曲微分方程

如图3-7所示，设在后排桩上作用有水平梯形分布荷载，由于桩间土的存在，根据荷载作用关系，前排桩推力可初步考虑为矩形分布荷载。设桩身全长为 H，受荷段桩长为 h_1，锚固段桩长为 h_2，受荷段荷载分布函数为：

$$q_{后}(z) = q_{后0} + \frac{q_{后A} - q_{后0}}{h_1}z \quad (3-9)$$

$$q_{前}(z) = q_{前0} \quad (3-10)$$

其中：

$$\begin{cases} q_{后0} = \dfrac{6M_{后0} - 2P_{ab}h_1 + 2P_{af}(h_1 - c)}{h_1^2} \\[3mm] q_{后A} = \dfrac{6P_{ab}h_1 - 12M_{后0} + 6P_{af}(h_1 - c)}{h_1^2} \\[3mm] q_{前0} = \dfrac{6P_{af}(h_1 - c) - 12M_{前0}}{h_1^2} \\[3mm] q_{前A} = q_{前0} \end{cases} \quad (3-11)$$

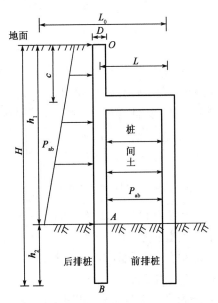

图3-7　梯形分布荷载桩的受力与变形分析

47

式中：$q_{后0}$、$q_{后A}$、$q_{前0}$、$q_{前A}$——后排桩、前排桩的桩顶及 A 点处线荷载分布集度(kN/m)。如为三角形分布荷载，则取 $q_0 = 0$；如为矩形分布荷载，则取 $q_0 = q_A$。

按 P-y 曲线抗力模式来描述地基系数变化规律，以较合理地体现桩周岩土体抗力状况：

$$P = K_h \times y \tag{3-12}$$

式中：P——曲线函数中对应的土抗力；

y——在土抗力 P 下产生的水平位移；

K_h——地基抗力系数。

研究证明，应用双参数形式来表达 Winkler 弹性地基系数变化规律，相对于单参数的"K法"或"m法"来讲，能更好、更全面地反映桩周地基抗力。双参数形式可以采用下列表达式：

$$k = mz^n \tag{3-13}$$

此时，可以得出后排桩的受荷段 OA 的弹性挠曲微分方程：

$$D_0 myz^n + EI\frac{\mathrm{d}^4 y}{\mathrm{d}z^4} = q_0 + (q_A - q_0)\frac{z}{h_1} \tag{3-14}$$

同理，后排桩的锚固段 AB 可视为水平荷载和桩顶集中荷载的梁，可写出其弹性挠曲微分方程：

$$D_0 myz^n + EI\frac{\mathrm{d}^4 y}{\mathrm{d}z^4} = 0 \tag{3-15}$$

式中：EI——h 型组合式抗滑桩结构的刚度；

D_0——桩的计算宽度。

有了以上弹性挠曲微分方程就可利用有限差分法对弹性桩位移和内力进行分析。

（2）桩身位移和内力数值计算方法

根据结构位移计算理论，可将 h 型组合式抗滑桩锚固段位移与受荷段位移看作一个非线性位移函数，从而将两者有效地联系起来。P-y 曲线为一类非线性函数，通过经典力学方法很难解得此方程组，必须运用现代数值手段才能推导出 h 型组合式抗滑桩前、后排桩的基本微分方程的解析解。这里，对前、后排桩的锚固段进行等段划分，将其离散成 N 个分段。从滑动面处开始，向下进行编号，即 1，2，3，$\cdots$，$n+1$，并在滑面处和桩底处各设置 2 个虚节点，如图3-8所示。此时，前排桩、后排桩锚固段挠曲微分方程的中心差分形式可以写为下面方程：

$$y_{i-2前} - 4y_{i-1前} + \left[6 + \frac{Dmh^4(h_i)''}{EI}\right]y_{i前} - 4y_{i+1前} + y_{i+2前} = \frac{q_0 h_i^5}{EIh_1} \tag{3-16}$$

$$y_{i-2后} - 4y_{i-1后} + \left[6 + \frac{Dmh^4(h_i)''}{EI}\right]y_{i后} - 4y_{i+1后} + y_{i+2后} = \frac{h^4}{EI}\left[q_0 + (q_A - q_0)\frac{h_i}{h_1}\right] \tag{3-17}$$

由于已将前、后排桩锚固段分别划分为 $n+1$ 段，故可以得到相对应的方程组，再加上 4 个虚节点列出的方程组，共 $2(n+5)$ 个方程组。利用前、后排桩边桩顶和桩底边界条件，进行求解。

1）前、后排桩桩底边界条件

（1）固定端桩底支承

如果桩底为完整基岩或围岩 K_H 按 y 的乘方急剧增加，可将其视为固定端支承，此时：

$y_{n+1后} = 0$，$\varphi_{n+1后} = 0$，$y_{n+1前} = 0$，$\varphi_{n+1前} = 0$，即：

$$y_{n+2\text{后}} - 8y_{n+1\text{后}} + y_{n-2\text{后}} = 0$$

$$y_{n+1\text{后}} = y_{n-1\text{后}}$$

$$y_{n+2\text{前}} - 8y_{n+1\text{前}} + y_{n-2\text{前}} = 0$$

$$y_{n+1\text{前}} = y_{n-1\text{前}}$$

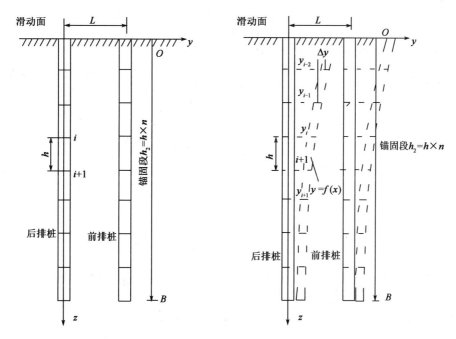

图 3-8 桩身的划分

以后排桩为例，令 $i = n - 1$，可将式(3-16)写成差分控制方程：

$$y_{n-3\text{后}} - 4y_{n-2\text{后}} + \left\{7 + \frac{Dmh^4\big[(n-1)h\big]''}{EI}\right\}y_{n-1\text{后}} = 0 \tag{3-18}$$

令：

$$a_{n-1} = \frac{4}{c_{n-1}}, b_{n-1} = \frac{1}{c_{n-1}}, c_{n-1} = \frac{Dmh^4\big[(n-1)h\big]''}{EI}$$

则上式可以写为：

$$a_{n-1}y_{n-2} - b_{n-1}y_{n-3} = y_{n-1} \tag{3-19}$$

再令 $i = n - 2$，代入式(3-19)，可得：

$$\left\{\frac{Dmh^4\big[(n-2)h\big]''}{EI} - 4a_{n-1} + 6\right\}y_{n-2} + 4b_{n-1}y_{n-3} - 4y_{n-3} + y_{n-4} = 0$$

令：

$$a_{n-2} = \frac{4(1-b_{n-1})}{c_{n-2}}, b_{n-1} = \frac{1}{c_{n-2}}, c_{n-2} = \frac{Dmh^4\big[(n-1)h\big]''}{EI} - 4a_{n-1} + 6$$

此时：

$$a_{n-2}y_{n-3} - b_{n-2}y_{n-4} = y_{n-2} \tag{3-20}$$

以此类推,可写出式(3-19)、式(3-20)的一般形式:

$$a_{i-1}y_{i-2} - b_{i-1}y_{i-3} = y_{i-1} \tag{3-21}$$

$$a_i y_{i-1} - b_i y_{i-2} = y_i \tag{3-22}$$

$$a_{i+1}y_i - b_{i+1}y_{i-1} = y_{i+1} \tag{3-23}$$

$$a_{i+2}y_{i+1} - b_{i+2}y_i = y_{i+2} \tag{3-24}$$

把式(3-23)、式(3-24)代入式(3-18)中,得到:

$$y_{i-2} + (4b_{i+1} - a_{i+2}b_{i+1} - 4)y_{i-1} + \left[a_{i+2}a_{i+1} - 4a_{i+1} - b_{i+2} + 6 + \frac{Dmh^4(h_i)''}{EI}\right]y_i = 0 \tag{3-25}$$

令:

$$\begin{cases} a_{n-2} = \dfrac{4(1-b_{i+1}) + a_{i+2}b_{i+1}}{c_i} \\[3mm] b_i = \dfrac{1}{c_i} \\[3mm] c_i = \dfrac{Dmh^4[h_i]''}{EI} - 4a_{i+1} + a_{i+1}a_{i+2} - b_{i+2} + 6 \end{cases} \tag{3-26}$$

此时,式(3-25)就可变成与式(3-22)相同的形式,可令 $i = n-3$, $i = n-4$, $i = n-5$, $i = n-6 \cdots\cdots$,来验证其有效性。

前排桩的有限差分格式推导与上述后排桩相同,可参照进行。

(2)铰支端桩底支承

如桩底围岩 K_H 值很大,而桩底基岩 K_V 值较小时,可视为固定端支承,此时, $M_{n+1后} = 0$, $y_{n+1后} = 0$, $M_{n+1前} = 0$, $y_{n+1前} = 0$,即

$$\begin{cases} y_{n+2后} + 2y_{n+1后} - y_{n后} - 2y_{n-1后} = 0 \\ 2y_{n+1后} - y_{n后} + 2y_{n-1后} = 0 \end{cases} \tag{3-27}$$

$$\begin{cases} y_{n+2前} + 2y_{n+1前} - y_{n前} - 4y_{n-1前} = 0 \\ 2y_{n+1前} - y_{n前} + 2y_{n-1前} = 0 \end{cases} \tag{3-28}$$

以后排桩为例,令 $i = n$,代入式(3-27)、式(3-28)写成差分控制方程:

$$y_{n-2} - 2y_{n-1} + \left[2 + \frac{Dmh^4(nh)''}{EI}\right]y_n = 0 \tag{3-29}$$

令:

$$a_n = \frac{2}{c_n}, b_n = \frac{1}{c_n}, c_n = \frac{Dmh^4(nh)''}{EI} + 2$$

$$a_{n+1} = 2, b_{n+1} = 1$$

$$a_n y_{n-1} - b_n y_{n-2} = y_n \tag{3-30}$$

$$a_{n+1}y_n - b_{n+1}y_{n-1} = y_{n+1} \tag{3-31}$$

以此类推,当 $k \leqslant i \leqslant n$ 时,可以得到以下有限差分表达式,与式(3-25)完全一样:

$$y_{i-2} + (4b_{i+1} - a_{i+2}b_{i+1} - 4)y_{i-1} + \left[a_{i+2}a_{i+1} - 4a_{i+1} - b_{i+2} + 6 + \frac{Dmh^4(h_i)''}{EI}\right]y_i = 0$$

$$(3-32)$$

前排桩的有限差分格式推导与上述后排桩相同,可参照进行。

（3）自由端桩底支承

如果桩底为刚度较小且相差不大的岩层或密度不大的土层时,可视桩底为自由端支承 $(M_{n+1后}=0,Q_{n+1后}=0,M_{n+1前}=0,Q_{n+1前}=0)$,可推导得:

$$2y_{n-1后} - y_{n-2后} + y_{n+2后} - 2y_{n+1后} = 0 \tag{3-33}$$

$$y_{n+1后} - 2y_{n后} + y_{n-1后} = 0 \tag{3-34}$$

$$2y_{n-1前} - y_{n-2前} + y_{n+2前} - 2y_{n+1前} = 0 \tag{3-35}$$

$$y_{n+1前} - 2y_{n前} + y_{n-1前} = 0 \tag{3-36}$$

以后排桩为例,令 $i=n$,代入式（3-33）、式（3-34）写成差分控制方程:

$$2y_{n-2} - 4y_{n-1} + \left[2 + \frac{Dmh^4(nh)''}{EI}\right]y_n = 0 \tag{3-37}$$

令:

$$a_n = \frac{4}{c_n}, b_n = \frac{2}{c_n}, c_n = \frac{Dmh^4(nh)''}{EI} + 2$$

$$a_{n+1} = 2, b_{n+1} = 1$$

$$a_n y_{n-1} - b_n y_{n-2} = y_n \tag{3-38}$$

$$a_{n+1} y_n - b_{n+1} y_{n-1} = y_{n+1} \tag{3-39}$$

以此类推,当 $k \leqslant i \leqslant n$ 时,可以得到以下有限差分表达式,与式（3-25）完全一样:

$$y_{i-2} + (4b_{i+1} - a_{i+2}b_{i+1} - 4)y_{i-1} + \left[a_{i+2}a_{i+1} - 4a_{i+1} - b_{i+2} + 6 + \frac{Dmh^4(h_i)''}{EI}\right]y_i = 0$$

$$(3-40)$$

前排桩的有限差分格式推导与上述后排桩相同,可参照进行。

2）前、后排桩桩顶边界条件

一般地,将桩顶考虑为自由端,即有: $M_{1后}=0,Q_{1后}=0,M_{1前}=0,Q_{1前}=0$,此时

$$\begin{cases} y_{-2后} - 2y_{-1后} + 2y_{2后} - y_{3后} = 0 \\ y_{-1后} - 2y_{1后} + y_{2后} = 0 \\ -2y_{-2前} + y_{-1前} - 2y_{1前} + y_{3前} = 0 \\ y_{-1前} + 2y_{1前} - y_{2前} = 0 \end{cases} \tag{3-41}$$

3）桩身位移和内力整体差分计算与分析

结合图3-8,根据滑动面处内力变形连续条件,可写出前、后排桩方程组的矩阵表达式:

（1）后排桩

$$[\boldsymbol{a}_后]\{\boldsymbol{y}_后\} = [\boldsymbol{c}_后] \tag{3-42}$$

其中

$$[\boldsymbol{a}_{后}] = \begin{bmatrix} 0 & 1 & 0 & 0 & 1 & 0 & 0 & -1 & 0 & 0 \\ 0 & 0 & -1 & 0 & 0 & 1 & 0 & 0 & -1 & 0 \\ 1 & 0 & 2 & 0 & -2 & 0 & 1 & -1 & 0 & -2 \\ 0 & 1 & 0 & -2 & 1 & 0 & 0 & 2 & -1 & 0 \\ 0 & 0 & 1 & -a_k & b_k & 0 & 0 & 0 & 0 & 0 \\ 0 & 1 & -a_{k-1} & b_{k-1} & 0 & 0 & 0 & 0 & 0 & 0 \\ 1 & -a_{k-2} & b_{k-2} & 0 & 0 & 0 & 0 & 0 & 0 & 0 \\ 0 & 0 & 0 & 0 & 0 & 0 & 0 & 1 & -a'_k & b'_k \\ 0 & 0 & 0 & 0 & 0 & 0 & 1 & -a'_{kk-1} & b'_{k-1} & 0 \\ 0 & 0 & 0 & 0 & 0 & 1 & -a'_{k-2} & b'_{k-2} & 0 & 0 \end{bmatrix}$$

$$\{\boldsymbol{y}_{后}\} = \begin{bmatrix} y_{k-2} & y_{k-1} & y_k & y_{k=1} & y_{k=2} & y'_{k-2} & y'_{k-1} & y'_k & y'_{k+1} & y'_{k+2} \end{bmatrix}^{\mathrm{T}}$$

$$[\boldsymbol{c}_{后}] = \begin{bmatrix} 0 & 0 & 0 & 0 & c_k & c_{k-1} & c_{k-2} & 0 & 0 & 0 \end{bmatrix}^{\mathrm{T}}$$

（2）前排桩

$$[\boldsymbol{a}_{前}]\{\boldsymbol{y}_{前}\} = [\boldsymbol{c}_{前}] \tag{3-43}$$

其中：

$$[\boldsymbol{a}_{前}] = \begin{bmatrix} 0 & 0 & 0 & -1 & 0 & 0 & 0 & 1 & 0 \\ 0 & 1 & 0 & 0 & 0 & 0 & -1 & 2 & 0 & 0 \\ 0 & 1 & 0 & -2 & 0 & 0 & 1 & 1 & 0 \\ 1 & 0 & 2 & 0 & 0 & 0 & -2 & 0 & -1 & 0 \\ 0 & 0 & -1 & -a_k & b_k & 0 & 0 & 0 & 0 & 0 \\ 0 & -1 & -a_{k-1} & b_{k-1} & 0 & 0 & 0 & 0 & 0 & 0 \\ -1 & -a_{k-2} & b_{k-2} & 0 & 0 & 0 & 0 & 0 & 0 & 0 \\ 0 & 0 & 0 & 0 & 0 & 0 & 0 & -1 & -a'_k & b'_k \\ 0 & 0 & 0 & 0 & 0 & 0 & -1 & -a'_{kk-1} & b'_{k-1} & 0 \\ 0 & 0 & 0 & 0 & 0 & -1 & -a'_{k-2} & b'_{k-2} & 0 & 0 \end{bmatrix}$$

$$\{\boldsymbol{y}_{前}\} = \begin{bmatrix} y_{k-2} & y_{k-1} & y_k & y_{k=1} & y_{k=2} & y'_{k-2} & y'_{k-1} & y'_k & y'_{k+1} & y'_{k+2} \end{bmatrix}^{\mathrm{T}}$$

$$[\boldsymbol{c}_{前}] = \begin{bmatrix} 0 & 0 & 0 & 0 & c_k & c_{k-1} & c_{k-2} & 0 & 0 & 0 \end{bmatrix}^{\mathrm{T}}$$

式中：$y_{k-2}, \cdots, y_{k+2}$——由锚固段计算出的前、后排桩在滑动面处 A 及紧邻的其他 4 个点的位移量；

$y'_{k-2}, \cdots, y'_{k+2}$——由锚固段计算出的前、后排桩在滑动面处 A 及紧邻的其他 4 个点的位移量。

根据边界条件提供的 2×4 个补充方程，结合已有的 $2(n+1)$ 个方程组，可以解得 $2(n+5)$ 个未知量，从而得到前、后排桩桩身任一截面的位移值。利用有限差分法，根据以上推导迭代求解，再得到各节点的位移值 y_i，运用 P-y 曲线计算出各节点的作用力 P_i，最终求得前、后排桩桩身的弯矩 M、剪力 Q、转角 φ 和土体侧向应力及变形。

3.3.3　h型组合式抗滑桩刚性桩法

当通过判别式,得出 h 型组合式抗滑桩属于刚性桩计算类别时,将滑面以上桩身受荷段上所有的力均当作外荷载看待,前、后排桩桩前或桩间土产生的土体抗力(压力),通过力系叠加在滑坡推力中予以折减,即把滑坡推力和桩前滑面以上的抗力折算成作用在滑面处的剪力和弯矩,其值通过受荷段的结构计算得出。

在锚固段的计算中,把桩周岩土视为弹性体,计算侧向应力和土的抗力,最终得到锚固段土体的侧向位移 Δx、侧向应力 σ_y,以及锚固段任一截面深度处桩的弯矩和剪力。

1)桩底自由支承($M_\mathrm{h} = 0, Q_\mathrm{h} = 0$)

对于前排桩、后排桩锚固段的计算,可将上部受荷段计算得到的滑动面弯矩值 M_0 和滑动面剪力值 Q_0 作为已知数据,代入推导后的公式中进行计算。这里,以后排桩为例,具体考虑下面三种情况:①$K_\mathrm{h} = mh$;②$K_\mathrm{h} = k = A$;③$K_\mathrm{h} = A + mh$。如图 3-9 所示。

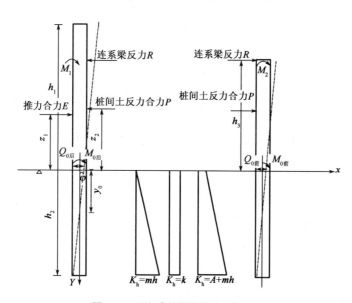

图 3-9　h 型组合式抗滑桩受力分析图

(1)桩底处为自由端,锚固段地基系数随深度成比例增加,桩底的竖向地基系数为 $K_\mathrm{h} = mh$,先计算后排桩。此时,锚固段任意截面处的内力和位移的计算式为:

侧向位移:

$$\Delta x_{后} = (y_{0后} - y)\Delta\varphi_{后} \tag{3-44}$$

侧向应力:

$$\sigma_{y后} = my(y_{0后} - y)\Delta\varphi_{后} \tag{3-45}$$

桩底竖向弹力:

$$\sigma_{x后} = C_0 x\Delta\varphi_{后}$$

利用平衡方程 $\sum x = 0$ 得:

$$Q_{0后} - \int_0^h \sigma_y B_\mathrm{P}\mathrm{d}y = 0$$

化简得：

$$Q_{0后} - \frac{1}{6}B_P m\Delta\varphi_{后} h_2^2(3y_{0后} - 2h_2) = 0$$

又由平衡方程 $\sum M = 0$ 得：

$$M_{0后} + \int_0^h \Delta\varphi_{后} B_P y\mathrm{d}y - 2\int_0^{\frac{a}{2}} b\sigma_x x\mathrm{d}x = 0$$

化简得：

$$M_{0后} - \frac{1}{12}ma^3 bh_2 + \frac{1}{12}B_P m\Delta\varphi_{后} h_2^3(4y_{0后} - 3h_2) = 0$$

联立上述两平衡方程，可以解得未知参数 $y_{0后}$ 和 $\Delta\varphi_{后}$：

$$y_{0后} = \frac{B_P m h_2^3(4M_{0后} + 3Q_{0后}h_2) + Q_{0后}C_0 a^3 b}{2B_P m h_2^2(3M_{0后} + 2Q_{0后}h_2)}$$

$$\Delta\varphi_{后} = \frac{12(3M_{0后} + 2Q_{0后}h_2)}{B_P m h_2^4 + 3C_0 a^3 b}$$

式中，a 为桩底沿 $Q_{0后}$ 作用方向的长度；b 为桩宽；C_0 为竖向地基系数。

得到 $y_{0后}$ 和 $\Delta\varphi_{后}$ 后，就可以代入式(3-44)、式(3-45)求得侧向位移 $\Delta x_{后}$，侧向应力 $\sigma_{y后}$，此时滑动面以下深度 y 处后排桩桩身截面的弯矩和剪力为：

剪力：

$$Q_{y后} = Q_{0后} - \frac{1}{6}B_P m\Delta\varphi_{后} y^2(3y_{0后} - 2y) \tag{3-46}$$

弯矩：

$$M_{y后} = M_{0后} + Q_{0后}y - \frac{1}{12}B_P m\Delta\varphi_{后} y^3(2y_{0后} - y) \tag{3-47}$$

其中：

$$M_{0后} = M_1 + Ez_1 - Pz_2 - Rh_3$$

$$Q_{0后} = \frac{M_1}{h_3} + E - P - R$$

最终可得后排桩滑动面以下深度 y 处剪力：

$$Q_{y后} = \frac{M_1}{h_3} - \frac{1}{6}B_P m\Delta\varphi_{后} y^2(3y_{0后} - 2y) + E - P - R \tag{3-48}$$

后排桩滑动面以下深度 y 处弯矩：

$$M_{y后} = M_1 + Ez_1 - Pz_2 - Rh_3 + \left(\frac{M_1}{h_3} + E - P - R\right)y -$$
$$\frac{1}{12}B_P m\Delta\varphi_{后} y^3(2y_{0后} - y) \tag{3-49}$$

同理，可以推导得出 h 型组合式抗滑桩前排桩锚固段任一截面处的剪力和弯矩表达式，先联立平衡方程，解得未知参数 $y_{0前}$ 和 $\Delta\varphi_{前}$，其表达形式与后排桩一样：

$$y_{0前} = \frac{B_P m h_2^3(4M_{0前} + 3Q_{0前}h_2) + Q_{0前}C_0 a^3 b}{2B_P m h_2^2(3M_{0前} + 2Q_{0前}h_2)} \tag{3-50}$$

54

$$\Delta\varphi_{前} = \frac{12(3M_{0前} + 2Q_{0前}h_2)}{B_P mh_2^4 + 3C_0 a^3 b} \tag{3-51}$$

由之前的结构计算得到：

$$M_{0前} = -M_2 + Pz_2 + Rh_3$$

$$Q_{0前} = -\frac{M_2}{h_3} + P + R$$

前排桩滑动面以下深度 y 处剪力：

$$Q_{y前} = -\frac{M_2}{h_3} - \frac{1}{6}B_P m\Delta\varphi_{前} y^2(3y_{0前} - 2y) + P + R \tag{3-52}$$

前排桩滑动面以下深度 y 处弯矩：

$$M_{y前} = -M_2 + Pz_2 + Rh_3 + \left(P + R - \frac{M_2}{h_3}\right)y - \frac{1}{12}B_P m\Delta\varphi_{前} y^3(2y_{0前} - y) \tag{3-53}$$

(2)滑面以下为均质岩层，滑面处的弹性抗力系数为某一常数 $K = A$，且桩底为自由端，按照上面的方法，可推导出锚固段任意截面处的内力和位移计算式。

对于后排桩，联立平衡方程，解得未知参数 $y_{0后}$ 和 $\Delta\varphi_{后}$：

$$y_{0后} = \frac{h_2(3M_{0后} + 2Q_{0后}h_2)}{3(2M_{0后} + Q_{0后}h_2)} \tag{3-54}$$

$$\Delta\varphi_{后} = \frac{6(2M_{0后} + Q_{0后}h_2)}{B_P Ah_2^3} \tag{3-55}$$

然后代入下式，可以求得侧向位移 $\Delta x_{后}$、侧向应力 $\sigma_{y后}$，此时后排桩滑动面以下深度 y 处桩截面的弯矩和剪力为：

侧向位移

$$\Delta x_{后} = (y_{0后} - y)\Delta\varphi_{后}$$

侧向应力

$$\sigma_{y后} = A(y_{0后} - y)\Delta\varphi_{后}$$

后排桩滑动面以下深度 y 处弯矩：

$$Q_{y后} = Q_{0后} - \frac{1}{2}B_P A\Delta\varphi_{后} y(2y_{0后} - y)$$

后排桩滑动面以下深度 y 处弯矩：

$$M_{y后} = M_{0后} + Q_{0后}y - \frac{1}{6}B_P A\Delta\varphi_{后} y^2(3y_{0后} - y)$$

其中：

$$M_{0后} = M_1 + Ez_1 - Pz_2 - Rh_3$$

$$Q_{0后} = \frac{M_1}{h_3} + E - P - R$$

最终可得后排桩滑动面以下深度 y 处剪力：

$$Q_{y后} = \frac{M_1}{h_3} - \frac{1}{2}AB_P\Delta\varphi_{后} y(2y_{0后} - y) + E - P - R \tag{3-56}$$

后排桩滑动面以下深度 y 处弯矩：

$$M_{y后} = M_1 + Ez_1 - Pz_2 - Rh_3 + \left(\frac{M_1}{h_3} + E - P - R\right)y -$$

$$\frac{1}{6}AB_P\Delta\varphi_{后}\, y^2(3y_{0后} - y) \tag{3-57}$$

同理,可以推导得出 h 型组合式抗滑桩前排桩锚固段任一截面处的剪力、弯矩表达式,先联立平衡方程,解得未知参数 $y_{0前}$ 和 $\Delta\varphi_{前}$,其表达形式与后排桩一样:

$$y_{0前} = \frac{h_2(3M_{0前} + 2Q_{0前}h_2)}{3(2M_{0前} + Q_{0前}h_2)} \tag{3-58}$$

$$\Delta\varphi_{前} = \frac{6(2M_{0前} + Q_{0前}h_2)}{B_P Ah_2^3} \tag{3-59}$$

由之前的结构计算得到:

$$M_{0前} = -M_2 + Pz_2 + Rh_3$$

$$Q_{0前} = -\frac{M_2}{h_3} + P + R$$

前排桩滑动面以下深度 y 处剪力:

$$Q_{y前} = P + R - \frac{M_2}{h_3} - \frac{1}{2}AB_P\Delta\varphi_{前}\, y(2y_{0前} - y) \tag{3-60}$$

前排桩滑动面以下深度 y 处弯矩:

$$M_{y前} = -M_2 + Pz_2 + Rh_3 + \left(P + R - \frac{M_2}{h_3}\right)y -$$

$$\frac{1}{6}aB_P\Delta\varphi_{前}\, y^2(3y_{0前} - y) \tag{3-61}$$

(3)当滑面处的弹性抗力系数为某一常数 $K = A$,滑面以下地基系数随深度增加,即 $K_h = A + mh$,且桩底为自由端,按照上面的方法,可推导出桩身任意截面处的内力和位移计算式。

对于后排桩,由桩底支承条件 $M_{h后} = 0$,$Q_{h后} = 0$,可求解上述两式,从而得到 $y_{0后}$ 和 $\Delta\varphi_{后}$:

$$y_{0后} = \frac{h_2\left[2A(3M_{0后} + 2Q_{0后}h_2) + mh_2(4M_{0后} + 3Q_{0后}h_2)\right]}{2\left[3A(2M_{0后} + Q_{0后}h_2) + mh_2(3M_{0后} + 2Q_{0后}h_2)\right]} \tag{3-62}$$

$$\Delta\varphi_{后} = \frac{12\left[3A(2M_{0后} + Q_{0后}h_2) + mh_2(3M_{0后} + 2Q_{0后}h_2)\right]}{B_P h_2^3\left[6A(A + mh_2) + m^2h_2^2\right]} \tag{3-63}$$

得到 $y_{0后}$ 和 $\Delta\varphi_{后}$ 后,就可以求得侧向位移 $\Delta x_{后}$、侧向应力 $\sigma_{y后}$ 以及距滑动面以下深度 y 处桩截面的弯矩和剪力。其中:

$$M_{0后} = M_1 + Ez_1 - Pz_2 - Rh_3$$

$$Q_{0后} = \frac{M_1}{h_3} + E - P - R$$

①当 $y < y_{0后}$ 时
侧向位移:

$$\Delta x_{后} = (y_{0后} - y)\Delta\varphi_{后}$$

侧向应力:

$$\sigma_{y后} = (A + my)(y_{0后} - y)\Delta\varphi_{后}$$

剪力:

$$Q_{y后} = \frac{M_1}{h_3} + E - P - R - \frac{1}{2}B_P\Delta\varphi_{后}Ay(2y_{0后} - y) -$$
$$\frac{1}{6}B_Pm\Delta\varphi_{后}y^2(3y_{0后} - 2y) \tag{3-64}$$

弯矩:

$$M_{y后} = \frac{M_1}{h_3} + E - P - R + \left(\frac{M_1}{h_3} + E - P - R\right)y - \frac{1}{6}B_PA\Delta\varphi_{后}y^2(3y_{0后} - y) -$$
$$\frac{1}{12}B_Pm\Delta\varphi_{后}y^3(2y_{0后} - y) \tag{3-65}$$

②当 $y \geq y_{0后}$ 时

侧向位移:

$$\Delta x_{后} = (y_{0后} - y)\Delta\varphi_{后}$$

侧向应力:

$$\sigma_{y后} = (A + my)(y_{0后} - y)\Delta\varphi_{后}$$

剪力:

$$Q_{y后} = \frac{M_1}{h_3} + E - P - R + \frac{1}{2}B_P\Delta\phi_{后}A(y - y_{0后})^2 -$$
$$\frac{1}{6}B_Pm\Delta\varphi_{后}y^2(3y_{0后} - 2y) - \frac{1}{2}B_PA\Delta\varphi_{后}y_{0后}^2 \tag{3-66}$$

弯矩:

$$M_{y后} = M_1 + Ez_1 - Pz_2 - Rh + \left(\frac{M_1}{h_3} + E - P - R\right)y - \frac{1}{6}B_PA\Delta\varphi_{后}y_{0后}^2(3y - y_{0后}) +$$
$$\frac{1}{6}B_PA\Delta\varphi_{后}(y - y_{0后}^3) - \frac{1}{12}B_Pm\Delta\varphi_{后}y^3(2y_{0后} - y) \tag{3-67}$$

同理,可以推导得出 h 型组合式抗滑桩前排桩锚固段任一截面处的剪力、弯矩表达式。由桩底支承条件 $M_{h前} = 0$,$Q_{h前} = 0$,可求解上述两式,从而得到 $y_{0前}$ 和 $\Delta\varphi_{前}$:

①当 $y \leq y_{0前}$ 时

侧向位移:

$$\Delta x_{0前} = (y_{0前} - y)\Delta\varphi_{前}$$

侧向应力:

$$\sigma_{y前} = (A + my)(y_{0前} - y)\Delta\varphi_{前}$$

剪力:

$$Q_{y前} = -\frac{M_2}{h_3} - \frac{1}{2}B_P\Delta\varphi_{前}Ay(2y_{0前} - y) -$$
$$\frac{1}{6}B_Pm\Delta\varphi_{前}y^2(3y_{0前} - 2y) + P + R \tag{3-68}$$

弯矩：

$$M_{y前} = -\frac{M_2}{h_3} + \left(P + R - \frac{M_2}{h_3}\right)y - \frac{1}{6}B_P A\Delta\varphi_{前} y^2(3y_{0前} - y) + P + R -$$

$$\frac{1}{12}B_P m\Delta\varphi_{前} y^3(2y_{0前} - y) \tag{3-69}$$

②当 $y \geqslant y_{0前}$ 时

侧向位移：

$$\Delta x_{0前} = (y_{0前} - y)\Delta\varphi_{前}$$

侧向应力：

$$\sigma_{y前} = (A + my)(y_{0前} - y)\Delta\varphi_{前}$$

剪力：

$$Q_{y前} = -\frac{M_2}{h_3} + \frac{1}{2}B_P\Delta\varphi_{前} A(y - y_{0前})^2 - \frac{1}{6}B_P m\Delta\varphi_{前} y^2(3y_{0前} - 2y) -$$

$$\frac{1}{2}B_P A\Delta\varphi_{前} y_{0前}^2 + P + R \tag{3-70}$$

弯矩：

$$M_{y前} = -M_2 + Pz_2 + Rh + \left(-\frac{M_2}{h_3} + P + R\right)y - \frac{1}{6}B_P A\Delta\varphi_{前} y_{0前}^2(3y - y_{0前}) +$$

$$\frac{1}{6}B_P A\Delta\varphi_{前}(y - y_{0前}^3) - \frac{1}{12}B_P m\Delta\varphi_{前} y^3(2y_{0前} - y) \tag{3-71}$$

2）桩底铰支承（$M_h = 0, X_h = 0$）

（1）锚固段地基系数随深度成比例增加，桩底为铰支承，桩底地基的竖向地基系数 $C_0 = K_h = mh$。

对于后排桩，由桩底支承条件 $M_h = 0, X_h = 0$，可得 $y_{0后}$ 和 $\Delta\varphi_{后}$：

$$y_{0后} = h_2$$

$$\Delta\varphi_{后} = \frac{12(M_0 + Q_0 h)}{B_P m h^4}$$

侧向位移：

$$\Delta x_{后} = (y_{0后} - y)\Delta\varphi_{后}$$

侧向应力：

$$\sigma_{y后} = my(y_{0后} - y)\Delta\varphi_{后}$$

剪力：

$$Q_{y后} = \frac{M_1}{h_3} + E - P - R - \frac{1}{6}B_P m\Delta\varphi_{后} y^2(3h_2 - 2y) \tag{3-72}$$

弯矩：

$$M_{y后} = M_1 + Ez_1 - Pz_2 - Rh_3 + \left(\frac{M_1}{h_3} + E - P - R\right)y -$$

$$\frac{1}{12}B_P m\Delta\varphi_{后} y^3(2h_2 - y) \tag{3-73}$$

同理,可以推导得出 h 型组合式抗滑桩前排桩锚固段任一截面处的剪力、弯矩表达式。

剪力:

$$Q_{y前} = -\frac{M_2}{h_3} - \frac{1}{6}B_P m\Delta\varphi_{前} y^2(3h_2 - 2y) + P + R \tag{3-74}$$

弯矩:

$$M_{y前} = -M_2 + Pz_2 + Rh_3 + \left(-\frac{M_2}{h_3} + P + R\right)y - \frac{1}{12}B_P m\Delta\varphi_{前} y^3(2h_2 - y) \tag{3-75}$$

(2)滑面处的弹性抗力系数为某一常数 $K = A$,且桩底为铰支承,按照上面的方法,可推导出锚固段任意截面处的内力位移计算式。

对于后排桩,由桩底支承条件 $M_h = 0$,$X_h = 0$,可得 $y_{0后}$ 和 $\Delta\varphi_{后}$:

$$y_{0后} = h_2$$

$$\Delta\varphi_{后} = \frac{3(M_{0后} + Q_{0后}h_2)}{B_P A h_2^3}$$

侧向位移:

$$\Delta x_{0后} = (y_{0后} - y)\Delta\varphi_{后}$$

侧向应力:

$$\sigma_{y后} = my(y_{0后} - y)\Delta\varphi_{后}$$

剪力:

$$Q_{y后} = \frac{M_1}{h_3} + E - P - R - \frac{1}{2}B_P A\Delta\varphi_{后} y(2h_2 - y) \tag{3-76}$$

弯矩:

$$M_{y后} = M_1 + Ez_1 - Pz_2 - Rh_3 + \left(\frac{M_1}{h_3} + E - P - R\right)y - \frac{1}{6}B_P A\Delta\varphi_{后} y^3(3h_2 - y) \tag{3-77}$$

同理,可以推导得出 h 型组合式抗滑桩前排桩锚固段任一截面处的剪力、弯矩表达式。

剪力:

$$Q_{y前} = -\frac{M_2}{h_3} - \frac{1}{2}B_P A\Delta\varphi_{前} y^2(2h_2 - y) + P + R \tag{3-78}$$

弯矩:

$$M_{y前} = -M_2 + Pz_2 + Rh_3 + \left(-\frac{M_2}{h_3} + P + R\right)y - \frac{1}{6}B_P A\Delta\varphi_{前} y^3(3h_2 - y) \tag{3-79}$$

(3)如滑面处的弹性抗力系数为某一常数 $K = A$,滑面以下地基系数随深度增加,即 $K_h = A + mh$,且桩底为铰支承,按照上面的方法,可推导出锚固段任意截面处的内力和位移的计算式。

对于后排桩,由桩底支承条件 $M_h = 0$,$X_h = 0$,可得 $y_{0后}$ 和 $\Delta\varphi_{后}$:

$$y_{0后} = h_2$$

$$\Delta\varphi_{后} = \frac{12(M_{0后} + Q_{0后}h_2)}{4B_{\mathrm{P}}Ah_2^3 + B_{\mathrm{P}}mh_2^4}$$

侧向位移:

$$\Delta x_{后} = (y_{0后} - y)\Delta\varphi_{后}$$

侧向应力:

$$\sigma_{y后} = (A + my)(y_{0后} - y)\Delta\varphi_{后}$$

剪力:

$$Q_{y后} = \frac{M_1}{h_3} + E - P - R - \frac{1}{2}B_{\mathrm{P}}A\Delta\varphi_{后}\,y(2h_2 - y) -$$

$$\frac{1}{6}B_{\mathrm{P}}m\Delta\varphi_{后}\,y^2(3h_2 - 2y) \qquad (3\text{-}80)$$

弯矩:

$$M_{y后} = M_1 + Ez_1 - Pz_2 - Rh_3 + \left(\frac{M_1}{h_3} + E - P - R\right)y - \frac{1}{6}B_{\mathrm{P}}A\Delta\varphi_{后}\,y^3(3h_2 - y) -$$

$$\frac{1}{12}B_{\mathrm{P}}m\Delta\varphi_{后}\,y^3(2y_0 - y) \qquad (3\text{-}81)$$

同理,可以推导得出 h 型组合式抗滑桩前排桩锚固段任一截面处的剪力、弯矩表达式。
剪力:

$$Q_{y前} = -\frac{M_2}{h_3} - \frac{1}{2}B_{\mathrm{P}}A\Delta\varphi_{前}\,y^2(2h_2 - y) + P + R - \frac{1}{6}B_{\mathrm{P}}m\Delta\varphi_{前}\,y^2(3h_2 - 2y) \quad (3\text{-}82)$$

弯矩:

$$M_{y前} = -M_2 + Pz_2 + Rh_3 + \left(-\frac{M_2}{h_3} + P + R\right)y - \frac{1}{6}B_{\mathrm{P}}A\Delta\varphi_{前}\,y^3(3h_2 - y) -$$

$$\frac{1}{12}B_{\mathrm{P}}m\Delta\varphi_{前}\,y^3(2h_2 - y) \qquad (3\text{-}83)$$

3)桩底固定支承($X_{\mathrm{h}} = 0, \varphi_{\mathrm{h}} = 0$)

由于刚性桩的变形是在桩轴线保持原有线形的情况下发生桩位偏离,一旦假定桩底固定支承后,此时在保持原有桩轴线形的情况下,就很难产生实际位移。故对于刚性桩的固定支承端,假定在实际刚性桩的计算中几乎不会发生,更多的桩底支承情况出现在桩底自由支承和桩底铰支承中。

3.4　h 型组合式抗滑桩整体稳定验算

在进行 h 型组合式抗滑桩结构计算时,还应验算整体稳定,需分别对其前排桩和后排桩进行抗倾覆力矩值计算,确保其抗倾覆能力满足要求。用 K_{H} 表示抗倾覆稳定系数。对于前、后排桩下端点,抗倾覆力矩应为倾覆力矩的 K_{H} 倍,对于临时性的支挡结构,$K_{\mathrm{H}} \geqslant 1.2$;对于永久性的支挡结构,$K_{\mathrm{H}} \geqslant 1.5$。

$$K_{\mathrm{H}} = \frac{\sum M_y}{\sum M_0} \qquad (3\text{-}84)$$

式中：$\sum M_y$——稳定力系对墙趾的总力矩；

$\quad\sum M_0$——倾覆力系对墙趾的总力矩。

3.4.1 后排桩抗倾覆力矩

$$K_{H后} = \frac{R(h_3 + h_2) + \int_0^{y_0}(y_{0后} - y)(A + my)B_P\Delta\varphi_后(h_2 - y)\mathrm{d}y}{E(Z_1 + h_2) - P(Z_2 + h_2) + \int_{y_0}^h(y_{0后} - y)(A + my)(h_2 - y)B_P\Delta\varphi_后\,\mathrm{d}y} \quad (3\text{-}85)$$

式中：E——后排桩处的滑坡推力；

$\quad P$——桩间土抗力合力；

$\quad R$——连系梁轴力；

$\quad h_2$——滑动面以下后排桩锚固段埋置深度；

$\quad h_3$——连系梁与后排桩作用点至滑动面的距离；

$\quad Z_1$——后排桩滑坡推力合力作用点至滑动面的距离；

$\quad Z_2$——后排桩桩间土合力作用点至滑动面的距离。

3.4.2 前排桩抗倾覆力矩

$$K_{H前} = \frac{\int_0^{y_0}(y_{0前} - y)(A + my)B_P\Delta\varphi_前(h_1 - y)\mathrm{d}y}{P(Z_3 + h_0) + R(h_0 + h_1) + \int_{y_0}^h(y_{0前} - y)(A + my)(h_0 - y)B_P\Delta\varphi_前\,\mathrm{d}y} \quad (3\text{-}86)$$

式中：P——桩间土抗力合力；

$\quad R$——连系梁轴力；

$\quad h_0$——滑动面以下前排桩锚固段埋置深度；

$\quad h_1$——连系梁与前排桩作用点至滑动面的距离；

$\quad Z_3$——前排桩桩间土合力作用点至滑动面的距离。

在前、后排桩的抗倾覆力矩值计算过程中，应先初步设定一个合适的最小埋置深度 h_0、h_2，然后运用该值带入前面提供的计算参考公式，求得 $y_{0后}$、$y_{0前}$、$\varphi_后$、$\varphi_前$、R，最后求出 $K_{H后}$ 和 $K_{H前}$。若 $K_{H后}$ 和 $K_{H前}$ 满足要求，则假定的最小埋置深度满足要求，若 $K_{H后}$ 和 $K_{H前}$ 没有达到抗倾覆的要求，则重新设定最小埋置深度，直到符合要求，停止计算。

3.5 本章小结

本章对 h 型抗滑桩的计算方法进行了全面的研究，取得了以下研究结论：

（1）明确了 h 型抗滑桩的滑坡推力的分布问题。分析得出了前、后排桩的滑坡推力分布形式和规律，通过建立变形协调方程，计算出后排桩与桩间土的相互作用力，以及桩间土与前排桩的作用力的量化关系。

（2）对于 h 型抗滑桩上部受荷段的计算，将 h 型抗滑桩可以看作一个由前、后排桩与连系梁共同组成的整体刚性抗滑结构来考虑，建立了基于三次超静定图乘法的计算方法，推导出 h

型组合式抗滑桩受荷段结构内力及位移计算公式。

（3）对于 h 型组合式抗滑桩下部锚固段的计算，根据桩的类别，分别应用弹性桩 $P\text{-}y$ 曲线法和刚性桩法进行计算。推导了在不同桩底支承（桩底自由支承、桩底铰支承、桩底固定支承）条件下，三类地基系数（①$K_h = mh$；②$K_h = k = A$；③$K_h = A + mh$）下 h 型组合式抗滑桩锚固段的计算方法。

（4）给出了 h 型组合式抗滑桩整体稳定验算公式，通过计算抗倾覆稳定系数 K_H，验算前、后排桩的稳定性。

第4章 h型组合式抗滑桩结构承载力计算与配筋设计

本章在对h型组合式抗滑桩结构内力计算方法进行研究的基础上，参考普通抗滑桩设计原则与设计步骤，建立了适宜于h型组合式抗滑桩的设计步骤与规范化程序，进行了结构承载力计算。

4.1 设置原则与设计内容

4.1.1 设置原则

h型组合式抗滑桩结构具有侧向刚度大、抗滑能力强、稳定性较好、施工方便等优点。由于h型组合式抗滑桩没有内支撑（锚杆），它可以通过发挥空间组合桩的整体刚度和空间效应，与桩间土协同工作，抵抗滑坡体中的剩余下滑力。在结构设计中应遵循以下设计原则：

（1）h型组合式抗滑桩的设计应保证提高滑坡体的稳定系数达到规定的安全值和要求。

（2）滑坡体不能越过桩顶滑动或者从两桩之间滑出。

（3）设置合理的桩间距。桩间距取决于滑坡推力大小、滑体的性质与强度、桩的长度、桩的截面尺寸、锚固深度和施工条件等诸多因素。h型组合式抗滑桩能否有效抗滑，其中之一是桩间土拱能否形成，也就是说桩间距不能大于形成土拱的临界间距，以保证抗滑桩设计支挡效果的实现。

（4）避免出现新的深层的滑动现象。

（5）根据滑坡推力大小、地层岩性和强度、桩前抗力、结构刚度等因素，来确定h型组合式抗滑桩锚固深度。

4.1.2 h型组合式抗滑桩的设计要求及设计内容

1）设计要求

h型组合式抗滑桩属于横向受力结构，在外荷载作用下，通过发挥其空间超静定结构效应来受力工作，设计时，在考虑普通抗滑桩设计要求的同时，必须结合h型组合式抗滑桩的自身特点，加以考虑以下因素：

（1）根据工程地质性质和滑体状况，对前后排桩的荷载分布规律与荷载值进行科学合理的分配。

（2）确保h型组合式抗滑桩桩身要有足够的强度和刚度，确保结构的承载力及变形符合规范的要求和技术指标。

（3）h 型组合式抗滑桩提供的阻滑力要使整个滑坡体具有足够的稳定性，即滑坡体的稳定安全系数满足相应规范规定的安全系数或可靠性标准。

（4）h 型组合式抗滑桩桩周岩土体的弹性抗力系数必须合理确定，桩身侧向压应力不大于容许强度。

（5）h 型组合式抗滑桩的前排桩、后排桩桩长、锚固段深度、截面尺寸大小、两桩间间距、连系梁长度、悬臂段长度等，必须满足技术经济综合指标的要求。

2）h 型组合式抗滑桩的设计内容

（1）计算作用于 h 型组合式抗滑桩上的力系，包括滑动推力、桩前滑体抗力、桩间土作用力、锚固段地层的抗力、前后排桩剩余下滑力等，根据外荷载来设计 h 型组合式抗滑桩。

（2）进行 h 型组合式抗滑桩桩群的布置设计，根据工程地质条件、滑坡推力大小及分布状态、桩身结构形式与材料性能等因素，初步确定进行桩间间距、前、后排桩排距、布桩位置等设计。

一般来讲，h 型组合式抗滑桩应考虑设置在滑体较浅，同时滑床地基强度较高的位置。平面的布置一般为一排，走向与滑体的滑动方向垂直成直线形或曲线形。根据滑坡推力的大小、滑体土的密度、桩的截面大小、桩的长度和锚固深度以及施工条件等因素来确定桩间距的取值。桩间距的设定最好充分发挥桩与桩间所产生的土拱效应，防止滑体从两桩间滑出。同时，前、后排之间的排距也应有合适的范围，以优化 h 型组合式抗滑桩结构性能为考虑原则，同时，兼顾施工难度与桩间土自稳定性。

（3）初拟前、后排桩的锚固段深度、桩底约束条件、结构截面尺寸、桩身长度等要素。

h 型组合式抗滑桩锚固段深度的设计，取决于桩所承受的滑坡推力大小、岩土体强度、桩体的相对刚度等。设计中，以前、后排桩的桩底最大压应力小于地基的容许承载力，锚固段产生的横向土压力小于地基容许侧向压应力为标准进行设计。

由于 h 型组合式抗滑桩是组合受力结构，在相同的滑坡推力作用下，其前、后排桩锚固段的侧向土压力较普通抗滑单桩小得多，故锚固段深度一般为桩身全长的 20% ~ 40%。

经初步计算，对于软弱（强风化）岩层或土质地层来说，h 型组合式抗滑桩锚固段深度可取桩长的 1/3 ~ 2/5；在较完整且为硬质的基岩中，可考虑桩长的 1/5 ~ 1/4。h 型组合式抗滑桩采用矩形截面形状，由于一般用于大推力滑坡的支护，故最小设计边宽一般不小于 1.5m。

在考虑桩底约束条件时，h 型组合式抗滑桩与普通抗滑单桩的要求相同。如锚固段地层为严重风化的破碎岩层或土层，且桩周围岩刚度相差不大，桩身对地层的侧向压力符合以下条件时：

$$\sigma_{max} \leqslant \frac{4(\gamma l \tan\varphi + c)}{\cos\varphi}$$

此时，桩底可按自由支承处理，$M_h = 0$，$Q_h = 0$。

如锚固段地层为比较完整的岩质、半岩质地层，且桩底附近围岩的侧向 K_H 值巨大，桩底基岩 K_V 值相对较小，桩身对围岩的侧向压应力符合以下条件时：

$$\sigma_{max} \leqslant K_{RH} \eta R$$

式中：R——岩石单轴抗压极限强度（kPa）；

　　K_{RH}——水平换算系数，根据岩层构造，取 0.5 ~ 1.0；

　　η——折减系数，根据岩层的裂缝和风化、软化程度，取 0.3 ~ 0.45。

此时,桩底可按铰支承情况处理,$M_h = 0$,$X_h = 0$。

h型组合式抗滑桩通常为矩形截面设计,前、后排桩的截面尺寸大小应依据剩余下滑力大小、地基的侧向容许应力值、两桩间距等因素综合确定。从施工方便的角度考虑,挖孔桩受荷边宽度 $b > 1.50m$。

(4)根据外荷载分布,计算滑面以上受荷段桩身内力、位移和滑面处的 M_0、Q_0、A、A' 等值。

(5)依据桩底边界条件,计算 h 型组合式抗滑桩锚固段内力、挠度、转角。

(6)检算地基强度。确保桩身作用于岩土体的弹性抗力不超过地基侧向压应力,否则需对抗滑桩截面尺寸或桩间距进行调整。

(7)绘制 h 型组合式抗滑桩桩身剪力图、弯矩图,对 h 型组合式抗滑桩进行配筋计算和构造设计。配筋计算时,一般依据桩身最大弯矩值进行设计,再验算最大剪力处的抗剪强度。完成整个设计过程。

依据以上设计内容和设计要求,可建立 h 型组合式抗滑桩设计流程图,如图4-1所示。

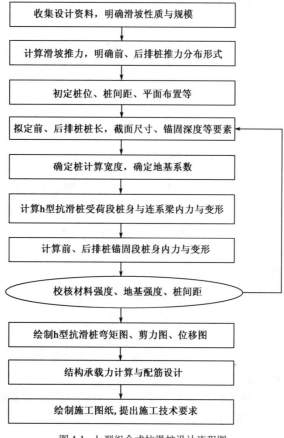

图4-1 h型组合式抗滑桩设计流程图

4.2 h型组合式抗滑桩结构承载力设计计算

h 型组合式抗滑桩的结构承载力设计原理与普通抗滑桩一样,均参照《混凝土结构设计规范》(GB 50010—2010)进行"承载能力极限状态设计"。由于抗滑桩作为一种主要承受水平荷载的结构,一般可以允许有一定程度的变形。当桩身裂缝超过结构规范允许值后,钢筋的局部锈蚀对抗滑桩的强度影响不是很大,故在无特殊要求的情况下,暂可不进行变形和抗裂验算,以简化设计计算的工作量。

h型组合式抗滑桩结构承载力设计包括正截面受弯承载力计算和斜截面受剪承载力计算。前、后排桩正截面受弯承载力计算是依据适筋梁受力的第三阶段末的受力特征(Ⅲ₃),通过力学平衡条件建立计算公式。前排桩和后排桩斜截面受剪承载力计算以根据剪压破坏的受力特征为基础建立的,应保证受剪截面不出现斜压破坏的情况,并采取适当的构造措施避免斜拉破坏的产生。

h型组合式抗滑桩前、后排桩,从受力特性来看,是比较典型的受弯构件,结构设计方法可以采用极限应力状态法,依据《混凝土结构设计规范》(GB 50010—2010)的要求计算其截面强度。如无特殊要求,暂可不进行裂缝、变形等指标的检算工作。

h型组合式抗滑桩的结构设计安全系数,见表4-1,由基本安全系数和附加安全系数共同构成,以保证结构设计与验算要求。

结构设计安全系数 表4-1

受 力 特 征	基本安全系数 K_1	附加安全系数 K_2
正截面受弯	1.40	1.0~1.1
斜截面受剪	1.55	1.0~1.1

4.2.1　h型组合式抗滑桩正截面受拉设计

正常情况下,根据h型组合式抗滑桩结构受力特征,h型组合式抗滑桩前、后排桩均按照受弯构件进行设计。由于在滑坡推力荷载作用下,前排桩与后排桩整个桩身截面承受异号弯矩,故按照双筋矩形梁进行配筋。双筋截面的构造是在受压区配置的受压钢筋较多,这样不仅能起到架立钢筋的作用,同时也将其作用计入正截面受弯承载力分析中。h型组合式抗滑桩的截面形状考虑为矩形,对于前后排桩,先按照构造的有关规定确定截面尺寸 $b \times h$,按照构造要求选择适当的钢筋类别和混凝土强度等级。通过由内力计算得出的弯矩值 M,最终计算出双侧钢筋面积 A_s 和 A_{s1}。

(1)基本假定

①不计入混凝土的抗拉能力。

②截面应变保持平面状态。

③以钢筋的应力—应变曲线和混凝土的受压应力—应变曲线为基础进行计算。

(2)基本计算公式与适用条件

h型组合式抗滑桩前、后排桩抗弯构件设计仍基于力学平衡条件。h型组合式抗滑桩整个桩身均出现交变弯矩的作用,配筋设计时,需按照双筋截面配筋。根据结构设计原理,在满足 $\xi \leqslant \xi_b$ 的条件下,双筋梁具有和单筋适筋梁相同的破坏特征:受拉钢筋实现屈服,然后是受压边缘纤维达到极限压应变、受压区混凝土压碎。根据平面假定还可得出:当 $\xi \geqslant 2a_{s1}/h_0$ 时,对Ⅰ、Ⅱ、Ⅲ级钢筋,破坏时受压钢筋将受压屈服, $f_y = f'_y$,对实际强度超过400N/mm²的受压钢筋,计算时可取$f'_y = 400\text{N}/\text{mm}^2$。

依据双筋矩形截面梁的破坏特性,利用静力平衡条件,可得出其基本计算式(4-1)、式(4-2)。

$$f_y A_s = f_{cm} b h_0 \xi + f'_y A_{s1} \tag{4-1}$$

$$M \leqslant f_{cm} b h_0^2 \xi (1 - 0.5\xi) + f'_y A_{s1} (h_0 - a_{s1}) \tag{4-2}$$

式中:f_y——受拉钢筋抗拉强度设计值;

$\quad f'_y$——受压钢筋抗压强度设计值;

$\quad A_s$——受拉钢筋截面面积;

$\quad A_{s1}$——受压钢筋截面面积;

$\quad f_{cm}$——混凝土弯曲抗压强度设计值;

$\quad h_0$——截面有效高度;

$\quad a_{s1}$——受压钢筋合力点至受压边缘距离;

$\xi = \dfrac{x}{h_0}$——混凝土相对受压区高度。

式(4-1)、式(4-2)的适用条件是:

$$\xi \leqslant \xi_b$$

$$\xi \geqslant \frac{2a_{s1}}{h_0}$$

相对界限受压区高度:

$$\xi_b = \frac{\beta_1}{1 + \dfrac{f_y}{0.0033E_s}}$$

对于Ⅰ级钢筋:

$$\xi_b = 0.614$$

对于Ⅱ级钢筋:

$$\xi_b = 0.544 \quad (d \leqslant 25\text{mm})$$

$$\xi_b = 0.556 \quad (28\text{mm} \leqslant d \leqslant 40\text{mm})$$

对于Ⅲ级钢筋:

$$\xi_b = 0.528$$

以上两个条件是保证受拉钢筋屈服和受压钢筋达到抗压强度设计值的条件。此外,由于双筋截面的受拉钢筋面积都较大,其配筋率都能满足最小配筋率的要求。

(3)截面设计

h型组合式抗滑桩可以按照双筋矩形截面梁的设计步骤来进行,一般先预先确定截面尺寸b、h,且已知弯矩设计值M、钢筋等级及混凝土强度等级等条件,截面设计就是为了求出A_s和A_{s1}。如图4-2、图4-3所示。

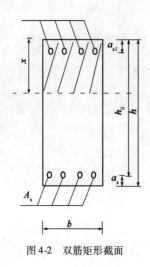

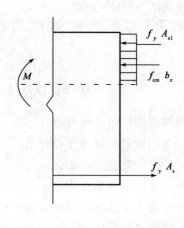

图4-2　双筋矩形截面　　　　　　图4-3　双筋矩形截面受力简图

由式(4-1)、式(4-2)可以列出两个方程,再补充一个方程就能求出未知数有 A_s、A_{s1} 和 ξ,补充方程取:

$$\xi = \xi_b \tag{4-3}$$

此时,受拉钢筋的强度被完全发挥,同时,混凝土的抗压能力也被充分利用,从而使得受压钢筋截面面积 A_{s1} 最小而节省钢材。由式(4-2)得:

$$A_{s1} = \frac{M - f_{cm}bh_0\xi_b(1 - 0.5\xi_b)}{f'_y(h_0 - a_{s1})} \tag{4-4}$$

计算出 A_{s1} 后,考虑基本安全系数和附加安全系数,可以得出最后的侧向受压钢筋用量 $A_{s1设}$:

$$A_{s1设} = K_1K_2A_{s1} \tag{4-5}$$

将其代入式(4-1),可得:

$$A_s = \frac{f'_yA_{s1} + f_{cm}bh_0\xi_b}{f_y} \tag{4-6}$$

同理,计算出 A_s 后,考虑基本安全系数和附加安全系数,可以得出最后的侧向受拉钢筋用量:

$$A_{s设} = K_1K_2A_s \tag{4-7}$$

式中:K_1——基本安全系数;

　　　K_2——附加安全系数。

结合双筋截面结构设计的基本原理和 h 型组合式抗滑桩桩身结构特点,可以建立较为详细的 h 型组合式抗滑桩前排桩与后排桩双筋矩形截面设计流程图,如图4-4所示。该设计流程图可为此新型组合式抗滑桩结构的具体设计提供参考。

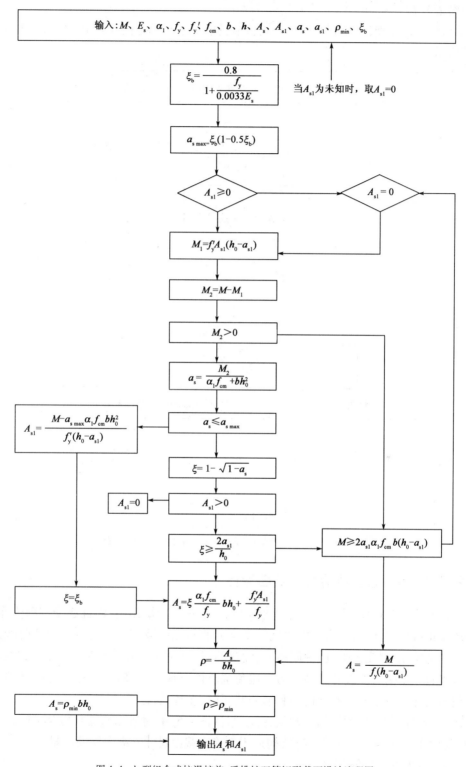

图 4-4　h 型组合式抗滑桩前、后排桩双筋矩形截面设计流程图

（4）截面校核

根据结构设计原理，可建立 h 型组合式抗滑桩前排桩与后排桩双筋矩形截面校核流程图，如图 4-5 所示。

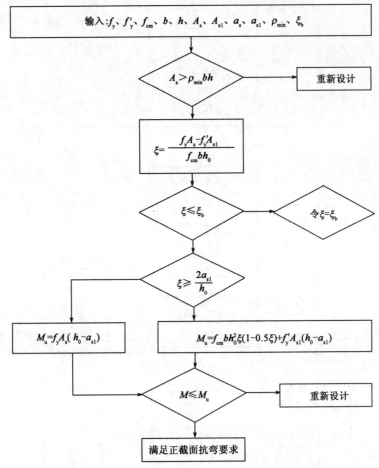

图 4-5 h 型组合式抗滑桩前、后排桩双筋矩形截面校核流程图

4.2.2 h 型组合式抗滑桩斜截面设计

h 型组合式抗滑桩前、后排桩作为受弯构件，不仅承受弯矩作用，而且还受到剪力作用，故除了会产生正截面破坏外，还有可能出现沿斜裂缝的斜截面破坏。影响斜截面抗剪能力的主要因素包括剪跨比、混凝土强度、箍筋强度、配箍筋率、纵向钢筋用量等方面。而荷载的大小及作用位置将直接影响截面破坏类型。为了避免抗滑桩出现斜裂缝破坏，在设计时必须考虑有合理的截面尺寸和一定的由架立钢筋和箍筋共同组成的钢筋骨架。

h 型组合式抗滑桩前、后排桩斜截面承载力设计（图 4-6）中，本小节将其归纳为以下几个步骤：

（1）先由正截面承载力计算和有关构造规定确定截面尺寸和纵向钢筋用量。

（2）计算需要配置的箍筋量。

（3）选用适当的箍筋，以满足最小直径和最大间距的要求。

（4）计算是否需要配置弯起钢筋。

下面以框图形式建立了 h 型抗滑桩前排桩和后排桩斜截面受剪承载力设计步骤,如图4-6所示。

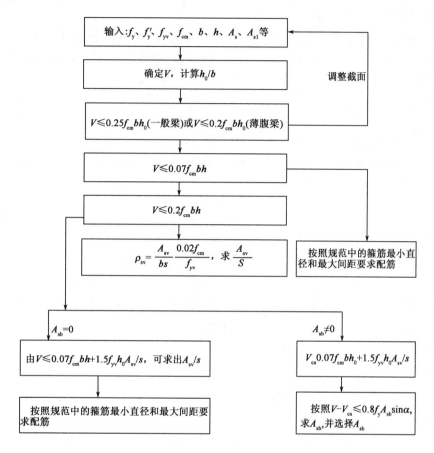

图4-6　h型组合式抗滑桩前、后排桩斜截面受剪承载力设计流程图

h 型组合式抗滑桩进行截面抗剪强度验算,以确定箍筋的配置,可以按照以下公式进行计算:

对于矩形截面受弯构件

$$V = 0.07f_c bh_0 + 1.25f_{yv}\frac{A_{sv}}{s}h_0 \tag{4-8}$$

$$A_{sv} = nA_{sv1} \tag{4-9}$$

式中:f_{yv}——箍筋抗拉设计值;

f_c——混凝土抗拉强度;

V——构件斜截面最大剪应力设计值;

A_{sv1}——单肢箍筋截面面积;

n——同一截面内箍筋数量;

A_{sv}——配置在同一截面内箍筋各肢的全部截面面积;

s——沿构件长度方向的箍筋间距。

式(4-9)是以抗滑桩的剪压破坏模式建立的,不适用于斜拉破坏和斜压破坏,为了在设计中采取必要的措施避免斜拉破坏和斜压破坏的出现,需规定上式的上限与下限。

(1)上限值——最小截面尺寸

如果抗滑桩出现斜压破坏,桩身腹部的混凝土将被压碎,而箍筋没有屈服,此时,受剪承载力主要取决于桩的腹板宽度、有效截面高度、混凝土强度等因素。只要截面尺寸不是过小,就能避免斜压破坏的发生。可参考以下三种情况进行判别:

当$\frac{h_0}{b} \leq 4$时,应满足

$$V \leq 0.25 f_c b h_0 \qquad (4\text{-}10)$$

当$\frac{h_0}{b} \geq 6$时,应满足

$$V \leq 0.2 f_c b h_0 \qquad (4\text{-}11)$$

当$4 < \frac{h_0}{b} < 6$时,可按现象内插法计算。

如上述三式不能得到满足,需提高混凝土等级或增大截面尺寸。

(2)下限值——箍筋最大间距与最小配箍筋率

理论与试验证明,如果箍筋最大间距过大或者箍筋的最小配筋率过小,则有可能在斜裂缝处发生斜拉破坏,故需要对以上两个指标进行限定。

配箍率的下限值:

$$\rho_{sv,min} = 0.24 \frac{f_t}{f_{yv}} \qquad (4\text{-}12)$$

h型组合式抗滑桩中箍筋最大间距可参考表4-2。

h型组合式抗滑桩中箍筋最大间距(单位:mm) 表4-2

桩截面高度 h	$V > 0.07 f_{cm} b h_0$	$V \leq 0.07 f_{cm} b h_0$
$500 < h \leq 800$	250	350
$800 < h \leq 1500$	300	500
$1500 < h$	350	600

4.3 h型组合式抗滑桩配筋设计的相关要求

4.3.1 h型组合式抗滑桩构造要求

h型组合式抗滑桩的构造要求如下:

(1)h型组合式抗滑桩受力主筋混凝土保护层应大于40mm,构造钢筋与箍筋的保护层厚度应大于15mm。抗滑桩设计中,一般不进行裂缝计算,暂不考虑开裂影响。

（2）钢筋采用焊接连接方式。接头类型以对焊、帮条焊和搭接焊为主。纵向受力钢筋的接头布置在内力较小的位置。接头长度为$35d$，且不小于$500mm$。当条件受限制时，必须在孔内制作时，纵向受力钢筋应以对焊或螺纹连接为主。处于同一连接段内的受力钢筋，其焊接接头面积应小于48%为宜。

（3）h型组合式抗滑桩两侧的纵向受力钢筋的最小百分比不应小于$45f_t/f_y$，最小配筋率一般不低于$0.35\% \sim 0.85\%$。

4.3.2　h型组合式抗滑桩结构构件基本规定

h型组合式抗滑桩结构构件基本规定如下：

（1）h型组合式抗滑桩宜采用Ⅱ级以上的带肋钢筋作为纵向受拉钢筋，纵向钢筋的直径不应小于$16mm$，间距为$80mm$以上为宜。若设置成多排布筋，考虑$100 \sim 180mm$排距，每束束筋以小于3根为宜。纵向受力钢筋沿桩身均匀布置。

（2）h型组合式抗滑桩为大截面的支护结构，通常采用人工挖孔的方式，为了便于地下作业，不宜布设过多箍筋。h型组合式抗滑桩的箍筋应采用封闭式。肢数不宜大于4肢，其直径在$10 \sim 16mm$之间。箍筋间距应符合以下标准：

①当$V \leq 0.7f_t bh_0$时，箍筋间距应小于$400mm$。

②当$V \geq 0.7f_t bh_0$时，箍筋间距应小于$300mm$，同时，箍筋的配筋率也应小于$0.24f_t/f_{yv}$。在钢筋骨架中，每间隔$2m$应设置一焊接加强箍筋。桩内不宜配置弯起钢筋，为了满足斜截面的抗剪强度的要求，可采用调整桩身截面尺寸、箍筋的直径、间距等手段。

（3）前后排桩的两侧及受压边应配置一定数量直径大于$12mm$的构造钢筋，其间距为$400 \sim 500mm$。部分位置设置直径大于$16mm$的架立钢筋。抗滑桩两侧可适当布置纵向构造钢筋，以保证钢筋骨架的刚度和强度。

（4）滑动面处的箍筋应适当加密，保证截面抗剪强度。

4.3.3　h型组合式抗滑桩材料要求

h型组合式抗滑桩由于承受大推力滑坡，其设计寿命为100年为宜，混凝土强度等级采用C30或C40，在腐蚀性环境下，还应选用符合相关要求的水泥。此外，护臂和锁口可采用C15或C20的混凝土材料。

前、后排抗滑桩两侧的受力主筋选用HRB400，箍筋和构造箍筋选用HRB335为宜，但间距较小时，可使用HRB400。构造钢筋使用HRB235。

钢筋等级与混凝土强度等级的搭配，依据《混凝土结构设计规范》（GB 50010—2010）相关标准进行。

4.4　本章小结

本章对h型组合式抗滑桩设计与结构承载力计算进行了研究，通过分析，得到以下几方面结论：

（1）基于抗滑桩的一般设计原则，提出了 h 型组合式抗滑桩的设计要求及设计内容，建立了 h 型组合式抗滑桩基本设计流程。

（2）对 h 型组合式抗滑桩结构承载力设计进行了研究。包括桩身双筋正截面受拉设计与校核、斜截面设计，构建了相应的计算步骤与算法。

（3）参考结构设计原理的基本要求并结合 h 型组合式抗滑桩的结构与构造特点，给出了 h 型组合式抗滑桩在配筋设计的相关要求。

第5章　h型组合式抗滑桩结构特征与支挡机理数值研究

5.1　h型组合式抗滑桩数值模拟研究背景

本书在第2章对h型组合式抗滑桩的受力特性和结构特征及其支挡机理进行了部分的研究,并取得了较多的结论成果。为了能够对h型组合式抗滑桩的受力特征、结构特征及支挡机理有更加透彻的了解,本节从数值模拟角度对h型组合式抗滑桩的上述研究内容进行再次论证。

在h型组合式抗滑桩的受力机理、结构特征的研究方面,本章采用h型组合式抗滑桩加固边坡前后边坡安全系数的变化、h型组合式抗滑桩加固后桩身的变位和内力分布特征来揭示h型组合式抗滑桩所固有的力学和结构特性,并与门架式抗滑桩加固时的内力分布进行对比分析,来揭示h型组合式抗滑桩的结构特征。

在目前的研究结论中,土拱效应是抗滑桩支挡机理的重要研究内容。故在对h型组合式抗滑桩支挡机理方面进行研究时,本章从h型桩的多层土拱效应入手,分析h型组合式抗滑桩效应的形成发育过程、支挡效果及各相关因素对土拱效应及支挡效果的影响。

5.2　基于桩—土作用的h型组合式抗滑桩有限元模型

平面刚架模型、平面杆系模型是过去在结构计算中使用得最多的模型。它们将桩土间的相互作用用水平弹簧来模拟,在理论上具有一定的合理性。不过,它们未能完全体现桩土之间的相互作用,特别是锚固段的桩土协调变形关系。若将滑动面以下的部分用土压力来加载,由于土压力在h型组合式抗滑桩前、后都有,将使得模型计算存在部分误差。

在平面刚架模型的基础上,目前在组合式结构的计算中,常常运用平面杆系有限元法:将主动土压力按一定模式取值并分配作用在各桩上;被动土压力由弹性抗力法计算,通过设置若干独立且连续的弹簧,使结构在变形后,用弹簧反力模拟桩侧土抗力,如图5-1所示。桩端一般采用固定铰支座,将桩体视为竖直放置在弹性地基中的梁。此模型的缺点是:前、后排桩之间土压力进行分配时具有主观因素,没有考虑桩间土的协同作用,桩底端设置固定铰支座也不能较真实反映桩土的嵌固作用,故有一定的局限性。

其实,若把前、后排桩及桩间土体看作一个整体结构系统,作用在这个整体结构上的外力有后排桩受到的主动土压力和前排桩受到的被动土压力,这两种土压力在前、后排桩之间分配实际取决于结构自身变形和桩间土体的性质。这样利用h式双排桩的受力特征,在考虑桩—

土共同作用的情况下,得出一种适合 h 型组合式抗滑桩的有限元模型,如图5-2 所示。该模型将滑动面以下利用接触单元来模拟桩土之间的协调变形,滑动面以上的土体用弹簧来模拟。此外,该模型将桩间土看作薄压缩层,设置成水平弹簧,避免过多地主观分配桩间土压力。

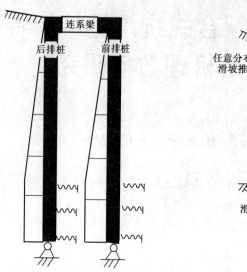

图5-1　双排桩平面杆系有限元模型

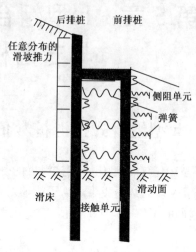

图5-2　h 型组合式抗滑桩有限元模型

此模型的特点如下:

考虑滑面以上桩前土体的被动土压力,用弹簧模拟。由于在抗滑桩的施工中大多采用挖孔、灌注工艺,滑面以下桩土结合较为紧密,本模型假设将前、后排桩嵌入稳定基层中,利用接触单元来模拟土体对桩底的作用,同时,利用接触单元模拟滑动面以下桩土之间的相互作用。

模拟了滑动面以上桩—土之间的摩擦作用,桩侧摩阻力通过界面传递函数予以计算,用若干弹性单元对抗滑桩进行划分,非线性侧阻弹簧连接桩—土,反映其荷载作用状况。

本模型的传递函数采用 Kezdi 形式,即

$$\gamma(z) = k\gamma z \tan\varphi \left[1 - \exp\left(-\frac{ks}{s_0 - s} \right) \right]$$

前、后排桩同桩间土的相互作用主要是水平作用,因此本模型用连接前、后排桩的弹簧来模拟桩间土,桩间土压力通过彼此的位移协调来实现分配。桩间土的水平向地基反力系数 K 通过弹簧刚度来体现。

5.2.1　基本模型介绍

1)桩—土屈服准则和接触面模型

滑动面遵循 Mohr-Coulomb 屈服准则,滑坡体采用德鲁克—普拉格(Drucker-Prager)准则处理,滑床作为理想弹塑性材料。

桩—土接触面模型。h 型组合式抗滑桩与土之间的接触就属于刚体—柔体的接触。AN-SYS 软件提供了柔体—刚体的面—面的接触单元。关于两个边界的接触问题中,柔体—刚体的接触,把柔性面当作"接触"面,把刚性面当作"目标"面,利用 Targel169 和 Contal171 或 Contal172 来定义此接触对(2D 时),利用 Targel170 和 Contal173 或 Contal174 来定义 3D 接触对。

对目标单元与接触单元定义一致的实常数号来识别一"接触对"。同时在 $0.01 \sim 10$ 的区间内设定接触刚度 FKN,此外,设定桩和滑床之间的摩擦系数为 0.49。桩—土间的摩擦系数为 0.18。

2）单元及参数的选取

（1）h 型组合式抗滑桩参数:采用 C30 钢筋混凝土,后排桩长 28m,其中受荷段 $h_1 = 18m$,锚固段 $h_2 = 10m$,前排桩桩长 22m,其中受荷段 $h_1 = 12m$,锚固段 $h_2 = 10m$,两榀 h 型组合式抗滑桩桩距 $L = 10.8m$,前后排桩桩间排距 $Z = 14.4m$;桩的截面尺寸 $b \times d = 2.4m \times 3.6m$。h 型组合式抗滑桩计算中将其看作弹性材料。

（2）岩土性指标:滑体为黏土层,泊松比 $\mu = 0.35$,黏聚力 $c = 13\text{kPa}$,内摩擦角 $\varphi = 24.8°$,重度 $\gamma = 21\text{kN/m}^3$;滑床为中风化砂岩地基,泊松比 $\mu = 0.25$,地基系数 $K = 0.4 \times 10^6 \text{kPa/m}$,内摩擦角 $\varphi = 35°$,重度 $\gamma = 24\text{kN/m}^3$。结构及岩土参数按照室内试验获取,有限元计算参数如表 5-1 所示。

有限元计算参数 　　　　　　　　　　　　　　　　　　　　　　　表 5-1

编号	岩　　性	重度 γ （kN/m^3）	内摩擦角 ρ （°）	黏聚力 c （kPa）	弹性模量 E （kPa）	泊松比 μ
材料 1	抗滑桩	25	—	—	35000	0.21
材料 2	滑体	21.0	24.8	13	30	0.35
材料 3	滑床稳定岩层	24	35	200	3000	0.25
材料 4	滑带	20.2	19.3	22	30	0.35

（3）h 型组合式抗滑桩采用 SOLID45 单元,抗滑桩的惯性矩、截面面积等参数利用实常数来定义。分析时,要初步判断模型在变形过程中接触部位的出现位置,并通过接触单元及目标单元进行定义,以此来跟踪结构的受力变形状态。

3）有限元模型尺寸

模型长 132m,高 57 m,纵向宽度 50.4m。滑坡治理均采用 h 型组合式抗滑桩,以初步设计的结构尺寸建立模型,其概化模型见图 5-3。

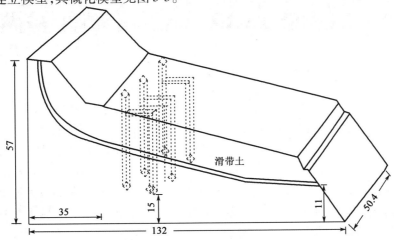

图 5-3　概化模型(尺寸单位:m)

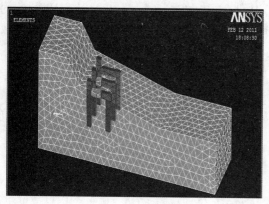

图5-4　有限元网格划分

4）荷载

模型计算中,对斜坡体施加重力荷载。

5）边界条件

该模型边界条件为:底面固定,在所有方向上施加固定约束边界条件;左右边界、前后边界施加 X 方向水平约束条件,坡体表面为自由约束;初始应力为边坡自重应力。

在网格划分方面,由于通过 ANSYS 自动划分网格,易出现奇异单元。故先进行人工剖分面,使单元夹角尽可能大,再进行网格划分,提高计算精度,如图 5-4 所示。

5.2.2　斜坡岩土变形与应力

斜坡施加 h 型组合式抗滑桩加固后,稳定性大为增加,计算得到的水平最大位移为 18mm,出现位置为抗滑桩上部坡体软弱滑面处,如图 5-5 所示,抗滑桩以下部分,斜坡整体位移很小,变形得到有效控制。同时,由于桩土作用的原因,斜坡应力在抗滑桩支挡处,有部分应力集中现象,特别是在滑动面以下部分,如图 5-6 所示。

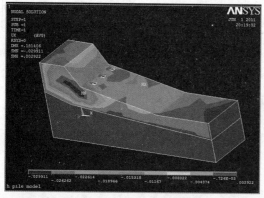

图5-5　h 型组合式抗滑桩加固后斜坡水平位移

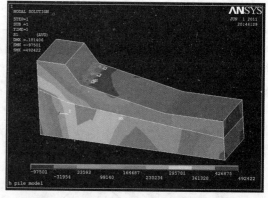

图5-6　h 型组合式抗滑桩加固后斜坡应力分布

5.2.3　h 型组合式抗滑桩位移和应力

由于连系梁的存在,h 型组合式抗滑桩整体性大为提高,前排桩和后排桩受力变形规律基本相同,其中最大位移出现在后排桩桩顶,最大位移值为 24.4mm,同时,前、后排桩底出现微小负向位移。图5-7、图5-8 为 h 型组合式抗滑桩整体受力变形图和 X 方向位移变形云图。

如图 5-9、图5-10 所示,h 型组合式抗滑桩的剪应力在前、后排桩桩身中部和连系梁处较为集中,特别是在前排桩桩顶以及后排桩和连系梁交结位置,伴有显著的应力集中状况。结构中,最大剪应力 $\tau_{max} = 1.1$MPa,水平最大压应力 $\sigma_{max压} = 2.6$MPa,水平最大拉应力 $\sigma_{max拉} = 2.9$MPa。在设计中,可以针对应力分布情况,适当地强化应力集中位置的结构设计,以保证桩体不易受破坏。

78

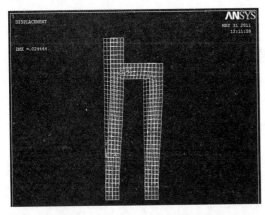

图 5-7　h 型组合式抗滑桩整体受力变形图

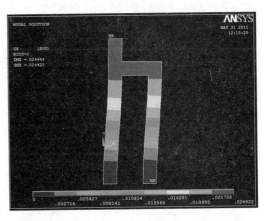

图 5-8　h 型组合式抗滑桩 X 方向位移

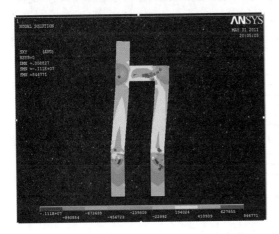

图 5-9　剪应力云图

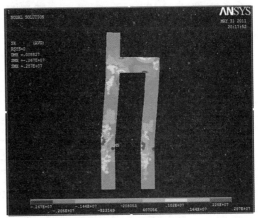

图 5-10　X 向应力云图

图 5-11、图 5-12 是数值计算得到的 h 型组合式抗滑桩的弯矩图和剪力图。后排桩的最大弯矩出现在滑动面以下一定深度的位置,最大弯矩值 $M_{max后} = 45031 \text{kN} \cdot \text{m}$,最大剪力出现在滑动面附近,最大剪力值 $Q_{max后} = 2703 \text{kN}$。前排桩最大弯矩值出现位置与后排桩相似,在滑面以下一定深度位置,最大弯矩值 $M_{max前} = 36557 \text{kN} \cdot \text{m}$,最大剪力出现在锚固段中部,最大剪力值 $Q_{max前} = 1873 \text{kN}$。

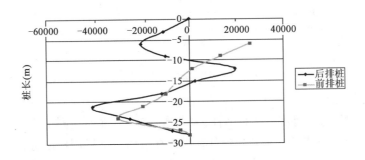

图 5-11　前、后排桩弯矩图

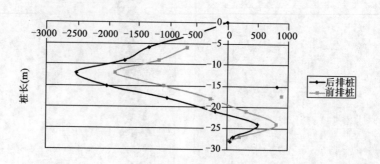

图 5-12　前、后排桩剪力图

计算显示,连系梁的弯矩分布呈两端大、中间小的规律,如图 5-13 所示;而剪力分布则是中间大、两端小,如图 5-14 所示。连系梁最大弯矩值 $M_{max连续}$ = 25034kN·m,最大剪力值 $Q_{max连续}$ = 3429kN。因此,必须强化连系梁的抗剪能力,建议设计中,增大箍筋用量或设置桩帽。

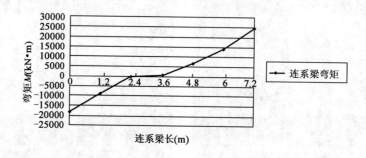

图 5-13　连系梁弯矩图

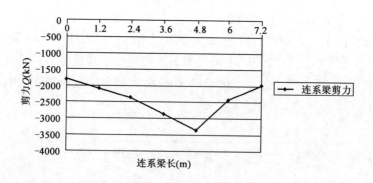

图 5-14　连系梁剪力图

通过以上分析能够发现,连系梁的存在,使 h 型组合式抗滑桩前、后排桩的弯矩分布规律与剪力分布规律在趋势上有部分的相似性,大大增强前、后排桩共同工作的协同作用。同时,计算显示,h 型组合式抗滑桩最大弯矩值往往出现在滑面以下锚固段附近,最大剪力值出现在连系梁靠前排桩顶处,需在设计和施工中加以控制,并采取强化措施,以保证 h 型组合式抗滑桩工作能力的充分发挥。

5.3　h型组合式抗滑桩结构特征数值模拟研究

5.3.1　基本模型介绍

根据滑坡区地质情况调查,并结合钻探、物勘资料及滑坡特征,确定滑面可近似为曲折面,其滑坡地质剖面如图5-15所示。共分3个大层5个亚层,其中,1-1层为黏性素填土,1-2层为矿渣填土,3层为残积土,4-1层为强风化闪长玢岩,4-2层及以下为中风化闪长玢岩。

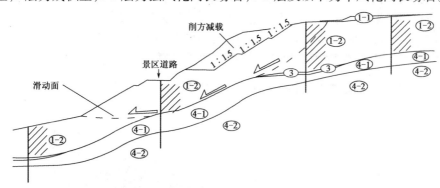

图5-15　地质剖面图

滑体主要为1-2层人工堆填的矿渣,表层存在少量黏性素填土。主滑段滑带为3层残积土和4-1层顶部的接近全风化的闪长玢岩;在前缘抗滑段和后缘牵引段,滑带为1-2层矿渣填土。滑床为4-1层下部性质较好的强风化闪长玢岩。因受滑坡影响,道路和附近停车场产生了地面裂缝,裂缝长度约为170m。

5.3.2　滑坡稳定性分析

本项目采用强度折减法,求边坡的安全系数,建立如图5-16所示的边坡三维地质模型。根据室内土工及岩土体试验结果,结合地质勘查资料及滑坡体的反演算分析,滑坡区桩土的物理参数建议值如表5-2所示。

进行边坡的稳定性分析时,土体模型开始采用elastic线弹性模型生成土体初始应力,然后采用mohr-coulomb本构模型来计算模型的真实变化。

滑体主要为1-2层人工堆填的矿渣,表层存在少量的黏性素填土,其滑带主要为填筑矿渣前坡面表层3层的残积土和4-1层顶部少量的全风化的闪长玢岩,其滑带土厚度相对于整个模型的尺寸显得十分微小,为了更加真实有

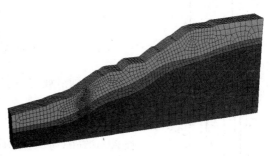

图5-16　边坡三维模型

效地模拟滑带,本课题采用FLAC^{3d}中用来模拟不同土质接触的interface接触单元来模拟滑带,这样可以达到同样的效果,又避免了划分网格时容易形成畸形单元造成收敛困难的问题。

物　理　参　数　表　　　　　　　　　　　　　　　　　　　表 5-2

材　料　类　型	$E(MPa)$	$\gamma(kN/m^3)$	$c(kPa)$	$\varphi(°)$	υ
矿渣填土(滑体)	240	21	5.0	30.0	0.28
残积土(滑带)	40	21.5	20.0	11.0	0.36
强风化闪长玢岩(滑床)	300	22.5	80	26	0.34
中风化闪长玢岩	1.0×10^3	24.1	160	30	0.32
抗滑桩	26.7×10^3	25.0			0.2

　　FLAC^{3d}在计算时,其收敛性受到很多条件的影响,在判断收敛时不应只以计算收敛为唯一标准,还应以判断塑性区是否贯通为依据,两者结合求安全系数。

　　经过计算,此边坡的安全系数为 1.07。为了得到更加直观的位移云图,把在 FLAC^{3d}计算得到的位移数据导入 tecplot 绘制模型位移等值线切片云图,如图 5-17 所示。

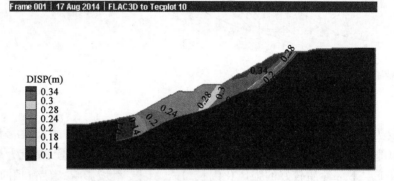

图 5-17　边坡位移等值线云图

　　在折减系数为 1.07 时边坡的塑性区贯通,此时边坡的最大位移位于坡顶处达到 34cm,边坡已处于半失稳状态,同时滑带土的渗透性差,强度较低,1-2 层矿渣填土渗透性较好,在降雨工况下,降水渗透到滑带中,造成滑带土软化,强度降低,形成软弱滑动面,再加上新建修筑道路和广场产生附加荷载的影响。安全系数 1.07 显然不满足实际情况,可能会造成滑坡等地质灾害,有必要对边坡进行支挡加固。

5.3.3　h 型组合式抗滑桩支护后边坡的安全性评价

　　考虑到滑坡的规模和地形等实际情况,采用 h 型组合式抗滑桩进行支挡,为了能对整个滑坡起到一个较好的支挡效果,把 h 型组合式抗滑桩支挡位置设在整个滑坡的中下部,后排桩桩长 32m 和前排桩桩长 23m,锚固到基岩的最小深度为 3m,排距为 7m,前排桩和后排桩的截面为 1.6m × 2.3m 的矩形,连系横梁采用 1.6m × 1.6m 的矩形截面就能够满足要求,其结构如图 5-18 所示。

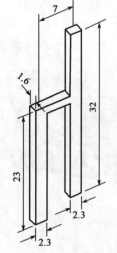

图 5-18　h 型组合式抗滑桩模型
（尺寸单位:m）

　　对支护的边坡稳定性分析时,建立 FLAC^{3d}三维模型,模型在 AN-SYS 中建立,桩采用实体单元,土体均采用 mohr-coulomb 本构模型,桩土交界面处采用无厚度 interface 接触单元模型,抗滑桩采用 elastic 线弹性模型,只考虑重力作用,其三维剖面如图 5-19 所示。h 型组合式抗滑桩为弹性桩,桩底为自由端。

h 型组合式抗滑桩支挡后整个边坡的安全稳定情况如图 5-20 所示,在求其安全系数时利用强度折减法,即不断对地质模型中土的黏聚力和内摩擦角进行折减,其计算公式如下:

$$\begin{cases} c' = c/\omega \\ \tan\varphi' = \tan\varphi/\omega \end{cases}$$

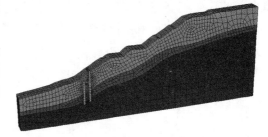

图 5-19　h 型组合式抗滑桩三维模型

通过折减使滑坡产生的下滑力不断增大,桩所承受的下滑力越来越大,当达到整体极限平衡时,即塑性区贯通或坡体和坡面的节点位移有突变时,安全系数就是加抗滑桩后滑坡的安全系数。

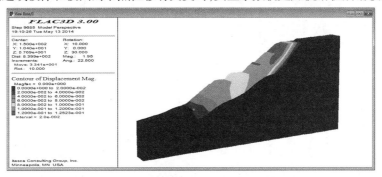

图 5-20　加桩折减后位移等值线云图

强度折减后得到边坡的安全系数为 1.36,桩顶的最大位移为 12cm,在加 h 型组合式抗滑桩后,整个边坡的安全性得到大幅度提升,最大的位移也由 34cm 下降到 12cm,滑动面处的剪应变增量也有明显的减少。可见,h 型组合式抗滑桩能够起到较好的支挡效果。

5.3.4　桩身位移和弯矩分析

h 型组合式抗滑桩由于自身的三次超静定结构,能够起到很好的支挡效果,主要表现在不但可以抵抗大推力的滑坡,还可以很有效地降低自身的桩身位移和弯矩。

边坡中加抗滑桩后桩身变形的位移云图如图 5-21 所示。

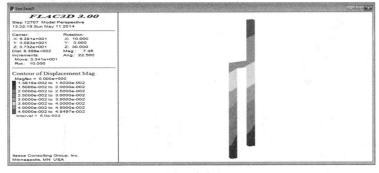

图 5-21　桩身位移云图

从桩身位移云图可以看出,由于连系横梁的存在,后排桩的变形在很大程度上得到限制,同时协调了前、后排桩的变形,使 h 型组合式抗滑桩整体变形更加协调。

前排桩和后排桩的桩身位移如图 5-22、图 5-23 所示。

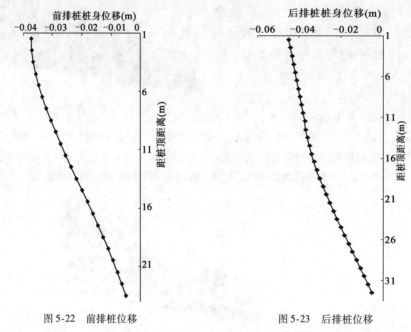

图 5-22　前排桩位移　　　　　　　　　　图 5-23　后排桩位移

通过图 5-22 和图 5-23 可知:前排桩和后排桩的桩身位移都出现在桩顶位置处,其中整个支挡结构的最大位移则出现在后排桩的桩顶,达到 4.89cm,前排桩和后排桩的位移曲线都变得非常平顺,基本成线性,即随桩身埋置深度的增加桩身位移成线性减少。

本项目将 h 型组合式抗滑桩弯矩数据和门架式抗滑桩弯矩进行对比研究分析。在采用相同的桩土参数模型、相同的开挖和填筑抗滑桩位置,相近的桩身模型尺寸参数(差异在其连系横梁位置不同)的情况下,其弯矩对比图如图 5-24、图 5-25 所示。

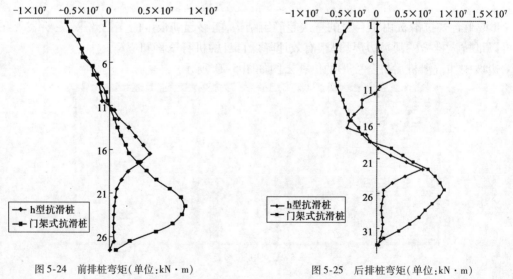

图 5-24　前排桩弯矩(单位:kN·m)　　　　　图 5-25　后排桩弯矩(单位:kN·m)

从图 5-24、图 5-25 可得,门架桩的前排桩和后排桩的最大弯矩都要比 h 型组合式抗滑桩的前排桩和后排桩的弯矩大,同时双排抗滑桩的后排桩只有两处反弯点,而 h 型组合式抗滑桩的后排桩则出现了三处反弯点,弯矩在后排桩连系横梁处开始减小,从而可以有效地缓解滑动面以上弯矩过大的情况,使弯矩的分布更加均匀合理。

前排桩由于连系横梁高度的不同,导致桩身最大弯矩处发生了部分变化,但是 h 型组合式抗滑桩的整体弯矩极值和弯矩变化程度都要比门架式抗滑桩要小,更能保证工程结构设计的优化。

5.4　桩土作用下组合式双排桩土拱效应研究

基于有限差分原理,采用 FLAC^{3d} 数值分析软件,对组合式双排桩产生的土拱效应进行模拟。研究了组合式双排桩土拱的形成和发育机理,并通过一系列的对比分析,研究在其他情况不变的情况下单独改变某一变量如滑坡推力、桩间距、土体的内摩擦角、弹性模量、泊松比、黏聚力、剪胀角以及桩土接触面的粗糙程度对组合式双排桩土拱效应的影响。

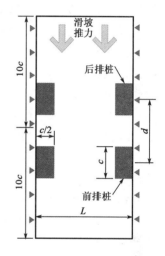

图 5-26　计算模型图

5.4.1　计算模型介绍

采用平面应变模型,取单位厚度土体作为分析对象。其平面示意图如图 5-26 所示,取双排抗滑桩截面为正方形,c 为双排桩截面的边长,$c=1\mathrm{m}$。双排桩桩间距为 L,$L=4c$;前后排桩距离为 d,$d=3c$,根据对称性沿 x 取两桩中心间距范围;为减少边界效应,但又不影响计算精度,在前后排桩中点处前后各取 10 倍桩径的区域为计算区域。

土层材料为均匀土体,桩身材料采用 C30 混凝土,具体参数见表 5-3。土体和桩身分别采用摩尔—库仑本构模型和线弹性模型,桩土接触面处建立无厚度的三角形接触单元。约束情况:除了加载边界外,其余边界均设置法向位移约束,桩进行全约束。滑坡推力可通过在模型后侧加载边界上施加均布荷载 q 来模拟,$q=10\mathrm{kPa}$。

材 料 性 质 参 数　　　　　　　　　　　　表 5-3

类　　型	弹性模量 (MPa)	泊松比	黏聚力 (kPa)	内摩擦角 (°)	剪胀角 (°)	抗拉强度 (kPa)
土体	5×10^4	0.3	40	30	10	20
桩体	3×10^4	0.2	—	—	—	—

5.4.2　双排桩土拱的形成与发育

(1)双排桩土拱的形成

图 5-27 记录了双排桩双层土拱的形成过程。

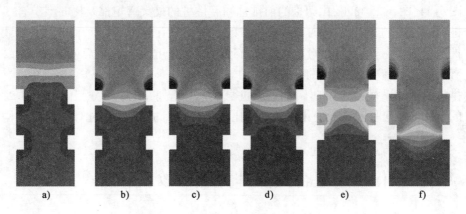

图5-27　双排桩双层土拱形成的过程

注:为更加清晰观测土拱,所有土拱云图,均为双排桩附近土体的主应力云图,非整个模型云图

滑坡推力通过土体介质向前传播,首先传递至后排桩,如图5-27a)所示,随着推力的不断增加,当超过了土体所能承受的极限荷载后,土体会产生不均匀位移或变形,引起土体中应力的重新分布;同时,后排桩最先接触到滑坡推力,最先形成土拱效应,如图5-27b)所示;后排桩土拱的不断发育,部分荷载会通过后排桩继续向前传递形成,如图5-27c)所示;随着后排桩所释放的残余荷载不断增加,同样会在前排桩桩后形成前排桩土拱,如图5-27d)所示,这时前排桩和后排桩同时形成土拱,组成双排抗滑桩的双层土拱效应,同时为了最终平衡滑坡推力双层土拱在不断发育,经过图5-27e)所示的阶段,达到图5-27f)所示的平衡状态。

(2)双排桩土拱的发育

土拱是由于土体不均匀变形的应力传递和调整而自发形成的,是调整自身抗剪强度以抵抗外力的结果,所产生的拱形必然使土体介质最大限度地发挥其强度作用,因此,土体中最大应力方向的轨迹线就是土拱的"轴线"。如图5-28所示,为计算得到的最大主应力云图。

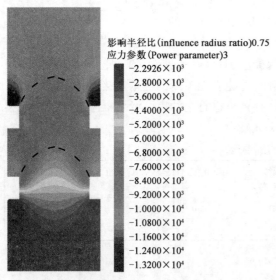

影响半径比(influence radius ratio)0.75
应力参数(Power parameter)3

-2.2926×10³
-2.8000×10³
-3.6000×10³
-4.4000×10³
-5.2000×10³
-6.0000×10³
-6.8000×10³
-7.6000×10³
-8.4000×10³
-9.2000×10³
-1.0000×10⁴
-1.0800×10⁴
-1.1600×10⁴
-1.2400×10⁴
-1.3200×10⁴

图5-28　基本模型中桩附近土体的最大主应力云图

注:根据FLAC³ᵈ manual中关于最大最小主应力的定义,当最大主应力为压应力时为最小主应力(smin)

从图5-28可知,不同于普通单排桩的单层土拱,双排抗滑桩在前后两排桩上均产生了土拱效应,形成了双土拱效应。前后排桩的土拱效应均较明显,呈较陡的拱形;土拱效应均集中在桩间和桩后,后排桩的土拱的主应力均比前排桩的土拱的主应力要大,说明后排桩承担的荷载相对于前排桩要多些;桩土间的摩擦作用对土体产生一定的拖拽作用,使前排桩桩前产生了部分反力拱。

图5-29所示为土体中一些关键剖面上的σ_x变化情况。在双排桩桩后3m处

σ_x 几乎没有变化,基本呈线性,越靠近后排桩的桩身,σ_x 的分布变化幅度越大,桩身处的 σ_x 迅速增加,桩间处的 σ_x 变得较小,呈现下凹的拱形;后排桩前的 σ_x 总体比桩后要小,桩身处的 σ_x 比桩间处的 σ_x 要小,呈一定程度的凸形曲线;在前排桩桩后应力的应力分布情况再次发生变化,其基本形式同后排桩桩后的 σ_x 的分布形式相似,但数值比后排桩后的 σ_x 要小;最后在前排桩的桩前 σ_x 的分布形式再次变化到凸形曲线的形式,同时应力值达到最小。

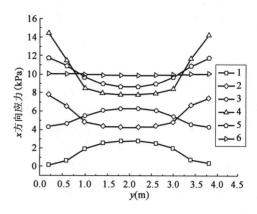

图 5-29 不同 x 剖面的 σ_x 分布曲线图

1-前排桩桩前 0.5m;2-前排桩桩后 0.5m;3-后排桩桩前 0.5m;
4-后排桩桩后 0.5m;5-后排桩桩后 1m;6-后排桩桩后 3m

图 5-30 为双排桩中轴线上的 σ_x,可以看到从施加推力荷载处($x = 10m$)到后排桩桩后 3m 处($x = 5m$)荷载几乎没有变化,从桩后 3m 处开始 σ_x 值开始急剧减小,到前排桩桩前 3m 处开始趋于稳定,直到模型的末尾处 σ_x 值都基本没有变化,其后排桩桩后 σ_x 与前排桩桩前 σ_x 的最终差值的大小代表了双排抗滑桩所能承担的荷载推力,可以起衡量支挡效果的优劣,由图中数据可知,双排桩前后荷载值差距较大,说明双排桩起到了较好的支挡效果。

图 5-31 为双排桩中轴线上的 σ_y,可知在离双排桩较远处后排桩桩后的 σ_y 与前排桩桩前的 σ_y 均变化不大,在后排桩桩后 2~3m 开始增大,在后排桩桩后 0.7m 处达到最大,然后双排桩抗滑桩桩间应力值急剧减小,在前排桩桩前 1.2m 处达到最小,在后排桩桩前 1.2~3m,σ_y 进行小幅度的急剧上升,然后在降低并到前排桩桩前 3m 及以后达到平衡,其中不同于单排抗滑桩之处在于,双排抗滑桩由于双层土拱的存在,并不像普通抗滑桩那样平顺地减少,在第二层土拱处有一处微小的增大,然后再减小至最小,形成双重侧向凸曲线,这种双重侧向凸曲线形式可以有效增大双排抗滑桩的支挡效果。

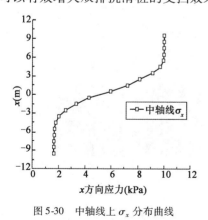

图 5-30 中轴线上 σ_x 分布曲线

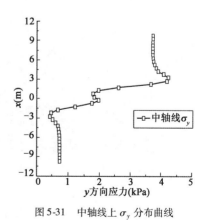

图 5-31 中轴线上 σ_y 分布曲线

为了能够量化双排抗滑桩的承载能力,引入双排桩的抗滑桩分担比 α_i:

$$\alpha = \left(1 - \frac{p_2}{p_0}\right) \times 100\%$$

$$\alpha_1 = \left(1 - \frac{p_1}{p_0}\right) \times 100\%$$

$$\alpha_2 = \left(1 - \frac{p_2}{p_1}\right) \times 100\%$$

式中：α、α_1、α_2——整个双排桩的荷载分担总比、后排桩的荷载分担比和前排桩的荷载分担比；

$\qquad p_0$——后排桩桩后总荷载；

$\qquad p_1$、p_2——后排桩桩前的残余荷载和前排桩桩前的残余荷载。

经过计算，双排桩的总荷载分担比为 $\alpha = 0.831404$，后排桩的荷载分担比 $\alpha_1 = 0.443410$，前排桩的荷载分担比 $\alpha_2 = 0.697091$。整体的荷载分担比较高，说明双排桩承受了大部分的推力荷载。

5.4.3　滑坡推力对双排桩土拱效应的影响

分别取滑坡推力为 5kPa、10kPa、20kPa、40kPa、80kPa，探究在不同的滑坡推力作用下土拱效应的形成及强弱。图 5-32 表明，随着外荷载的增加，后排桩先形成土拱，随后前排桩也形成土拱，组成双排抗滑桩的双层土拱效应；随着外载的增加，后排桩的土拱应逐步稳定，前排桩开始发挥更大的作用，其土拱效应更加明显，同时还形成了明显的反力拱，反力拱范围随着荷载的增加逐步扩大。同时当滑坡推力增大到一定阶段后[图 5-32e)]，前排桩桩前所产生的残余荷载也在增大，这是由于推力荷载增大到一定程度后，超出了土拱效应所能承担推力范围，引起部分荷载"外溢"。

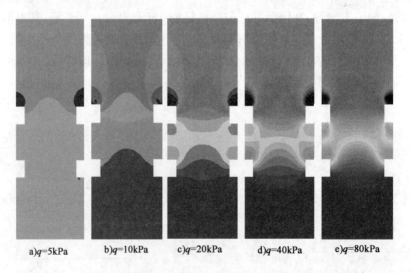

a)q=5kPa　　b)q=10kPa　　c)q=20kPa　　d)q=40kPa　　e)q=80kPa

图 5-32　不同推力下桩附近土体的最大主应力云图

如图 5-33、图 5-34 所示，随着滑坡推力的增加，σ_y 与 σ_x 也在同步增大，推力在 5～20kPa 时，前排桩前的残余 σ_y 与 σ_x 均无明显增加，说明双排桩的荷载分担比在逐步增大，在 40～80kPa 时，推力增大的同时前排桩桩前的残余 σ_y 与 σ_x 也在大幅度增大，说明荷载分担比在降低。

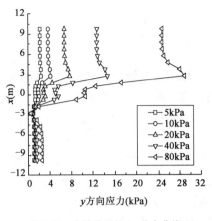

图 5-33　中轴线上的 σ_y 分布曲线

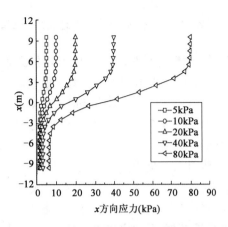

图 5-34　中轴线上的 σ_x 分布曲线

如图 5-35 所示,为双排桩不同类别的荷载分担比。在推力荷载的增加初期,三种情况下的荷载分担比 α、α_1、α_2 均急剧升高,当推力荷载到达一定阶段后双排桩荷载分担总比 α 缓慢降低,而后排桩的荷载分担比 α_1 随着推力荷载的增加快速降低,相反前排桩的荷载分担比 α_2 仍然呈缓慢的上升趋势,说明随着推力荷载增大,后排桩的土拱效应正在发挥更大的作用。

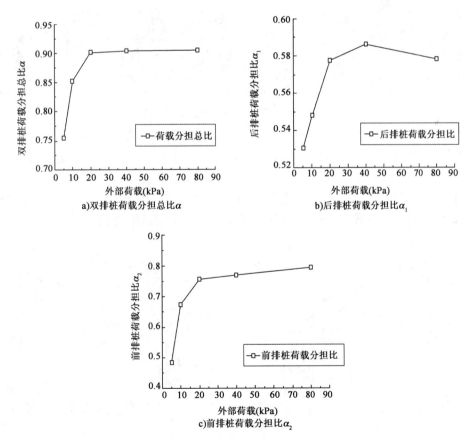

图 5-35　不同推力下荷载分担比 α_i

5.4.4　土体性质对双排桩土拱的影响

（1）黏聚力对双排桩土拱效应的影响

滑坡推力取 30kPa，保证力学模型其他参数不变的前提下，黏聚力 c 分别取 0kPa、0.1kPa、1kPa、10kPa、20kPa、40kPa、60kPa、80kPa、100kPa，分别对这几种情况进行模拟分析。

图 5-36 表明随着土体黏聚力的增加双土拱的形状在发生着变化：在土体的黏聚力为 0MPa 时，形不成土拱；当黏聚力增大到 100Pa 时，后排桩开始形成土拱；当黏聚力达到 1kPa 时，双排桩后排桩土拱逐渐发育，同时应力逐渐向前排桩传递；当黏聚力再持续增加到 10kPa 时，前排桩土拱也逐渐发育，开始形成双土拱效应；同时黏聚力增大到 20kPa 时前排桩的土拱效应得到更大程度的发挥，并且排桩开始有反力拱形成；当黏聚力达到 40kPa 及以上时双层土拱进一步发育，反力拱也逐步扩大，双层土拱和反力拱均开始趋于稳定。

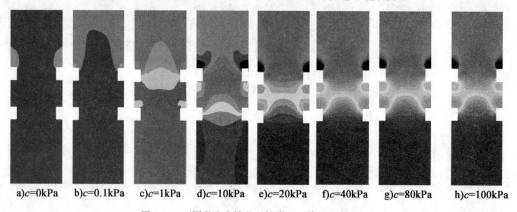

a)c=0kPa　b)c=0.1kPa　c)c=1kPa　d)c=10kPa　e)c=20kPa　f)c=40kPa　g)c=80kPa　h)c=100kPa

图 5-36　不同黏聚力情况下桩附近土体的主应力图

由图 5-37、图 5-38 可知，当土的黏聚力 $c \ll 1kPa$ 时，传力性能较差，推力荷载在施加位置附近便损失了绝大部分，在双排桩附近不能形成明显的双土拱效应，其荷载分担比也比较低；当土的黏聚力 $c > 1kPa$，在施加荷载位置损失相对大幅度降低，同时有明显的双土拱效应出现，双排桩的荷载分担比也呈增加的趋势；当在黏聚力 $c \gg 20kPa$ 时，σ_x 与 σ_y 的分布曲线均保持不变，说明此时的土拱效应已经达到平衡，荷载分担比也大致保持相等。

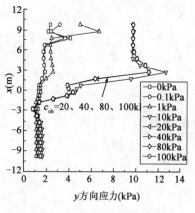

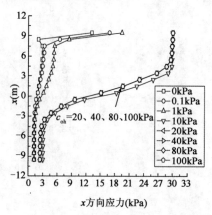

图 5-37　桩中轴线处 σ_y 分布曲线　　　　图 5-38　桩中轴线处 σ_x 分布曲线

如图5-39所示,当黏聚力 $c \leqslant 10kPa$ 时,双排桩的三种荷载分担比均大幅度增加,当黏聚力 $c > 10kPa$ 后,随着黏聚力的增大,双排桩的三种荷载分担比变化不大,均趋于稳定。

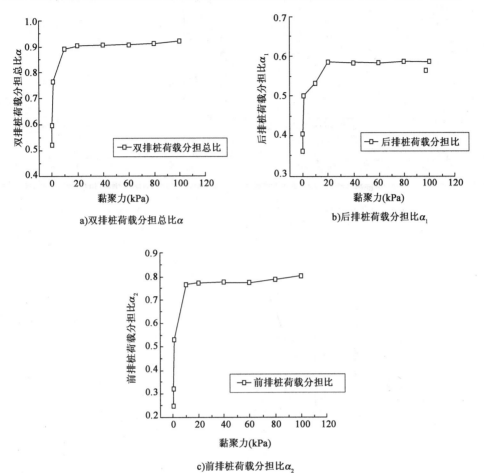

a)双排桩荷载分担总比 α

b)后排桩荷载分担比 α_1

c)前排桩荷载分担比 α_2

图5-39　不同推力下荷载分担比 α_i

(2)内摩擦角对双排桩土拱效应的影响

黏聚力调整为5kPa,同时保证力学模型其他参数不变的前提下,内摩擦角分别取0kPa、10kPa、20kPa、30kPa、40kPa,对这几种情况进行模拟分析。

由图5-40可知,随着推力内摩擦角的增大,前排桩桩后的残余荷载在逐渐增加。内摩擦角 $\varphi \ll 10°$ 时,桩后残余荷载减少较为明显,在 $\varphi > 10°$,桩后残余荷载减少的幅度降低,正好验证图5-41双排桩荷载分担比 α_i,内摩擦角在 $0° \sim 10°$ 时荷载分担比急剧增大,当 $\varphi > 10°$ 时,三种荷载分担比的增加幅度均趋于平缓,总体而言,随着土体内摩擦角的增加,双排抗滑桩的荷载分担比呈增加的趋势。

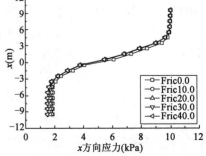

图5-40　不同内摩擦角下桩中轴线 σ_x 上分布曲线

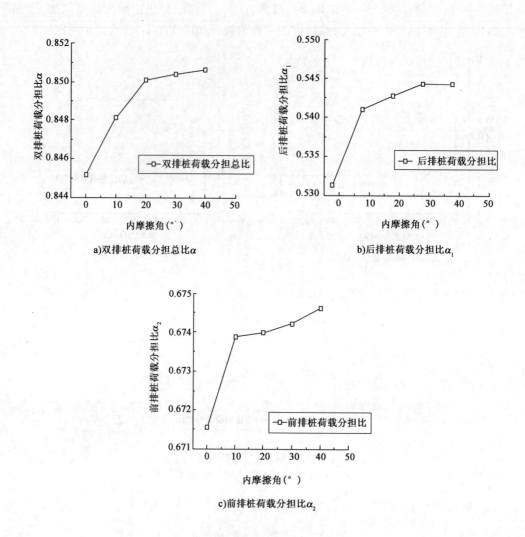

a)双排桩荷载分担总比α

b)后排桩荷载分担比α_1

c)前排桩荷载分担比α_2

图5-41　不同推力下荷载分担比 α_i

（3）弹性模量对双排桩土拱效应的影响

在保证力学模型其他参数不变的前提下，弹性模量 E 分别取 1MPa、10MPa、20MPa、40MPa，对这几种情况进行模拟分析。

由图5-42、图5-43可知，随着土体弹性模量 E 的增大，在离后排桩桩后较远处影响均不大。由图5-42可知，随着弹性模量的增加，后排桩的土拱效应被逐渐削弱，而前排桩的土拱效应则逐步增强，两者有趋于均等趋势；从图5-43可知，随着弹性模量的增大，桩前的残余荷载 σ_x 在增大，双排桩的荷载分担比在逐渐降低。

以上分析说明土拱的形成与发育与弹性模量有关，桩土相对弹性模量越大，桩土相对位移越大，双土拱效应越明显，其荷载分担比也就越大。

（4）泊松比对双排桩土拱效应的影响

在保证力学模型其他参数不变的前提下，泊松比 ν 分别取 0.15、0.2、0.25、0.3、0.35、

0.4,对这几种情况进行模拟分析,如图5-44、图5-45所示,图中"Poiss"为泊松比的简称。

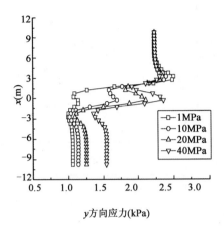

图 5-42　中轴线上的 σ_y 分布曲线

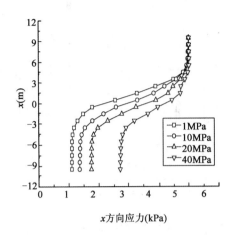

图 5-43　中轴线上的 σ_x 分布曲线

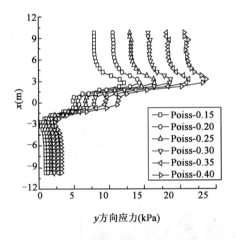

图 5-44　中轴线上的 σ_y 分布曲线

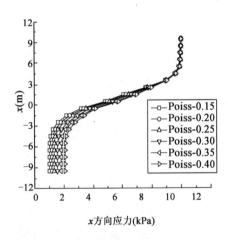

图 5-45　中轴线上的 σ_x 分布曲线

由图5-44可知,随着土体泊松比的增大,土体的侧向压力增大,后排桩的土拱效应被逐渐加强,前后排桩的土拱效应差也在逐步扩大,使得土拱效应被逐步削弱。由图5-45可知,随着土体泊松比的增大,后排桩桩后的荷载传递效率均大致保持不变,但双排桩所承担的荷载随着泊松比的增大而减小,前排桩桩前的残余荷载随着泊松比的增大而增大,说明随着泊松比的增大双排桩的荷载分担比降低,土拱效应减弱。

(5)剪胀角对双排桩土拱效应的影响

在保证力学模型其他参数不变的前提下,剪胀角分别取0°、5°、10°、15°、20°,对这几种情况进行模拟分析,如图5-46、图5-47所示,图中"Dila"为剪胀角的简称。

从图5-46、图5-47可知,改变土体的剪胀角两桩中轴线上的 σ_x 与 σ_y 的分布曲线均没有产生变化,说明改变土体的剪胀角对双排桩的土拱效应影响不大。

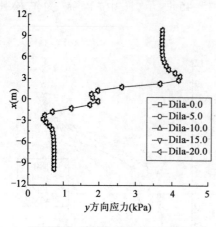

图 5-46　中轴线上的 σ_y 分布曲线

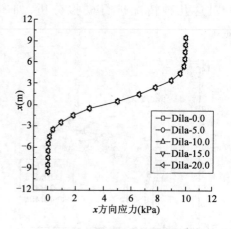

图 5-47　中轴线上的 σ_x 分布曲线

5.4.5　双排桩间距对土拱效应的影响

在基本算例的基础上,对桩间距和桩径之比 s/d 取 2、4、6、8、10、12 时进行模拟分析。

图 5-48 为桩间距与桩径之比 $s/d=2$、4、6、8、10、12 等情况下最大的主应力云图。从图可知,桩间距对双排桩的土拱效应影响比较大,当 $s/d=2$ 时只在后排桩形成明显的土拱,前排桩几乎没有形成土拱;当 s/d 在 $2\sim6$ 之间时形成双排桩双层土拱,且随着桩间距的增大,双排桩的双层土拱效应发育明显;当 $s/d>8$ 时,前后排桩可被当作一个整桩,形成一个大型的单层土拱的趋势,同时前排桩桩后的反力拱也比 $s/d<6$ 时要大。

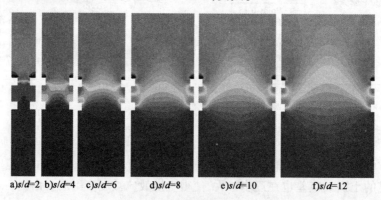

a)$s/d=2$　b)$s/d=4$　c)$s/d=6$　　d)$s/d=8$　　e)$s/d=10$　　f)$s/d=12$

图 5-48　不同桩间距与桩径比(s/d)时的最大主应力云图

由图 5-49 可知,随着桩间距与桩径比的增加,前排桩和后排桩的土拱效应的差距正在消减,对前后排桩的作用趋于均衡,同时前后排桩的土拱间距也在逐渐减少。由图 5-50 可知,随着桩间距与桩径比的增大,前排桩桩前的荷载残余强度在逐渐增加,土拱效应明显减弱,桩的荷载分担比也大幅度降低。

如图 5-51 所示,随着桩间距与桩径比 s/d 的增加,双排桩荷载分担总比与后排桩的荷载分担比均大致呈线性减少,而前排桩的荷载分比在 $s/d<4$ 时快速升高,在 $s/d=4$ 时前排桩的荷载分担比达到最大,而后随着桩间距与桩径比的持续增大,前排桩的荷载分担比也呈线性减

少。以上分析说明,双排桩的荷载分担比与桩间距大致呈负相关,考虑到经济性及前后排桩的发挥作用最优化,建议双排抗滑桩的桩间距与桩径比 s/d 取 $4\sim6$ 之间。

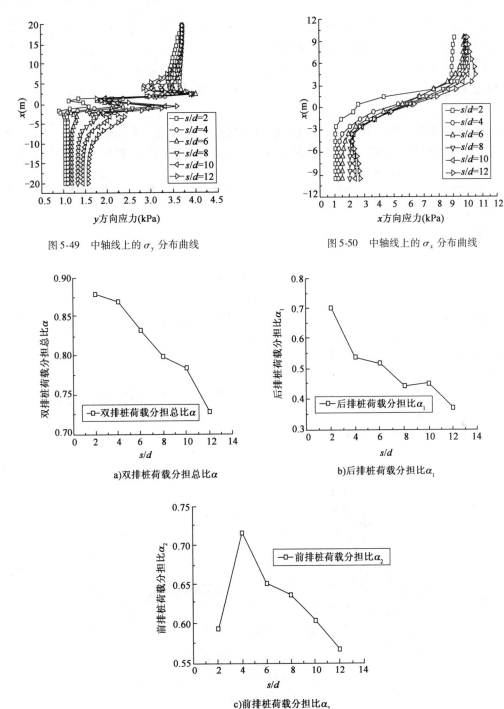

图 5-49　中轴线上的 σ_y 分布曲线　　图 5-50　中轴线上的 σ_x 分布曲线

a)双排桩荷载分担总比 α　　b)后排桩荷载分担比 α_1

c)前排桩荷载分担比 α_2

图 5-51　不同桩间距与桩径比下荷载分担比 α_i

5.4.6　接触面的性质对土拱效应的影响

FLAC^{3d}中的接触面采用的是无厚度的单层三角形接触单元模型,其黏聚力和内摩擦角可以改变桩与土的接触性质,因此本课题采用改变接触面的黏聚力和内摩擦角来模拟桩土不同的接触性状。本书设置了三种形式下的桩土接触:桩土完全粗糙接触、半粗糙接触、光滑接触。其中,粗糙接触:摩擦角 $\varphi' = \varphi'$,黏聚力 $c' = c$;半粗糙接触:摩擦角 $\varphi' = 0.5\varphi$,黏聚力 $c' = 0.5c$;光滑接触:摩擦角 $c' = 0$,黏聚力 $c' = 0$。

桩土接触面粗糙程度增加时,双排抗滑桩的荷载分担比随之增大[图 5-52a)],同时后排桩的分担比[图 5-52b)]、前排桩的荷载分担比[图 5-52c)]均呈线性增大。说明桩土接触面的粗糙程度与土拱效应成正相关。

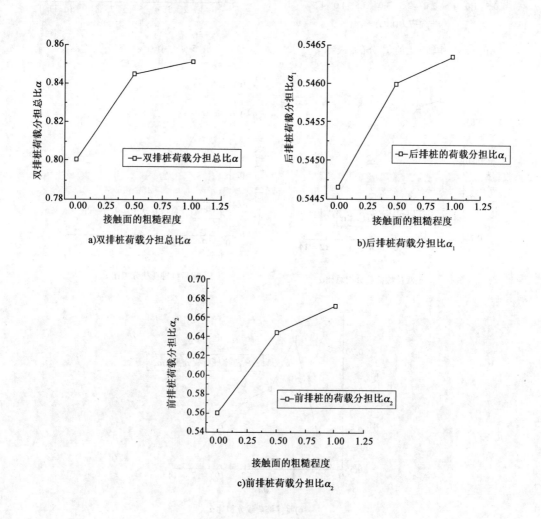

a)双排桩荷载分担总比α

b)后排桩荷载分担比α_1

c)前排桩荷载分担比α_2

图 5-52　不同桩土接触面性状下荷载分担比 α_i

5.5　本章小结

（1）通过对 h 型组合式抗滑桩结构受力机理的深入分析，h 型组合式抗滑桩能够起到支挡作用，主要来自结构自身、桩间土压力和桩前土抗力；同时在对 h 型组合式抗滑桩进行结构计算时，分成滑动面以上的部分和滑动面以下的部分来进行分别计算，能取得较为合理的结果。

（2）通过首山滑坡设置 h 型组合式抗滑桩前后的安全系数的对比分析得到：h 型组合式抗滑桩可以明显地提高滑坡的安全性，减少坡体的滑移，保证边坡的稳定。

（3）对比滑坡支挡中 h 型组合式抗滑桩以后的桩身的弯矩与门架式抗滑桩桩身弯矩可得：h 型组合式抗滑桩的最大弯矩比门架桩要小，分布也更合理。h 型组合式抗滑桩的连系梁比门架桩的要低，可以很大程度上减少前、后排桩的弯矩极值，使支挡结构各部分更具备协同工作能力。

（4）通过 FLAC^{3d} 三维数值分析软件，模拟了双排桩土拱效应的形成与发育，得出：不同于普通抗滑桩的土拱效应，双排抗滑桩会产生双层土拱效应，且先形成后排桩土拱，再形成前排桩的土拱。

（5）荷载推力在一定范围内，双排桩的土拱效应随着推力的增大而加强，当推力超过一段范围后，随着推力的增大，土拱效应不再增大。

（6）土体性质的改变对双排桩土拱效应影响比较大。土体的黏聚力、内摩擦角与桩土之间相对弹性模量，与双排桩土拱效应大致呈正相关，泊松比与双排桩土拱效应呈负相关，而土体的剪胀角对双排桩土拱效应影响不大。

（7）双排桩的间距对土拱效应的影响较大。随着双排桩间距的增大，土拱效应由后排桩逐渐传递到前排桩，形成双层土拱效应，而后由于桩间距的持续增大，双层土拱效应有相互融合形成一个整体土拱的趋势。

（8）桩土的接触面性状对双排桩土拱有微弱的影响。随着桩土接触粗糙程度的加大，桩对土体的"拖拽力"增大，提高了桩的荷载分担比。

（9）在实际工程中为有效利用双排桩间的土拱效应，应合理设置桩间距（$4 < s/d < 6$），设法提高双排桩附近土体的黏聚力和内摩擦角，增加桩土之间的相对弹性模量，增加桩土接触面的粗糙程度，从而提高桩土荷载分担比，实现双排抗滑桩对土体的加固。

第6章 h型组合式抗滑桩参数
影响性研究

本章将分析 h 型组合式抗滑桩在各种参数影响下的工作状态,包括:排距 Z 变化、桩间距 L 变化与土拱效应、滑动面以上桩间土的压缩性 E_s 变化、桩顶约束条件变化、悬臂段长度比 $H_前/H_后$ 变化,以进一步明确 h 型组合式抗滑桩结构受力规律并优化结构设计。

由于桩体和坡体间的相互作用,h 型组合式抗滑桩作为空间组合结构,其影响因素众多,为了能够对计算结果进行对比分析,本章从五个方面的因素变化加以讨论,以期深入掌握此种内力分布规律、结构特性与抗滑效果,优化结构设计。

(1)模型的其他因素均保持不变,排距 Z 变化($2d$、$2.5d$、$3d$、$4d$、$5d$、$8d$,其中 d 表示桩径)。

(2)模型的其他因素均保持不变,桩间距 L 变化及土拱效应。

(3)模型的其他因素均保持不变,滑动面以上桩间土的压缩性 E_s 变化。

(4)模型的其他因素均保持不变,桩顶约束条件的影响。

(5)模型的其他因素均保持不变,h 型组合式抗滑桩悬臂段长度比 $H_前/H_后$ 发生变化。

6.1 排距 Z 对 h 型组合式抗滑桩的影响

h 型组合式抗滑桩作为三次超静定组合空间结构,其几何构造将直接影响 h 型组合式抗滑桩的力学性质,特别是排距变化带来的影响(图 6-1)。前、后排桩桩身位移、剪力、弯矩分布状况、桩身应力大小,均同前后排桩形心主轴之间的距离有密切的关系。这里,先研究桩排距 Z 同桩宽 d 之比 Z/d 对桩间土主动土压力 p_a 和桩间土附加土压力 p_f 的影响。

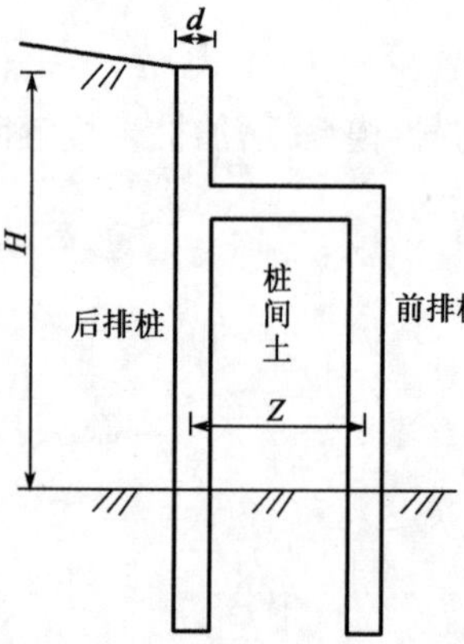

6.1.1 p_a 与 Z/d 关系

前排桩与后排桩之间间距研究范围为 $0 \sim 8d$。

(1)排距 $Z = 0$ 时,前后排间无夹土,前排桩承受的桩间土的主动土压力 $p_a = 0$。

(2)排距 $0 < Z < 8d$ 时,前排桩受到的桩间土的主动土压力 p_a 与普通单桩受到的主动土压力 σ_a 之比为桩间距 Z 和桩宽 d 之比的二次函数关系;$Z = 8d$ 时,p_a 达到最值。可推导该函数得:

图 6-1 h 型组合式抗滑桩几何构造图

$$\lambda(Z/d) = Z/4d - (Z/8d)^2 \qquad\qquad (6-1)$$

（3）排距 $Z \geqslant 8d$ 时，可近似看作桩间土对前排桩产生的主动土压力与普通单桩承受的主动土压力 σ_a 一样。

6.1.2　p_f 与 Z/d 关系

（1）排距 $Z = 0$ 时，无桩间土，滑坡推力为前排桩承受的附加土压力。

（2）排距 $0 < Z < 8d$ 时，后排桩对桩间土的挤压应力 p_b 存在，使前排桩的附加土压力为 p_f，即

$$p_f = \frac{2}{\pi}\left(\frac{Zd}{Z^2 + d^2} + \arctan\frac{d}{Z}\right)p_b \qquad\qquad (6-2)$$

（3）排距 $Z \geqslant 8d$ 时，挤压应力 p_b 对前排桩带来的附加土压力极弱，$p_f \approx 0$。

6.1.3　h型组合式抗滑桩位移变形与排距的关系

h型组合式抗滑桩的排距对前、后排桩桩身位移变形影响显著，图6-2、图6-3为不同排距下，后排桩和前排桩的桩身位移图。

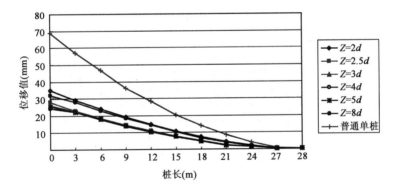

图6-2　后排桩位移与排距关系图

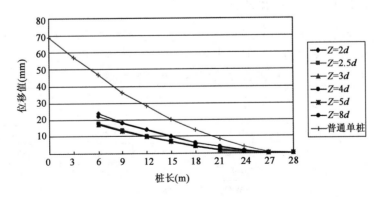

图6-3　前排桩位移与排距关系图

最大位移是抗滑桩设计的一个重要指标。h型组合式抗滑桩的最大位移出现在后排桩桩顶处,同时,前排桩桩顶处也会出现较大位移。经过数值计算,不同排距下h型组合式抗滑桩桩顶最大位移值变化明显,并呈现较强的规律性(表6-1)。计算显示,当排距由小到大增加时,h型组合式抗滑桩的前、后排桩桩顶位移呈大—小—大的变化趋势。具体的讲:当排距在$2d \leqslant Z \leqslant 2.5d$时,前、后排桩的最大位移随着排距的增加而减小,下降速率较快;当排距在$2.5d \leqslant Z \leqslant 4.5d$时,前、后排桩的最大位移仍然呈下降趋势,下降速率降低;当排距大于$Z > 4.5d$时,前、后排桩的最大桩顶位移值又呈现增大趋势。

前后排桩桩顶位移值(单位:mm) 表6-1

排距 桩顶位移	2d	2.5d	3d	4d	5d	8d
后排桩	35.2	28.1	26.0	24.4	25.5	32.1
前排桩	23.9	20.2	19.0	18.3	20.3	23.6

究其原因,是当排距较小时($Z < 2.5d$),h型组合式抗滑桩可以近似于两根抗滑单桩叠加并列的情况,无法发挥其结构空间优势。但由于排距的增加,h型组合式抗滑桩的整体工作效应逐渐得以发挥,特别是排距在$2.5d \leqslant Z \leqslant 4.5d$时,前、后排桩桩顶位移处于一个低值区间,h型组合式抗滑桩整体工作效应最佳,抗变形能力处于最优状态;当排距大于$5d$时,h型组合式抗滑桩的整体工作效应又逐步下降。其最大位移曲线图大致成"凹"形(图6-4)。

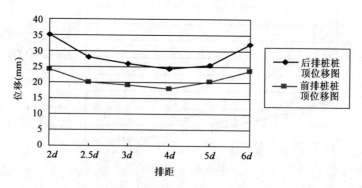

图6-4 不同排距下前后排桩桩顶最大位移图

6.1.4 桩身最大弯矩与排距的关系

计算表明,桩身最大弯矩发生在锚固段接近滑面处,不同的是排距对桩身最大正负弯矩值影响比较显著,如表6-2和图6-5所示。

前、后排桩桩顶最大正负弯矩对比表 表6-2

排距 最大弯矩	2d	2.5d	3d	4d	5d	8d
$M_{max后}$(kN·m)	22598	23052	23229	23538	23998	24175
$-M_{max后}$(kN·m)	−42089	−43732	−44496	−45031	−45746	−46223
$M_{max前}$(kN·m)	26893	26468	26131	25913	25742	25280
$-M_{max前}$(kN·m)	−37015	−36874	−36685	−36557	−36159	−35756

图 6-5 显示:随着排距的增加,后排桩的最大正弯矩与最大负弯矩也缓慢增加;前排桩的最大正弯矩和最大负弯矩则逐渐减小。在排距 $Z < 3d$ 时,前、后排桩的最大正弯矩变化速率较快,而前、后排桩的最大负弯矩变化速率较慢;在排距 $Z > 3d$ 时,前、后排桩的最大正负弯矩变化速率较低。从受荷角度上讲,当排距 $Z > 2d$ 时,前排桩主要承受压力,后排桩主要承受抗拔力。在不同的排距下,后排桩最大负弯矩普遍大于前排桩,而后排桩最大正弯矩则普遍小于前排桩。

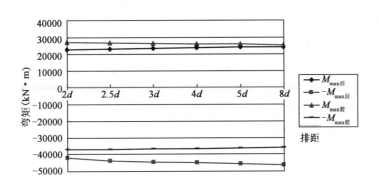

图 6-5　前、后排桩最大正负弯矩图

从桩顶位移及最大正负弯矩两方面比较后可以看出,无论后排桩还是前排桩,都受到交变应力的作用。桩上段弯矩和下段弯矩相反,两者受排距变化影响均比较敏感。同时,不同排距对 h 型组合式抗滑桩变形的影响非常明显(图 6-6)。其中桩顶的最小水平位移发生在排距 $Z = 3d \sim 4d$ 的区间,此时,前后排桩桩身最大负弯矩亦较小,受力近似于受有水平力的刚架,桩间土可以看作是作用于刚架上的荷载,故可设计经济合理的截面尺寸,h 型组合式抗滑桩空间性能能发挥到较佳水平,最大程度地体现此种超静定结构的优势。当排距 $Z < 2d$ 时,只能将 h 型组合式抗滑桩视为重叠桩,自身刚度得到了加强,但空间组合效应未能发挥。当排距 $Z > 5d$ 时,土压力逐渐更多地作用于前排桩,随着排距的增大,后排桩利用土抗力起到锚拉支承作用,h 型组合式抗滑桩有向拉锚桩受力形式过渡的趋势,协同空间效应也无从发挥。故 $Z = 2d \sim 5d$ 区间,是能较好地作为发挥 h 型组合式抗滑桩组合效应的合理排距范围。

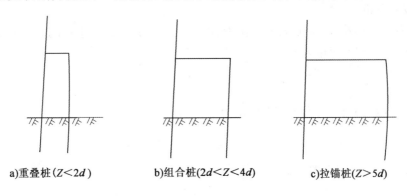

　a)重叠桩($Z < 2d$)　　　　b)组合桩($2d < Z < 4d$)　　　　c)拉锚桩($Z > 5d$)

图 6-6　不同排距对 h 型组合式抗滑桩变形的影响

6.2 h型组合式抗滑桩土拱效应分析与合理桩间距确定

6.2.1 桩间土拱形成的机理与力学特性

土拱效应是在荷载作用下土体发生压缩和变形,致使土颗粒间产生互相"楔紧"作用,一定范围土层中出现"拱效应"。它是土体变形后受力的自我优化调整的现象。边坡岩土体中的土拱形成过程是岩土体调整其自身内力分布的过程,以期最大限度地发挥自身的承载能力。由于抗滑桩侧向刚度远大于桩周土体,就自然产生了下滑土体的刚性支承边界。在滑坡推力作用下,桩间土和桩后土出现的相对变形,形成了土拱效应的力学条件。

当两抗滑桩之间的土体受到滑坡推力作用时,土体将荷载的绝大部分传到两侧的抗滑桩上,通过两侧抗滑桩侧摩阻来抵抗滑坡推力,当抗滑桩侧阻之和大于或等于滑坡有效推力时,滑坡变形得到控制,则此时桩间拱形成。由此得出,桩间土拱形成的两个必要条件是:

(1)桩间土体有足够的抗压缩、滑移变形强度。

(2)合理的桩间距,使得桩间滑坡推力不大于两侧抗滑桩侧摩阻力之和。

滑坡推力作用下,土拱要克服滑动方向所产生的剩余抗滑力,同时在横向上产生压缩变形,将有效推力传递到两侧的抗滑桩上。土拱内颗粒的抗剪强度是决定这个变形的关键因素。一旦出现两桩之间的平直连线变形时,即达到临界变形,土拱就会发生破坏,此时传递到土拱两侧的滑坡推力将转向土拱中间,块体产生应力松弛,向滑动方向发生滑移流动。由此,我们可以得出土拱发生破坏的条件是过大的滑坡推力和土拱内部较低的土颗粒抗剪强度耦合作用的结果。

如果将均布滑坡推力作用于桩间岩土体,任一截面处没有弯矩和拉力,只存在压力,土拱在桩后及桩间的岩土体中形成。此时土拱的形状为二次函数,如图6-7所示,可分段划分土体,逐段进行土拱效应的分析。

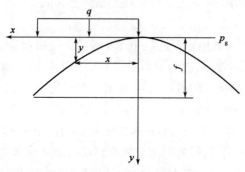

图6-7 土拱受力分析简图

f为矢高;l为拱跨;p_g为截面上的压力,由于对称关系,可取其一半进行分析。在均布荷载q作用下,由拱脚处弯矩为零的条件可得:

$$p_g = \frac{ql^2}{8f} \tag{6-3}$$

对于任一截面x而言,由于其上弯矩为零,应有:

$$\frac{qx^2}{2} = p_g y \tag{6-4}$$

联立以上两式得到合理拱轴线方程:

$$y = \frac{4fx^2}{l^2} \tag{6-5}$$

6.2.2　桩间土拱计算模型及桩间距的确定

如果桩间土体有足够的抗压缩、滑移变形强度并且抗滑桩两侧面摩阻力之和大于或等于两桩间滑坡推力，便可能会形成桩间土拱。桩间土拱的受力形式如图6-8所示：假设上面传递下来的滑坡推力均匀分布在土拱上，可认为土拱的曲线为合理拱轴线。

土拱承受滑坡推力后将其传递到两侧岩土体或桩及拱前岩土体上，根据此基本过程，可进行桩间土拱传力分析。如图6-9所示，设土拱厚度为a，形成图中虚线所示拱轴，对于A点，其受力状态：

$$N_0\cos\theta = T_1 \tag{6-6}$$

$$N_0 SIN\theta = V_1 \tag{6-7}$$

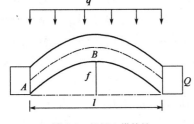

图6-8　桩间土拱特性

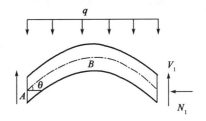

图6-9　桩间土拱受力分析

代入拱轴线方程$y = \dfrac{4x^2}{l^2}f$，可得，A点有：

$$\tan\theta = \left.\frac{\mathrm{d}y}{\mathrm{d}x}\right|_{x=l/2} = \left.\frac{8xf}{l^2}\right|_{x=l/2} = \frac{4f}{l} \tag{6-8}$$

联立上述三式，可得：

$$\frac{V_1}{T_1} = \frac{4f}{l} \tag{6-9}$$

$$T_1 = \frac{ql^2}{8f} \tag{6-10}$$

$$V_1 = \frac{ql}{2} \tag{6-11}$$

$$V_1 = T_1\tan\theta \tag{6-12}$$

最终可得：

$$f = \frac{l}{4\tan\theta} \tag{6-13}$$

从式（6-13）可以看出，在一定的情况下，土拱效应与摩擦系数$\tan\theta$成反比。

将式（6-13）代入式（4-5）可得截面中水平方向力：

$$p_{\mathrm{g}} = \frac{ql^2}{8f} = \frac{ql\tan\theta}{2} \tag{6-14}$$

通过水平力提供竖向力才能使土拱保持稳定，对于宽度为b，受荷段长度为h的抗滑桩，此时：

$$V_1 = p_g \tan\theta + cbh' = \frac{ql \tan\delta \tan\theta}{2} + cbh' \qquad (6\text{-}15)$$

如果考虑一定安全储备，可忽略不计土拱本身的剩余抗滑力，可写成：

$$\frac{ql \tan\delta \tan\varphi}{2} + cbh' = \frac{ql}{2} \qquad (6\text{-}16)$$

整理得桩间净距：

$$l = \frac{2cbh'}{q(1 - \tan\delta \tan\varphi)} \qquad (6\text{-}17)$$

6.2.3　土拱效应的数值模拟

为了能够从多个角度揭示组合式抗滑桩多层土拱效应，本书从连续的宏观角度和离散的微观角度两个方面对双排桩多层土拱效应进行研究分析。分别从宏观和微观的角度对双排桩多层土拱效应的形成、发育及破坏过程进行模拟，同时对其相关的影响因素如桩间距、前后排桩间距、土体性质等（宏观）及孔隙率、黏结力等（微观）对双排桩多层土拱效应影响进行定性分析。

土拱效应的微观模拟是把土体细化成土颗粒，研究在坡体蠕变的情况下，土颗粒在桩周的变位及颗粒间相互作用力的变化，从而来模拟土拱效应的形成、发育及残余土拱的发展变化过程，同时对相关的微观参数对土拱效应的影响作出定性分析，本节从微观的角度模拟土拱效应采用的是基于离散元的PFC软件。

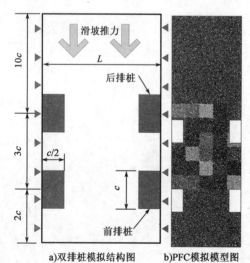

a)双排桩模拟结构图　　　b)PFC模拟模型图

图6-10　双排桩土拱计算模型

1)计算模型介绍

本课题双排桩土拱计算模型如图6-10所示。根据对称性，取相邻两个双排桩的桩心为计算模型边界，桩的横截面为正方形，边长为 d，$d = 0.1\text{m}$，双排桩间距为 $3d$，前后排桩间距为 $3d$，后排桩桩后取 $5d$，前排桩桩前取 $2d$。桩身和侧向约束均采用"墙"单元模拟，左右边界采用光滑墙体，前排桩桩前为自由边界（临空面），后排桩桩后采用一个光滑的匀速运动"墙"来模拟土体的缓慢蠕变变形。通过颗粒流双轴试验和土体的室内土工试验的参数对比，确定土体的细观物理参数（表6-3）。

模 型 细 观 参 数　　　　表6-3

颗粒类型	$\rho(\text{kg/m}^3)$	$D_{max}(\text{mm})$	$D_{min}(\text{mm})$	ν	$k_n(\text{N}\cdot\text{m})$	$k_s(\text{N}\cdot\text{m})$	μ
土体	2.0×10^3	4	5	0.16	5.0×10^7	6.0×10^7	0.8
抗滑桩	2.6×10^3	—	—	—	6.0×10^7	6.0×10^7	0.2
墙体	—	—	—	—	6.0×10^7	6.0×10^7	—

2）土拱效应的形成发育过程研究

为了能够对抗滑桩附近的土拱效应有更加直观的观测，取抗滑桩附近的土体作为研究对象，研究此区域内土拱的形成、发育、破坏和残余土拱的整个变化过程（图6-11）。为了模拟滑坡体的蠕变，采用赋予恒定速度（$v = 0.003\text{m/s}$）的加载墙进行模拟。

图6-11所示为墙体蠕变过程中加载墙所承受荷载的变化。从图6-11可知，在土体蠕变的初期，随着土颗粒蠕变的增加，加载墙所承受的荷载，呈线性快速增加，并在加载墙蠕变达到0.032m时达到最大，此后承载力则快速降低，虽

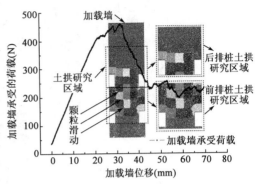

图6-11　加载墙荷载曲线图

然中途有部分略微上升，但是其整体趋势还是降低。同时，土颗粒的运动呈现两侧小、中间大的弧形。

图6-12～图6-16所示为加载墙运动过程中研究区域内土拱的形成、发育和破坏残余发展过程中的土颗粒运动趋势及典型力链图。

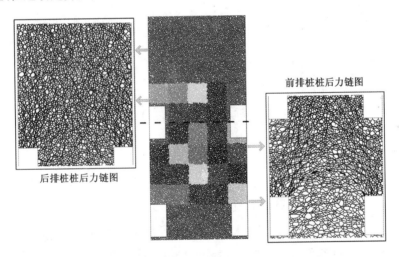

图6-12　加载墙位移2mm时模型力链图（Time-001）

图6-12所示为加载墙位移2mm时模型土颗粒位移和力链图。由图可知，在颗粒蠕变的初期，土拱效应会首先出现在前排桩的桩后区域，而后排桩土拱效应还不明显，这是由于前排桩土颗粒更加靠近临空面，使得土颗粒会首先在前排桩桩后进行"锲紧"形成土拱效应，此前排桩的土拱效应起主要的支挡作用。

图6-13所示为加载墙位移15mm时模型土颗粒位移和力链图。此时，后排桩的土拱效应开始形成，并得到强化，而前排桩的土拱效应则不再明显，这说明此时后排桩开始承载主要的荷载。

图6-14所示为加载墙位移30mm时模型土颗粒位移和力链图。可以看出，此时后排桩的土拱再次得到强化，并使土拱效应强化的最优，对应前图的加载墙所承担荷载接近最大；而前排桩的土拱效应已经遭到破坏。

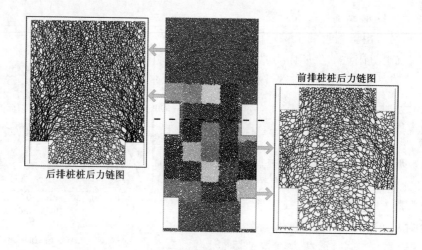

前排桩桩后力链图

后排桩桩后力链图

图 6-13   加载墙位移 15mm 时模型力链图（Time-025）

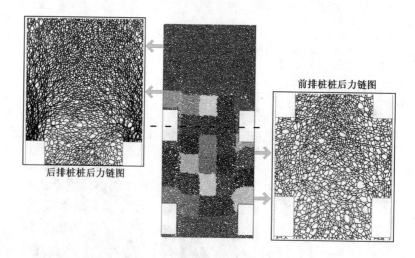

前排桩桩后力链图

后排桩桩后力链图

图 6-14   加载墙位移 30mm 时模型力链图（Time-055）

图 6-15 所示为加载墙位移 40mm 时模型土颗粒位移和力链图。可以看出，后排桩桩后力链变得相对紊乱，力链的密度也变小了，这说明后排桩的土拱效应也开始遭到破坏，间接说明抗滑桩承载效果开始降低，反映到图 6-11 为加载墙所承受的荷载开始降低。

图 6-16 所示为加载墙位移 60mm 时模型土颗粒位移和力链图。可以看出，此时的桩后力链状况与加载墙位移 40mm 的力链相差不大，这说明随着加载墙位移的增加，桩后的残余土拱趋于稳定。

通过上述分析可知，在松散的堆积体进行双排桩支挡时，前排桩桩前的土体会最先"失效"，使得前排桩土体先形成明显的土拱效应，随着"失效"土体不断地向后排桩蔓延，后排桩开始发挥主要的土拱效应，当达到双排桩土拱承载能力极限后，土拱效应有大幅度的降低，开始形成参与荷载，并且随着蠕变程度的加大，双排桩土拱效应进入"形成—破坏—残余"的残余荷载小幅度循环变化的阶段。

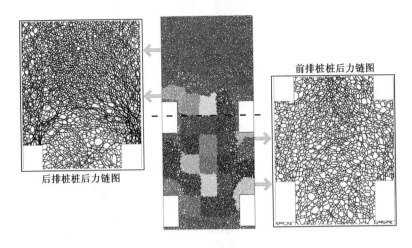

图6-15　加载墙位移40mm时模型力链图（Time-075）

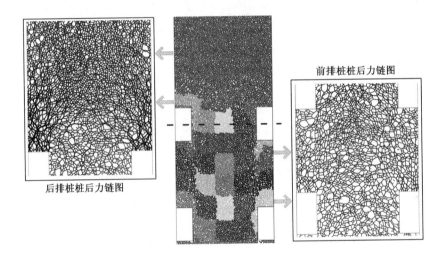

图6-16　加载墙位移60mm时模型力链图（Time-105）

3）双排桩土拱效应影响因素分析

（1）桩间距对双排桩土拱效应的影响

为了便于直观地比较分析，保证桩身界面宽度0.1m不变，不断增大桩间净间距D，令$n = D/d$（桩身长度），n取1、2、3、4共4种情况分别进行计算分析。图6-17为4种情况下土拱荷载随着加载墙变化的曲线。图6-18为极限承载力随n的变化。

由图6-17和图6-18可以看出，随着n值的增加，土拱的极限承载力和残余荷载值均不规则减少，达到极限荷载所需要的蠕变程度也越少，同时随着n的增大，极限荷载和残余荷载的差值也在逐渐减少，说明当n增大到一定阶段后，双排桩的土拱效应在被逐渐削弱，荷载分担比降低。同时伴随着双排桩所能承载的极限荷载值也在快速降低（图6-18），难以形成土拱效应，并最终使双排桩的极限承载能力和残余承载能力向松散土体的抗剪强度靠拢。由图6-19还可看到：随着n的逐渐增大，双排桩间的颗粒位移成拱也在趋于微弱。

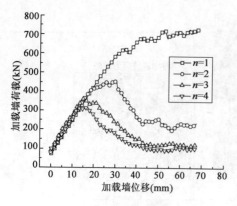

图 6-17　加载墙荷载与位移的关系

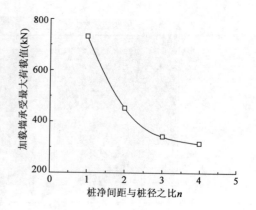

图 6-18　极限承载力随 n 的变化

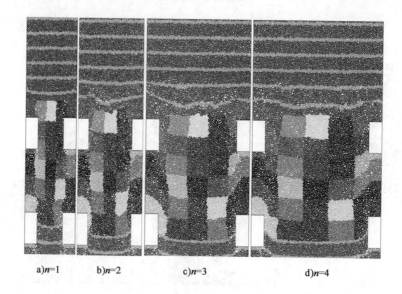

a) $n=1$　　b) $n=2$　　c) $n=3$　　d) $n=4$

图 6-19　不同 n 下的颗粒位移图

（2）前后排桩间距对双排桩土拱效应的影响

在保证其他参数不变的前提下，单独改变前后排桩的桩间距 m，设前后排桩桩间净间距为 w，桩径为 d，则 $m = w/d$。m 的取值为 1、2、3、4 共 4 种情况，分别进行分析研究。如图 6-20、图 6-21 所示，随着前后排桩间距的增大，双排桩土拱的极限承载值呈现先增大再减少的一个凸形曲线形式，在 $m = 3$ 处双排桩的土拱极限承载力达到最大，当 $m > 3$ 后，土拱的极限承载值急剧降低；残余承载值随着前后排桩间距的增大也呈现增大的趋势。

（3）摩擦系数对双排桩土拱效应的影响

在保证模型其他参数不变的前提下，单独改变颗粒间的摩擦系数，再研究松散堆积的颗粒间的摩擦系数对双排桩土拱效应的影响。分别取摩擦系数 $\mu = 0.5$、0.8、1.1、1.4 这四种情况进行分析。图 6-22、图 6-23 分别表示了在不同摩擦系数下双排桩土拱的承载荷载值和双排桩土拱极限承载力的大小，由图 6-22、图 6-23 可知，随着土体颗粒间摩擦系数的增大，土拱效应越加明显，双排桩土拱的极限承载力随之增大，加载墙需要进行更大程度的变位来使双排桩土拱的承载荷载达到极值;说明在一般情况下,土体颗粒间的摩擦系数(粗糙程度)对双排桩土拱效应影响较为明显,但当摩擦系数增大到一定阶段后,其对土拱效应的影响被细微削弱,同时,这里细观上的颗粒间的摩擦系数,可以在一定程度上表征宏观松散土体的内摩擦角(内摩擦角还受到其他因素的影响)。

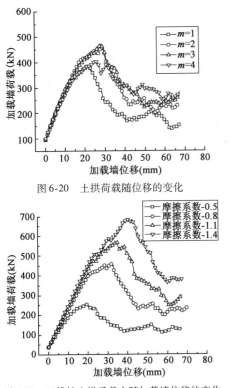

图6-20　土拱荷载随位移的变化

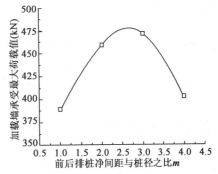

图6-21　极限承载值随 m 的变化图

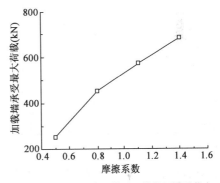

图6-22　双排桩土拱承载力随加载墙位移的变化

图6-23　不同摩擦系数下土拱的极限承载力

(4)孔隙率对双排桩土拱效应的影响

保证模型的其他参数不变,单独改变土体颗粒间的孔隙率来分析研究其对双排桩土拱效应的影响。分别取孔隙率 $v=0.14$、0.21 两组模型进行分析。图6-24 分别表示了在不同孔隙率下双排桩土拱的承载荷载值和双排桩土拱极限承载值的大小。

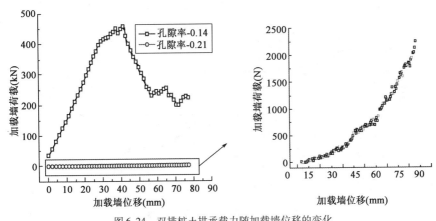

图6-24　双排桩土拱承载力随加载墙位移的变化

由图 6-24 可知,当土体颗粒具有较大的孔隙率时,双排桩几乎形不成土拱效应,而孔隙率降低后,可以看到明显的土拱效应,这是由于当颗粒较为松散时,当加载模拟蠕变时,颗粒需要先经过压密,达到一定的密实度后才能形成土拱效应。当颗粒比较密实时,随着加载墙的运动可以直接形成明显的土拱效应。所以土体颗粒的孔隙率越小,说明土体的密实度就越高,越容易形成土拱效应。

6.3 桩间土变形模量对 h 型组合式抗滑桩结构的影响

在 h 型组合式抗滑桩结构分析和设计过程中,认清桩间土对前排桩、后排桩的作用规律和影响程度是非常有必要的。本模型中,桩间土是通过连接前、后排抗滑桩的弹簧来模拟其对结构的作用,弹簧刚度的取值反映了桩间土的变形模量。故可以通过调节模型弹簧刚度来分析桩间土压缩性对 h 型组合式抗滑桩结构的影响。这里,仍采用前面的计算参数和尺寸,桩间土的变形模量分别取 5MPa、10MPa、15MPa、20MPa 四种工况进行研究。ANSYS 计算结果见表 6-4。

前、后排桩最大正负弯矩变化表 表 6-4

最大弯矩值	桩间土变形模量 E_s			
	5MPa	10MPa	15MPa	20MPa
$+M_{后max}$(kN·m)	20893	21364	22145	22913
$-M_{后max}$(kN·m)	-41248	-42110	-44219	-46531
$+M_{前max}$(kN·m)	24357	23318	22186	21673
$-M_{前max}$(kN·m)	-35602	-33516	-32085	-31243

从表中可以看出,桩间土的变形模量的变化,对 h 型组合式抗滑桩结构的计算弯矩值有一定的影响,同时这种影响呈现明显的规律性,改变桩间土的压缩性可以改变桩间土对前后排桩的作用。随着桩间土压缩性的逐渐增大,压缩模量减小(由 20MPa 减小为 5MPa),前后排桩的整体侧移逐渐增大,见图 6-25、图 6-26。如当桩间土压缩模量 E_s=20MPa 时,后排桩的最大桩身位移为 27.1mm,前排桩最大桩身位移为 18.6mm,但桩间土压缩模量降低到 E_s=5MPa 后,后排桩的最大桩身位移增加到 32.8mm,前排桩的最大桩身位移增加到 23.7mm。

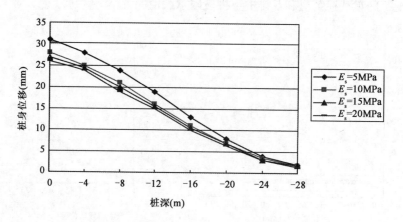

图 6-25 不同桩间土压缩性下后排桩桩身位移图

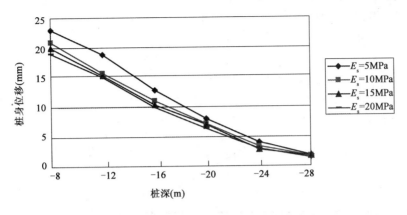

图6-26　不同桩间土压缩性下前排桩桩身位移图

同时,随着桩间土压缩模量 E_s 的增大(E_s 由5MPa变为20MPa),后排桩的最大正弯矩和最大负弯矩均随之变大。对于前排桩,随着桩间土压缩模量的增大,最大正弯矩和最大负弯矩则呈减小趋势。如图6-27所示。

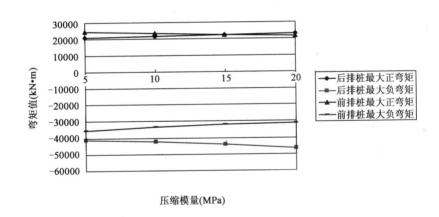

图6-27　不同桩间土压缩性下前、后排桩最大弯矩对比图

通过此变化规律,可以得出:提高桩间土的变形模量,可以使其更为充分地在前排桩和后排桩之间传导土压力,从而能够找到一个使前后排桩的弯矩及应力更加接近桩间土变形模量平衡点,以增加 h 型组合式抗滑桩结构协同工作的能力。受此启发,在工程实践中,对于较软弱的桩间土,我们可以通过注浆等辅助措施,加以强化,以优化 h 型组合式抗滑桩结构的受力性能。

此外,实际工程中,常常出现的地质情况是滑动面以上的桩间土软弱,压缩模量较小、滑动面以下的岩土体压缩模量较大。设计计算时,往往为简化设计,不考虑滑动面以上的桩间土的作用,图6-28、图6-29显示了在不考虑桩间土的情况下,h 型组合式抗滑桩前、后排桩的位移与弯矩变化状况。

分析图6-28、图6-29,发现如果不考虑滑面以上的桩间土的存在,会使得后排桩的位移略大于有桩间土的时候,前排桩的位移则略小于有桩间土的时候,但影响量都非常小。可见,对于 h 型组合式抗滑桩,滑动面以上桩间土对前排桩和后排桩的位移影响有限,可以在设计中简化不计,这样对最终的计算结果影响不大。

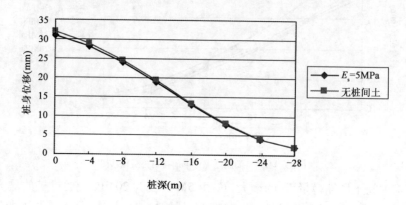

图 6-28　后排桩位移对比图

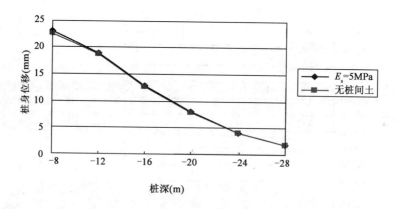

图 6-29　前排桩位移对比图

6.4　桩顶约束条件对 h 型组合式抗滑桩的影响

h 型组合式抗滑桩是一空间组合抗滑结构,其前、后排抗滑桩是通过连系梁刚性地连接在一起,前、后排桩与连系梁不可旋转,作为整体进行工作,共同抵抗弯矩。此连接形式既能够根据下部支承条件的不同而对 h 型组合式抗滑桩桩身及连系梁弯矩进行调节,同时又能够在复杂多变、作用位置模糊的荷载条件下自动调整 h 型组合式抗滑桩各部分的内力。这样可以最大程度地发挥结构整体效应,控制截面尺寸,降低钢筋用量。此外,h 型组合式抗滑桩连系梁与前、后排桩的刚性连接,能够在前后排桩产生力偶效应,平衡滑坡推力带来的倾覆力矩,增强结构整体刚度。基于上述优点,所以需采取适当的手段确保连系梁与前、后排桩的刚性连接,避免因为设计和施工中,对此问题的认识不足而导致结点产生转动,这样将大为降低 h 型组合式抗滑桩抗滑能力。为了验证桩顶约束条件对前后排桩弯矩及变形的影响,这里,通过数值计算,对四种工况(表6-5)进行了对比。

h型组合式抗滑桩桩顶连梁的节点连接工况

表6-5

连接状况	工　况			
	1	2	3	4
连系梁与后排桩连接状况	铰接	刚接	铰接	刚接
连系梁与前排桩连接状况	铰接	铰接	刚接	刚接

计算结果表明,工况1～工况4,随着桩顶约束条件的改变,h型组合式抗滑桩前后排桩的桩身位移和桩身弯矩均发生很大的变化,如图6-30～图6-33所示。具体地讲,当连系梁两端均为刚接时,前、后排桩桩顶位移最小;当连系梁两端均铰接连接时,前、后排桩桩顶的位移将急剧地增加,比其他连接组合形式位移增加了80%左右且变形规律趋近于普通单桩。这说明,连系梁与桩的结点设计一定要有足够的刚度,否则将大幅度增加h型组合式抗滑桩桩身整体变形,发挥不了此种组合式抗滑结构的优势。

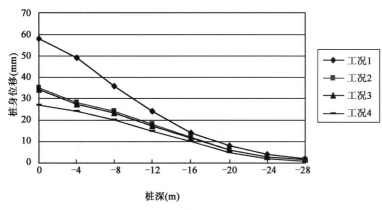

图6-30　后排桩桩身位移图

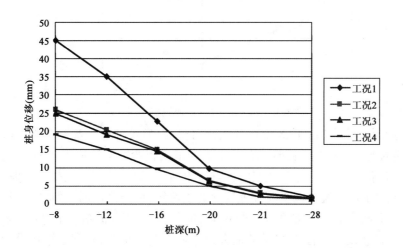

图6-31　前排桩桩身位移图

113

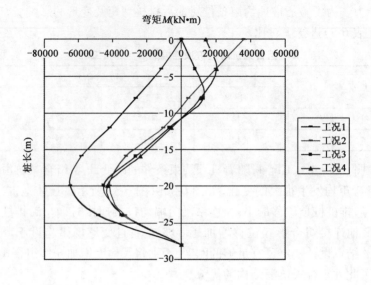

图 6-32　四种连梁工况下后排桩弯矩变化图

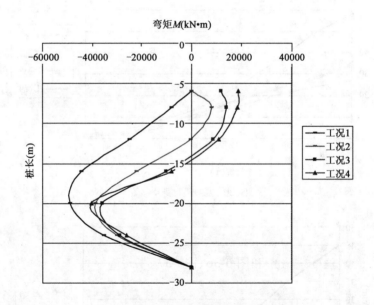

图 6-33　四种连梁工况下前排桩弯矩变化图

　　对于弯矩来说,不同工况下,h型组合式抗滑桩前、后排桩桩身弯矩变化规律有显著的区别。当连系梁的前后端均为铰接时,前、后排桩的最大正弯矩会接近于0,而最大负弯矩则会大幅度增加。对于工况2、工况3,从图中可以看出,在一端桩顶弯矩减少的同时,会增加另一端的桩顶弯矩。例如,工况2减少前排桩桩顶的正弯矩,但与之同时,增加了后排桩桩顶的最大正弯矩;工况3减少后排桩桩顶的正弯矩,增加了前排桩桩顶的最大正弯矩。而当连系梁前后端均为刚接时(工况4),前、后排桩的最大正负弯矩趋于均衡,有利于结构设计的合理性和科学性。通过计算可以发现,h型组合式抗滑桩最危险的截面往往出现在锚固段接近滑面处,此时的最大负弯矩最大。比较四种工况可以看出,连系梁与前、后排桩处于刚接状态,有利于降低最大负弯矩的绝对值,充分发挥 h 型组合式抗滑桩整体工作性能。

上述分析可知,保持前、后排桩与连系梁的刚性连接是非常重要和必要的,这样不仅可以有效避免桩身过大位移的发生,同时,可以实现合理的前、后排桩正负弯矩的协调性,以及适当降低锚固段最大负弯矩的绝对值,充分保证 h 型组合式抗滑桩结构的技术经济性。工程设计中,建议在连系梁与前、后排桩之间的结点处,采用桩帽构造,以强化结点刚度。有条件的情况下,还可在前排桩与后排桩桩顶处设置肋板,如图 6-34 所示,并与上部结构整体现浇,这样就能更大程度地保证 h 型组合式抗滑桩功能的发挥。

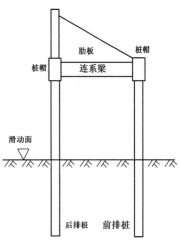

图 6-34　肋板及桩帽构造

6.5　悬臂段长度变化对 h 型组合式抗滑桩的影响

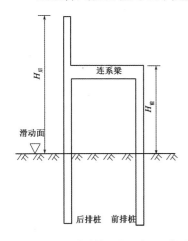

图 6-35　h 型组合式抗滑桩悬臂段示意图

h 型组合式抗滑桩的基本受力原理与门架式双排桩有部分的相似性,它们的区别主要在于 h 型组合式抗滑桩具有一悬臂段,如图 6-35 所示,这使得 h 型组合式抗滑桩的合力作用点与门架式双排桩有所不同。h 型组合式抗滑桩的悬臂段既可以承担桩后土体的作用力,又可以起到收缩坡脚和挡土的作用,其悬臂段长度的设计不仅要考虑挡土收坡功能,更要通过计算合理的尺寸,以实现对桩顶位移和桩身弯矩的控制。

采用前面的计算参数和尺寸,悬臂段长度考虑五种不同比例的悬臂段长度:$H_前/H_后 = 1$;$H_前/H_后 = 0.8$;$H_前/H_后 = 0.67$;$H_前/H_后 = 0.5$;$H_前/H_后 = 0.4$($H_前$ 为前排桩受荷段长度,$H_后$ 为后排桩受荷段长度)。不同悬臂段长度下,前排桩和后排桩桩顶位移及弯矩计算对比见表 6-6 和图 6-36、图 6-37。

不同悬臂段前后排桩桩顶位移及弯矩计算对比表　　　　表 6-6

参数 \ 工况	工况 1	工况 2	工况 3	工况 4	工况 5
悬臂段长度	$\dfrac{H_前}{H_后} = 1$	$\dfrac{H_前}{H_后} = 0.8$	$\dfrac{H_前}{H_后} = 0.67$	$\dfrac{H_前}{H_后} = 0.5$	$\dfrac{H_前}{H_后} = 0.4$
后排桩桩顶位移(mm)	18.16	24.42	30.27	38.86	60.79
前排桩桩顶位移(mm)	28.02	22.31	19.85	18.37	15.23
后排桩最大正弯矩(kN·m)	12907	18667	23178	29027	31297
后排桩最大负弯矩(kN·m)	−63048	−52820	−44496	−33751	−48964

续上表

参数 \ 工况	工况1	工况2	工况3	工况4	工况5
前排桩最大正弯矩(kN·m)	23860	25094	25913	27398	28127
前排桩最大负弯矩(kN·m)	-33119	-35131	-36557	-39240	-41839

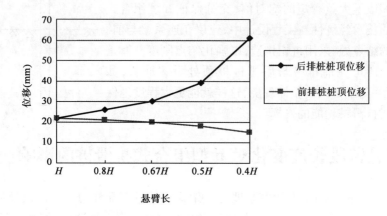

图6-36 不同悬臂段长度下桩顶位移对比图

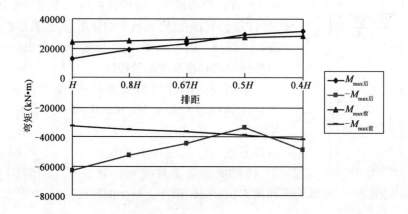

图6-37 四种悬臂长度下前、后排桩弯矩变化图

从计算结果中可以发现,悬臂段长度比 $H_{前}/H_{后}$ 的变化对 h 型组合式抗滑桩桩身侧移,特别是桩顶位移影响巨大。后排桩桩顶位移随着悬臂长度的增加,而急剧上升,当悬臂段为 $H_{前}/H_{后}=0.4$ 时,后排桩位移是无悬臂段(工况1)的 2 倍以上;前排桩桩顶位移则随着悬臂段长度的增加而逐渐减小,当悬臂段为 $H_{前}/H_{后}=0.4$ 时,前排桩位移相对于无悬臂段(工况1)下降了1/4 左右。

显然,悬臂段长度比的变化,对前、后排桩桩顶位移的变化趋势起着相反的作用。在结构设计中,建议悬臂段长度比 $H_{前}/H_{后}$ 不宜小于0.5,否则后排桩桩顶位移及桩身侧移难以有效控制。

同时,悬臂段长度比 $H_前/H_后$ 的变化对 h 型组合式抗滑桩前、后排桩桩身最大正负弯矩值也有显著的影响作用。对于后排桩,最大正弯矩随着悬臂段长度的增长,出现较快的上升;后排桩最大负弯矩,则随着悬臂段长度的增长,先下降再上升。对于前排桩,最大正弯矩随着悬臂段长度的增长,缓慢地上升;后排桩最大负弯矩,则随着悬臂段长度的增长,也逐渐增加。在 h 型组合式抗滑桩结构设计中,控制前、后排桩正负弯矩的绝对最值是非常关键的,综合考虑以上变化规律,悬臂段长度比控制在 $0.5 \leqslant H_前/H_后 \leqslant 0.67$,此时,弯矩最值相对处于较小状态,有利于优化结构设计。

6.6　本章小结

本章对 h 型组合式抗滑桩有限元模型进行数值模拟,研究了 h 型组合式抗滑桩结构整体变形规律,和前排桩、后排桩、连系梁在滑坡推力作用下的应力分布状态。同时,对 h 型组合式抗滑桩的各参数进行了影响性分析,获得了以下结论:

(1)h 型组合式抗滑桩排距 Z 的变化对前、后排桩桩顶位移影响明显,桩身截面长度为 d 时,当排距在 $2d \leqslant Z \leqslant 2.5d$ 时,前、后排桩的最大位移随着排距的增加而变小,下降速率较快;当排距在 $2.5d \leqslant Z \leqslant 4.5d$ 时,前、后排桩的最大位移仍然呈下降趋势,变小速率降低;当排距 $Z > 4.5d$ 时,前、后排桩的最大桩顶位移又呈现增大趋势。同时,随着排距的增加,后排桩的最大正弯矩与最大负弯矩也缓慢增加;前排桩的最大正弯矩和最大负弯矩则逐渐变小。综合考虑,排距在 $2.5d \leqslant Z \leqslant 4.5d$ 时,前、后排桩桩顶位移处于一个低值区间,抗变形能力处于最优状态,此时前、后排桩的最大正负弯矩也处于一个较优状态,建议在工程设计中,在此区间选定排桩 Z。

(2)h 型组合式抗滑桩与普通抗滑桩相似,在一定范围内,两桩之间的桩间距越密,土拱效应越明显,在控制工程造价成本的基础上,h 型组合式抗滑桩要产生有效的土拱效应,其合理的两榀桩的间距应为 $2.5b \leqslant L \leqslant 3.5b$(b 为桩宽),此时工程技术经济水平最佳。两榀桩的间距超过 $4d$ 后,土拱效应显著下降,仅依靠桩与桩间土体的摩擦力来提供阻力,抗滑效果较差;土体易发生挤出性破坏。

(3)随着桩间土压缩模量 E_s 的增大(E_s 由 5MPa 变为 20MPa),后排桩的最大正弯矩和最大负弯矩均随之变大,后排桩的桩顶最大位移逐渐减小。对于前排桩,随着桩间土压缩模量的增大,最大正弯矩和最大负弯矩则呈减小趋势,前排桩的桩顶最大位移亦逐渐减小。提高桩间土的变形模量,可以使其更为充分地在前排桩和后排桩之间传导土压力,从而找到一个使前后排桩的弯矩及应力更加接近的桩间土变形模量平衡点,以增加结构协同工作的能力。受此启发,工程实践中,对于软弱的桩间土,我们可以通过注浆等措施加以强化,以优化 h 型组合式抗滑桩结构的受力性能。

(4)对连系梁与前、后排桩的四种连接形式:铰接—铰接、刚接—铰接、铰接—刚接、刚接—刚接,进行分析。计算显示,保持前、后排桩与连系梁的刚性连接是非常重要和必要的,这样不仅可以有效避免桩身过大位移的发生,同时,可以实现合理的前、后排桩正负弯矩的协调性,以及适当降低锚固段最大负弯矩的绝对值,充分保证 h 型组合式组合式抗滑桩结构的技术经济性。

（5）悬臂段长度的设计不仅要考虑挡土收坡功能，更要通过计算合理的尺寸，以实现对桩顶位移和桩身弯矩的控制。悬臂段长度比 $H_前/H_后$ 的变化对 h 型组合式抗滑桩工作性能影响较显著。后排桩桩顶位移和桩身侧移随着悬臂长度的增加而急剧上升。后排桩的最大正弯矩随着悬臂段长度的增长，出现较快的上升；后排桩最大负弯矩，则随着悬臂段长度的增长，先下降再上升。对于前排桩，最大正弯矩随着悬臂段长度的增长，缓慢地上升；后排桩最大负弯矩，则随着悬臂段长度的增长，也逐渐增加。综合考虑以上变化规律，悬臂段长度比控制在 $0.5 \leqslant H_前/H_后 \leqslant 0.67$，此时结构受力及变形状态较优。

第7章 h型组合式抗滑桩大型
结构模型试验研究

h型组合式抗滑桩加固结构具有较大的抗滑支护能力,但由于h型组合式抗滑桩结构组成较为复杂,目前国内既没有部分成熟的工程应用作为研究载体,也尚无模型试验可供参考,故要准确地认清其结构受力特点和应力分布规律,在理论计算和分析的基础上,非常有必要进行结构模型试验。

通过结构模型试验,人工模拟不同滑坡推力分布形式(矩形、三角形、梯形),并分级控制加载,以掌握h型组合式抗滑桩和门架式抗滑桩(后排桩外伸悬臂段为0m时)在给定的分布推力作用下的应力应变状态,并量测不同结构尺寸、排距的模型桩在滑坡推力作用下的桩身内力和桩顶位移。通过对比分析,归纳并总结h型组合式抗滑桩、门架式抗滑桩的受力性能和工作机理,同时,验证本课题理论推导所提出的h型组合式抗滑桩结构计算方法的有效性。在此基础上,完善并优化h型组合式抗滑桩的结构计算理论。

7.1 模型相似比设计

7.1.1 试验模型与一定比例的工程结构应力、应变关系

(1)制作模型截面尺寸 $b_模 \times h_模$ 与工程尺寸 $b_实 \times h_实$。

比例关系为:

$$b_模 : b_实 = 1 : a, h_模 : h_实 = 1 : a$$

由于

$$I = \frac{1}{12}bh^3$$

故

$$I_模 / I_实 = 1 : a^4$$

(2)制作模型外形尺寸与工程尺寸比例 $y_模 : y_实 = 1 : a$。

(3)制作试验外荷载与工程外荷载分布集度比例 $q_模 : q_实 = 1 : c$。

通过计算可得:

剪力比

$$\frac{Q_模}{Q_实} = \frac{q_模\, y_模}{q_实\, y_实} = \frac{1}{ac}$$

弯矩比

$$\frac{M_模}{M_实} = \frac{\frac{1}{2}q_模 y_模^2}{\frac{1}{2}q_实 y_实^2} = \frac{1}{a^2 c}$$

截面应力比

$$\frac{\sigma_模}{\sigma_模} = \frac{\dfrac{M_模 h_模}{I_模}}{\dfrac{M_实 h_实}{I_实}} = \frac{c}{a}$$

如果模型与工程截面尺寸比例、外型尺寸比例、外荷载比例均相同,则截面应力比 $\sigma_模/\sigma_模$ =1/1。

可以看出,如果模型与工程结构采用相同的材料(即模型容许破坏强度 = 工程结构破坏强度),试验模型获得的应变、应力数据,将完全反映工程结构的真实应力、应变状态。

7.1.2 试验模型与一定比例的工程结构在配筋比 ρ 相同时的抗弯强度关系

配筋量之比:

$$\frac{A_模}{A_实} = \frac{\rho}{\rho a^2} = \frac{1}{a^2}$$

由于 h 型组合式抗滑桩,前、后排桩弯矩均存在正负变化的情况,故需考虑对称配筋。在相同的钢筋级别时:

$$\frac{M_{模抗}}{M_{实抗}} = \frac{f_y A_模 (h-a_0)_模}{f_y A_实 (h-a_0)_实} = \frac{1}{a^3}$$

由于

$$\frac{M_模}{M_实} = \frac{\frac{1}{2}q_模 y_模^2}{\frac{1}{2}q_实 y_实^2} = \frac{1}{a^2 c}$$

如果制作试验外荷载与工程外荷载分布集度比例:

$$q_模 : q_实 = 1 : a$$

则

$$\frac{M_{模抗}}{M_{实抗}} = \frac{M_模}{M_实} = \frac{1}{a^3}$$

7.1.3　试验模型与一定比例的工程结构变形位移关系

受荷段位移比:

$$\frac{u_{模1}}{u_{实1}} = \frac{\dfrac{1}{8}\dfrac{q_{模}\,y_{模}^4}{EI_{模}}}{\dfrac{1}{8}\dfrac{q_{实}\,y_{实}^4}{EI_{实}}} = \frac{1}{c}$$

锚固段位移比:

$$\frac{u_{模2}}{u_{实2}} = \frac{1}{c}\left(\frac{B_{P实}}{B_{P模}}\right)$$

以上比例关系,证明了:用相同的配筋率 ρ,相同钢筋型号,相同混凝土强度等级下制作模型,如果满足:

(1)模型截面尺寸 $b_{模} \times h_{模}$ 与工程尺寸 $b_{实} \times h_{实}$,比例关系为: $b_{模}:b_{实}=1:a$; $h_{模}:h_{实}=1:a$。

(2)制作模型外型尺寸工程尺寸比例 $y_{模}:y_{实}=1:a$。

(3)制作试验外荷载与工程外荷载分布集度比例 $q_{模}:q_{实}=1:a$。

那么模型与实际工程尺寸,有如下比例关系:

剪力比

$$\frac{Q_{模}}{Q_{实}} = \frac{1}{a^2}$$

弯矩比

$$\frac{M_{模}}{M_{实}} = \frac{1}{a^3}$$

应力比

$$\frac{\sigma_{模}}{\sigma_{实}} = \frac{1}{1}$$

受荷段位移比

$$\frac{u_{模受荷段}}{u_{实受荷段}} = \frac{1}{a}$$

锚固段位移比

$$\frac{u_{模锚固段}}{u_{实锚固段}} = \frac{1}{a}\left(\frac{B_{P实}}{B_{P模}}\right)$$

模型测试数据,可以通过以上关系进行工程转换。

7.2　试验设备及抗滑桩模型制作

本次结构模型试验在招商局重庆交通科研设计院进行,并得到了地质灾害防治国家重点试验室的基金支持。试验所需设备及场地由国家山区公路工程技术研究中心提供,包括推力设备、荷载传感器、测试仪器、起重机具、数据处理软件等。该试验在方案论证、设备购买、模型制作、安装调试、试验实施、数据分析方面均做了大量的工作,历时半年,共完成了 h 型组合式抗滑桩和门架式抗滑桩两类桩型 4 组试验。

7.2.1　试验设备

本次试验涉及的试验设备包括吊装设备、加压推力设备、控制设备、测试与数据处理设备四个部分。

(1)吊装设备

采用轻型起吊装置对推力系统和抗滑桩结构模型进行起吊和安装,使桩位、设备到达预定的位置,为试验提供保障。

(2)加压推力设备

试验加压推力系统由机械设备、千斤顶、推力作用系统共同组成。利用多个横向千斤顶模拟滑坡推力荷载的作用。每个千斤顶最大荷载标量 50t,最大行程 20cm,推力作用系统由三个纵向并行排列的千斤顶和多层加厚钢板共同组成,每层钢板之间用机油进行润滑,最大程度降低钢板之间的摩阻力,保证推力系统能够有效地模拟各种推力分布荷载下的作用形式。如图 7-1 所示为横向推力系统。

(3)控制设备

运用测力传感器(图 7-2)、荷载读数仪(图 7-3)等控制设备和仪器进行压力输出控制,并通过控制系统进行操作,对每个钢板的推力进行实时控制。

图 7-1　横向推力系统

图 7-2　圆板式测力传感器

(4)测试与数据处理设备

抗滑桩结构模型试验的测试仪器及元件有:位移百分表、应变片、应变仪、裂缝观测仪等。图 7-4 所示为应变测试盒。

图7-3　称重显示控制器

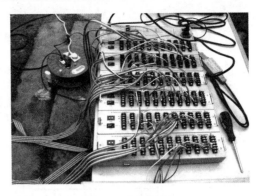

图7-4　应变测试盒

7.2.2　模型制作

模型制作主要分为试验桩体和模型滑床两个部分。

（1）试验桩体

门架式抗滑桩与 h 型组合式抗滑桩试验模型根据 20：1 的比例，在试验室制作相应尺寸模板，如图 7-5 所示预埋钢筋、布设应变片，再现浇混凝土而成。

（2）模型滑床

试验采用高强度钢筋混凝土基座来模拟滑床稳定的岩层。该基座在试验场地现场制作，并锚固一定深度，目的是防止在试验加载过程中，由于基座的移动带来的抗滑桩结构受力及位移的影响。同时，基座与前后排桩桩身之间，均预留2~4cm的缝隙，在试验中以模拟锚固段不同的支承类型。

图7-5　h 型组合式抗滑桩模型制作

7.3　h 型组合式抗滑桩试验模型结构计算

7.3.1　试验模型计算参数

h 型组合式抗滑桩模型结构试验，其中 A1 号桩模型尺寸如图 7-6 所示，具体的数据资料及模型参数如下。

（1）滑床参数

滑床岩土体用强度等级为 C50 混凝土和细质混凝土浆模拟，混凝土单轴抗压强度 $R = 23.5\text{MPa}$，细质混凝土浆单轴抗压强度 $R = 30\text{MPa}$。查表得：$K_V = 4.0 \times 10^5 \text{kN/m}^3$，$K_H = 0.75 K_V = 3.0 \times 10^5 \text{kN/m}^3$，地基侧向容许压应力 $[\sigma_H] = K_H \eta R = 1 \times 0.8 \times 30 = 24\text{MPa}$，$\eta$ 为折减系数。重度 $\gamma = 21\text{kN/m}^3$，设抗滑桩前、后滑体厚度基本相同。试验材料经测试，滑动面处的地基系数 $A = K_H = 3 \times 10^5 \text{kN/m}^3$，滑动面以下地基系数比例 $m = 0\text{kN/m}^4$，锚固段按照单一岩土层计算。

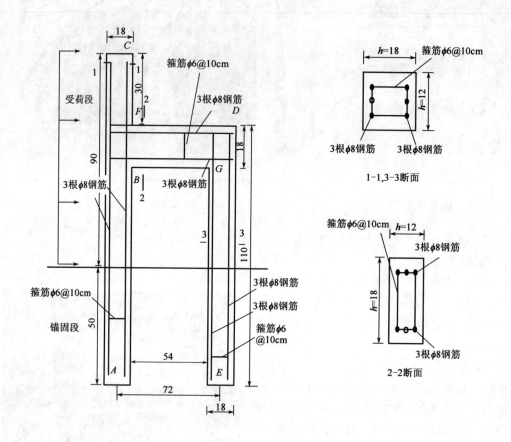

图7-6 A1号桩模型尺寸及计算图(尺寸单位:cm)

（2）抗滑桩参数

采用 C20 混凝土，$f_c = 11N/mm$，二级纵向钢筋（$f_y = 310N/mm$，$\xi_h = 0.544$），桩的弹性模量 $E = 2.6 \times 10^7 kPa$，后排桩桩长 1.4m，其中后排桩受荷段 $h_1 = 0.9m$，锚固段 $h_2 = 0.5m$，外伸段 $CF = 0.3m$。前排桩桩长 1.1m，前排桩受荷段长 0.6m，锚固段 $h_2 = 0.5m$，桩间距 $L = 0.72m$。桩的截面尺寸 $b \times h = 0.12m \times 0.18m$，梁长度可变化，（试验模型按 1：20 设计）。保护层厚度取 10mm。试验中，根据弯矩分布规律和计算结果，初步拟定截面采用对称配筋 $A_s = A_s' = 190mm^2 (3\phi9)$。

桩的截面积：

$$S = ab = 0.12 \times 0.18 = 2.16 \times 10^{-2} m^2$$

桩截面惯性矩：

$$I = \frac{1}{12}ab^3 = \frac{1}{12} \times 0.12 \times 0.18^3 = 5.83 \times 10^{-5} m^4$$

桩的抗弯刚度：

124

$$EI = 2.6 \times 10^7 \times 5.83 \times 10^{-5} = 1.52 \times 10^3 \text{kN} \cdot \text{m}^2$$

（3）荷载推力

通过加载装置，模拟滑动面以上的滑坡推力为某种分布形式。本试验使用 3 个 200kN 螺旋千斤顶加载，选用 300kN 力传感器。模型试验，考虑三种不同情况进行计算，模拟矩形分布、三角形分布、梯形分布作用下，h 型组合式抗滑桩的受力状态。

对于 h 型组合式抗滑桩滑面以上受力段计算和锚固段计算，仍采用前面所建立的方法进行。

7.3.2　结构计算

1）受荷段计算

采用结构力学三次超静定图乘法求解，计算结果见图 7-7 ~ 图 7-9、表 7-1 ~ 表 7-3。

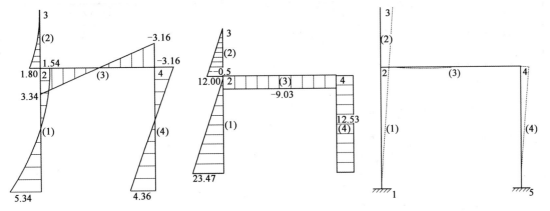

图 7-7　受荷段弯矩图（单位：kN · m）　　图 7-8　受荷段剪力图（单位：kN）　　图 7-9　位移及转角图

位移、转角计算表　　　　　　　　　　　　　　　　　　　　　表 7-1

单元编码	杆端 1			杆端 2		
	U（cm）	V（cm）	θ（rad）	U（cm）	V（cm）	θ（rad）
1	0.000	0.000	0.000	0.333	0.000	-0.422
2	0.333	0.000	-0.422	0.500	0.000	-0.802
3	0.333	0.000	-0.422	0.333	0.000	-0.358
4	0.333	0.000	-0.358	0.000	0.000	0.000

40kN／m 矩形荷载（3600kg）作用下受荷段后排桩桩身计算表　　　　表 7-2

桩顶以下深度 y（m）	侧向位移 Δx（cm）	受荷段桩身各点弯矩 M_{y1}（kN · m）	受荷段桩身各点剪力 Q_{y1}（kN）	受拉钢筋应力 σ_{y1}（MPa）$M = \sigma_y \cdot A_s \cdot (h_0 - a_s') \times 10^{-6}$ $M = \sigma_y \cdot 190 \cdot 160 \cdot 10^{-6}$ $\sigma_{y1} = M_{y1}/0.03$
0m　（B1）	0.500	0	0	0（A 侧受拉）
0.1m　（B2）	0.447	0.52	3.98	17（A 侧受拉）

桩顶以下深度 y （m）	侧向位移 Δx （cm）	受荷段桩身各点弯矩 M_{y1} （kN·m）	受荷段桩身各点剪力 Q_{y1} （kN）	受拉钢筋应力 σ_{y1} （MPa） $M = \sigma_y \cdot A_s \cdot (h_0 - a_s') \times 10^{-6}$ $M = \sigma_y \cdot 190 \cdot 160 \cdot 10^{-6}$ $\sigma_{y1} = M_{y1}/0.03$
0.2m （B3）	0.393	1.11	8.01	37（A 侧受拉）
0.3m （B4）	0.333	1.80（-1.54）	12.00	51（B 侧受拉）
0.4m （B5）	0.278	-1.10	3.72	-37（B 侧受拉）
0.5m （B6）	0.222	-0.78	6.46	-26（B 侧受拉）
0.6m （A7）	0.167	-0.32	10.38	-11（A 侧受拉）
0.7m （A8）	0.112	0.51	13.80	17（A 侧受拉）
0.8m （A9）	0.057	2.86	18.51	95（A 侧受拉）
0.9m （A10）	0.002	5.34	23.47	178（A 侧受拉）

2）锚固段计算

（1）刚性、弹性桩计算类型的判断

$$\beta = \left(\frac{K_H B_P}{4EI}\right)^{0.25} = \left(\frac{3 \times 10^5 \times 0.12}{4 \times 1.52 \times 10^3}\right)^{0.25} = 1.55$$

$$\beta h = 1.55 \times 0.5 = 0.77$$

$\beta h \leqslant 1.0$ 时，抗滑桩属于刚性桩。

$\beta h \geqslant 1.0$ 时，抗滑桩属于弹性桩。

故此滑床强度和锚固深度下，由于 $\beta h = 0.77$，按照刚性桩进行计算。

40kN/m 矩形荷载（3600kg）作用下受荷段前排桩桩身计算表　　　表 7-3

桩顶以下深度 y （m）	侧向位移 Δx （cm）	受荷段桩身各点弯矩 M_{y2} （kN·m）	受荷段桩身各点剪力 Q_{y1} （kN）	受拉钢筋应力 σ_{y2} （MPa） $M = \sigma_y \times A_s \times (h_0 - a_s') \times 10^{-6}$ $M = \sigma_y \times 190 \times 160 \times 10^{-6}$ $\sigma_{y2} = M_{y2}/0.0.3$
0m （D1）	0.333	3.16	12.53	105（D 侧受拉）
0.1m （D2）	0.278	1.91	12.53	64（D 侧受拉）
0.2m （D3）	0.222	0.66	12.53	22（D 侧受拉）
0.3m （D4）	0.167	-0.59	12.53	-20（C 侧受拉）
0.4m （C5）	0.112	-1.84	12.53	-61（C 侧受拉）
0.5m （C6）	0.057	-3.10	12.53	-103（C 侧受拉）
0.6m （C7）	0.002	-4.35	12.53	-145（C 侧受拉）

（2）刚性桩法

①后排桩锚固段计算。

计算参数过程如下。

由前面受荷段计算结果得到 $M_{01}=5.34\mathrm{kN\cdot m}$ ，$Q_{01}=23.47\mathrm{kN}$。

此种情况，即为 $K_\mathrm{h}=k=A$ 的情况，运用对应的计算式可得：

转动中心至滑面距离：

$$y_0 = \frac{h(3M_{01}+2Q_{01}h)}{3(2M_{01}+Q_{01}h)} = \frac{0.5\times(3\times5.34+2\times23.47\times0.5)}{3\times(2\times5.34+23.47\times0.5)} = 0.29\mathrm{m}$$

转角：

$$\Delta\phi = \frac{6(2M_{01}+Q_{01}h)}{B_\mathrm{P}Ah^3} = \frac{6\times(2\times5.34+23.47\times0.5)}{1.12\times3\times10^5\times0.5^3} = 0.0032\mathrm{rad}$$

侧向位移：

$$\Delta x = (y_0-y)\Delta\varphi_1 = 0.0032\times(0.29-y)$$

侧向应力：

$$\sigma_{y1} = A(y_0-y)\Delta\varphi_1 = 3\times10^5\times(0.29-y)\times0.0032 = 960(0.29-y)$$

剪力：

$$Q_{y1} = Q_{01} - \frac{1}{2}B_\mathrm{P}A\varphi_{y1}(2y_0-y) = 23.47 - \frac{1}{2}\times1.12\times3\times10^5\times0.0032y(2\times0.29-y)$$

$$= 537y^2 - 312y + 23.47$$

最大剪力位置令：

$$\frac{\mathrm{d}Q_{y1}}{\mathrm{d}y} = 0$$

得：

$$1008y = 292 , y = 0.29\mathrm{m}$$

以上坐标是桩的转动中心坐标。

弯矩：

$$M_{y1} = M_{01} + Q_{01}y - \frac{1}{6}B_\mathrm{P}A\Delta\varphi_1 y^2(3y_0-y) = 179y^3 - 156y^2 + 23.47y + 5.34$$

最大弯矩位置令：

$$\frac{\mathrm{d}M_{y1}}{\mathrm{d}y} = 0$$

得：

$$537y^2 - 312y + 23.47 = 0 , y = 0.09\mathrm{m}$$

计算结果见表7-4、图7-10 和图7-11。

锚固段后排桩桩身计算表　　　　　　　　　　表 7-4

滑面以下深度 y	侧向位移 Δx （cm）	侧应力 σ_{y1} （kPa）	锚固段桩身各点剪力 Q_{y1} （kN）	锚固段桩身各点弯矩 M_{y1} （kN·m）	受拉钢筋应力 （MPa） $\sigma_{y1}=M_{y1}/0.03$
0m	0.09	270	23.47 *	5.34	178
0.09m	0.06	180	0	6.32 *	211
0.1m	0.055	171	−2.36	6.31	210
0.2m	0.025	81	−17.45	5.23	174
0.29m	0	0	−21.85	3.39	113
0.3m	−0.003	−9	−21.80	3.17	106
0.4m	−0.035	−99	−15.41	1.22	41
0.5m	−0.067	−202	1.7（计算误差）	0.45（计算误差）	15

注：表中标注 * 的数值表示最大值，最后一行 Q_{y1}、M_{y1} 的理论值为 0，表中为计算误差。

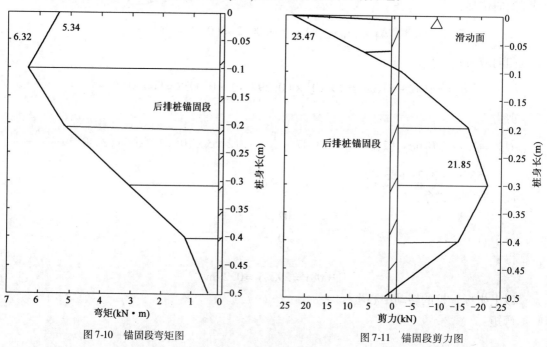

图 7-10　锚固段弯矩图　　　　　　　　　图 7-11　锚固段剪力图

后排桩受荷段桩身水平位移量 U_1 = 受荷段结构水平位移 u + 滑面处的水平位移 Δx_0。其中滑面处的水平位移 Δx_0 由锚固段计算方法求得。

此模型后排桩 $\Delta x_0 = 0.09\text{cm}$。

结构模型后排桩桩顶最大位移 $U_1 = 0.50\text{cm} + 0.09\text{cm} = 0.59\text{cm}$。

后排桩位移如图 7-12 所示。

②前排桩锚固段计算。

由前面受荷段计算结果得到：

$$M_{02} = 4.36 \text{kN} \cdot \text{m}$$
$$Q_{02} = 12.53 \text{kN}$$

此种情况,即为 $K_h = k = A$ 的情况,运用对应的计算式可得:

转动中心至滑面距离:

$$y_0 = \frac{h(3M_{02} + 2Q_{02}h)}{3(2M_{02} + Q_{02}h)}$$

$$= \frac{0.5 \times (3 \times 4.36 + 2 \times 12.53 \times 0.5)}{3 \times (2 \times 4.36 + 12.53 \times 0.5)}$$

$$= 0.28 \text{m}$$

转角:

$$\Delta\varphi_2 = \frac{6(2M_{02} + Q_{02}h)}{B_P A h^3}$$

$$= \frac{6 \times (2 \times 4.36 + 12.53 \times 0.5)}{1.12 \times 3 \times 10^5 \times 0.5^3}$$

$$= 0.002 \text{rad}$$

侧向位移:

$$\Delta x = (y - y_0)\Delta\varphi_2$$
$$= 0.002 \times (0.28 - y)$$

侧向应力:

$$\sigma_{y2} = A(y - y_0)\Delta\varphi_2$$
$$= 3 \times 10^5 \times (0.28 - y) \times 0.002$$
$$= 600 \times (0.28 - y)$$

剪力:

$$Q_{y2} = Q_{02} - \frac{1}{2}B_P A \Delta\varphi_2 y(2y_0 - y)$$

$$= 12.53 - \frac{1}{2} \times 1.12 \times 3 \times 10^5 \times 0.002y \times$$

$$(2 \times 0.28 - y)$$

$$= 336y^2 - 188y + 12.53$$

最大剪力位置:令 $\dfrac{\mathrm{d}Q_{y2}}{\mathrm{d}y} = 0$,得 $672y = 188$,$y = 0.28$m,亦即在桩的转动中心。

弯矩:

$$M_{y2} = M_{02} + Q_{02}y - \frac{1}{6}B_P A \Delta\varphi_2 y^2(3y_0 - y) = 112y^3 - 94y^2 + 12.53y + 43.6$$

最大弯矩位置令 $\dfrac{\mathrm{d}M_{y2}}{\mathrm{d}y} = 0$,得:

$$336y^2 - 188y + 12.53 = 0, \quad y = 0.07 \text{m}$$

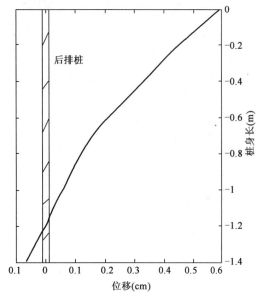

图 7-12　后排桩位移图

129

锚固段内力计算结果见表 7-5、图 7-13、图 7-14。

表 7-5

锚固段前排桩桩身计算表

滑面以下深度 y	侧向位移 Δx（cm）	侧应力 σ_{y2}（kPa）	锚固段桩身各点剪力 Q_{y2}（kN）	锚固段桩身各点弯矩 M_{y2}（kN·m）	受拉钢筋应力（MPa） $\sigma_{y2}=M_{y2}/0.03$
0m	0.056	168	12.53	4.36	145
0.074m	0.042	126	0	4.82*	161
0.1m	0.036	108	-2.91	4.79	159
0.2m	0.016	48	-11.63	4.00	133
0.28m	0	0	-13.77*	2.96	99
0.3m	-0.004	-12	-13.63	2.68	89
0.4m	-0.024	-72	-8.91	1.50	50
0.5m	-0.044	-132	-1.53（计算误差）	1.10（计算误差）	37

注:表中 * 的数值表示最大值,最后一行 Q_{y2}、M_{y2} 的理论值为 0,表中为计算误差。

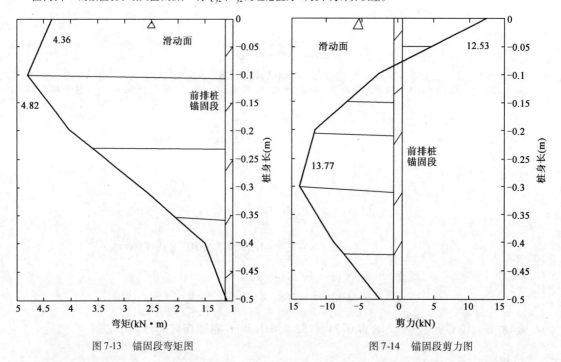

图 7-13　锚固段弯矩图　　　　　　　　图 7-14　锚固段剪力图

前排桩受荷段桩身水平位移量 U_2 = 受荷段结构水平位移 u + 滑面处的水平位移 Δx_0。其中滑面处的水平位移 Δx_0 由锚固段计算方法求得。

此模型前排桩 $\Delta x_0 = 0.056$cm。

结构模型前排桩桩顶最大位移 $U_2 = 0.33$cm + 0.056cm = 0.39cm。

前排桩位移图如图 7-15 所示。

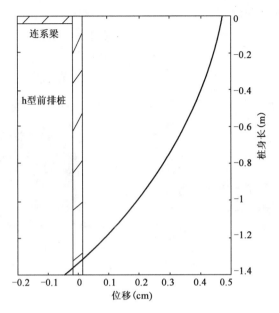

图 7-15　前排桩位移图(单位:cm)

7.4　h型组合式抗滑桩结构模型试验

7.4.1　试验步骤

h 型组合式抗滑桩结构模型试验步骤主要分为 5 个部分,具体如下:

(1)试验前的各种准备工作。包括确定试验场地与环境,千斤顶、钢板的准备、起吊装置的就位,以及试验过程中要采用的各种仪器、仪表进行标定等准备工作。

(2)制作模型。包括模型桩的制作、加工;模型桩用 C20 混凝土 1:20 尺寸预制而成。制作模型桩,模型桩前后桩间间距 AE 为 72cm(约为 $4b$);模型桩采用钢筋混凝土浇筑,桩的混凝土设计强度等级为 C20,水泥强度等级为 32.5。桩的断面为 $S = a \times b = 12\text{cm} \times 18\text{cm}$,后排桩抗滑段长度为 90cm,锚固段长 50cm,前排桩抗滑段长 60cm,锚固段长 50cm。模型桩伸长段 CF = 30cm。桩的配筋情况为:主筋为 HPB235 ϕ8mm 的钢筋,箍筋为铁丝,箍筋间距为 15cm,由钢丝作为绑筋。

(3)桩身贴片、安置千分表。首先对模型桩表面和内部钢筋贴片部位处理并划线定位,然后涂刷胶水、贴片、引线,最后在表面涂环氧树脂进行保护。如图 7-16、图 7-17 所示试验过程中的应变量测方法:模型桩混凝土的应变通过表面应变片量测;桩中钢筋的应变通过钢筋应变片和数据采集箱(应变测量系统)连接电脑读取应变值。桩的位移测量通过在桩身 C 点、D 点、K 点、J 点,四点安置千分表读取数据。图 7-18 所示为钢筋应变片布置图。

(4)加载方案。本试验的加载方案为试件桩施加三个集中荷载,并通过钢板传递后,模拟分布荷载。按照《混凝土结构试验方法标准》(GB/T 50152—2012)分级施加荷载,试验开始之前,为了检查各个仪表是否正常工作,采取预加载,预加荷载值不超过结构构件开裂试验荷载计算值的 70%。对本试验桩,取预加荷载为 10kN(1000kg)。试验加载采用分级加载,模型桩开裂之前,以 9kN(900kg)为一级,在接近开裂荷载时以 2.5kN(250kg)为一级,直到试件破坏。记录每级加载荷载数据。每级加载完毕,待监测应变稳定后,记录 h 型组合式抗滑桩桩身应变和桩顶位移,并进行下一级加载,直至达到预定的荷载值并使桩体完全破坏为止。

图 7-16 钢筋应变片的贴制(一)　　　　　　　图 7-17 钢筋应变片的贴制(二)

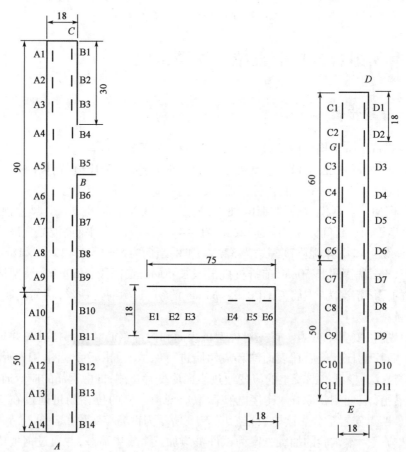

a)AC桩立面(前后面)电阻应变片　b)BD连系梁立面电阻应变片　c)DE桩立面(前后面)电阻应变片

图 7-18 钢筋应变片布置图(尺寸单位:cm)

（5）裂缝观测。在试验过程中用裂缝观测仪或肉眼配合放大镜、手把灯来观察裂缝的开展情况。

通过加载装置,模拟滑动面以上的滑坡推力为某种分布形式。本试验使用 3 个 200kN 螺旋千斤顶加载,选用 300kN 力传感器。此模型试验,考虑三种不同情况进行计算,模拟矩形分布、三角形分布、梯形分布作用下,h 型组合式抗滑桩的受力状态。图 7-19 为试验模型加载示意图。图 7-20 所示为 h 型组合式抗滑桩结构模型试验。

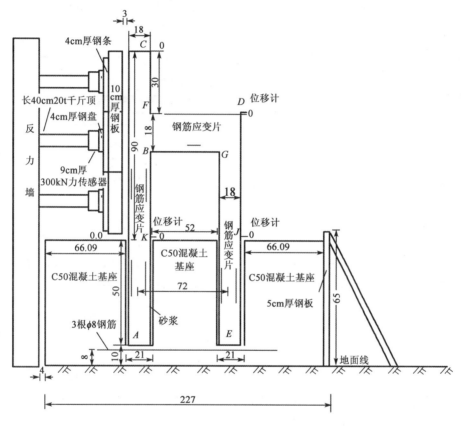

图 7-19　h 型组合式抗滑桩模型加载示意图(尺寸单位:cm)

图 7-20　h 型组合式抗滑桩结构模型试验

7.4.2　试验结果与分析

（1）试验位移值与理论计算对比

首先模拟固定端桩底支承。测试 h 型模型桩的四点位移值，即：后排桩桩顶 C 点位移、前排桩桩顶 D 点位移、后排桩滑面处 K 点位移和前排桩滑面处 J 点位移。把现场测试数据与理论计算结果进行对比分析，四点的荷载—位移曲线比较如图7-21～图7-24 所示。

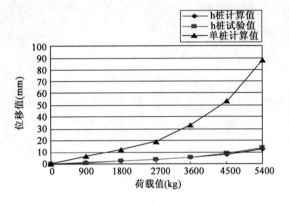

图 7-21　C 点荷载位移曲线试验计算对比图

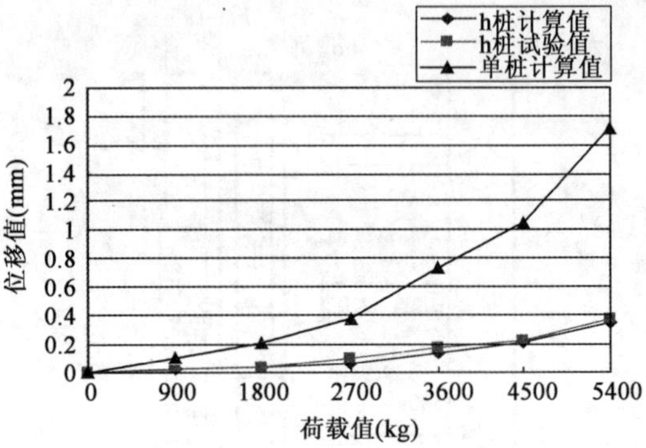

图 7-22　K 点荷载位移曲线试验计算对比图

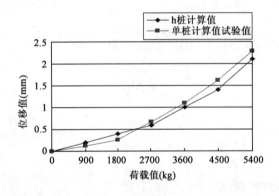

图 7-23　D 点荷载位移曲线试验计算对比图

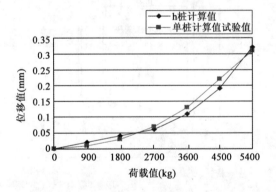

图 7-24　J 点荷载位移曲线试验计算对比图

通过对结构模型试验测试的位移数据和理论计算结果对比发现，h 型组合式抗滑桩各测试点的位移试验值与理论计算值误差均较小，试验值都略小于计算值，理论计算较准确有效，且具有一定的安全系数。

同时，将 h 型组合式抗滑桩同普通单排桩进行受荷状态变形比较，可以看出，由于在几何构造上的优势，作为超静定结构，h 型组合式抗滑桩后排桩顶处位移（C 点）只有普通单桩的 20%，而对于滑面处位移（K 点），h 型组合式抗滑桩位移仅为普通单排桩的 25%，两处桩体变形均大大降低。另外，试验测试数据显示，在 h 型组合式抗滑桩桩身相同高度上的前排桩与后排桩桩身位移十分接近。例如，在滑面处前排桩（J 点）位移同后排桩滑面处（K 点）位移几乎相同，说明，该种抗滑结构的协同工作效率很高。

（2）试验应力值与理论计算对比

表7-6～表7-8和图7-25～图7-27是 h 型组合式抗滑桩在矩形荷载分布条件下部分试验、计算数据。可以看出,试验测试的 h 型组合式抗滑桩应变值与理论计算的弯矩换算应力值在变化趋势上保持一致。测试值与计算值误差较小。其中,通过计算,前、后排桩滑动面以下锚固段是最大应力出现处,这一计算分析结论与试验实测结果相符合,且此处的最大应力实测值均略小于理论计算值。

矩形荷载下 h 型组合式抗滑桩后排桩部分试验、计算应力数值对比表　　　　表7-6

矩形荷载	钢筋应力应变值	A1	A2	A3	A4	A5	A6	A7	A8	A9	A10	A11	A12	A13	A14
900kg	弯矩换算应力计算值(MPa)	0	4.2	9.2	−12	−9	−5	1	4	24	35	29	10	9	3
	试验应变值	0	20	43	−54	−39	−27	0	16	108	137	113	47	失效	14
	应变换算应力试验值(MPa)	0	4.0	8.6	−10.8	−7.8	−5.4	0	3.2	21.6	27.4	22.6	9.4	失效应变	2.8
2700kg	弯矩换算应力计算值(MPa)	0	12.6	27.6	−35	−27	−14	5.5	12	52	75	87	30		6
	试验应变值	7	51	124	−150	−130	−66	20	51	258	304	362	121	失效	22
	应变换算应力试验值(MPa)	1.4	10.2	24.8	−30	−26	−13.2	4.0	10.2	51.6	60.8	72.4	24.2	失效应变	4.4
3600kg	弯矩换算应力计算值(MPa)	0	16.8	36.8	−41.4	−36	−22	12	16	96	140	106	40	36	12
	试验应变值	5	76	160	−190	−177	−105	−2	77	411	589	345	121	失效应变	47
	应变换算应力试验值(MPa)	1	15.2	29	−38	−35.4	−21	−0.4	15.4	82.2	117.8	69	24.2	失效应变	9.4
5400kg	弯矩换算应力计算值(MPa)	0	25.2	55.2	−72	−54	−28	18	24	294	210	174	60	54	18
	试验应变值	16	103	232	−282	−185	−87	52	112	1517	1046	778	296	失效应变	83
	应变换算应力试验值(MPa)	3.2	20.6	46.4	−56.4	−37	−17.4	10.4	22.4	303.4	209.2	155.6	59.2	失效应变	16.6

矩形荷载下 h 型组合式抗滑桩前排桩部分试验、计算应力数值对比表　　　　表7-7

矩形荷载	钢筋应力应变值	C1	C2	C3	C4	C5	C6	C7	C8	C9	C10
900kg	弯矩换算应力计算值(MPa)	−7	−6	−2.3	−1	−2	36.25	39	15	3	0
	试验应变值	−30	−21	−2	−3	1	133	200	70	1	0
	应变换算应力试验值(MPa)	−6	−4.2	−0.4	−0.6	0.2	26.6	40	14	0.2	0
2700kg	弯矩换算应力计算值(MPa)	−8.6	−7.0	−5.9	−3	−6	108.75	117	45	9	0
	试验应变值	−44	−32	−30	−12	−13	473	540	150	28	7
	应变换算应力试验值(MPa)	−8.8	−6.4	−6	−2.4	−2.6	94.6	108	30	5.6	1.4

135

续上表

矩形荷载	钢筋应力应变值	C1	C2	C3	C4	C5	C6	C7	C8	C9	C10
3600kg	弯矩换算应力计算值(MPa)	−18	−14	−9.2	−4	−8	145	156	60	12	0
	试验应变值	−75	−78	−46	−17	−20	614	664	165	28	1
	应变换算应力试验值(MPa)	−15	−15.6	−9.2	−3.4	−4	122.8	132.8	33	5.6	0.2
5400kg	弯矩换算应力计算值(MPa)	−42	−36	−13.8	−6	−12	217.5	234	90	18	0
	试验应变值	−166	−66	−64	−9	−40	1037	1187	533	117	18
	应变换算应力试验值(MPa)	−33.2	−13.2	−12.8	−1.8	−8	207.4	237.4	106.6	23.4	3.6

矩形荷载下 h 型组合式抗滑桩连系梁试验、计算应力数值对比表　　表7-8

矩形荷载	钢筋应力应变值	E1	E2	E3	E4	E5	E6
900kg	弯矩换算应力计算值(MPa)	5.3	1.4	0.3	0.2	2.7	5.6
	试验应变值	12	5	−1	0.4	6	14
	应变换算应力试验值(MPa)	2.4	1.0	−0.2	0.08	1.2	2.8
2700kg	弯矩换算应力计算值(MPa)	16.2	4.5	1.1	0.9	8.6	18.3
	试验应变值	53	14.5	5	3	24	101
	应变换算应力试验值(MPa)	10.6	2.9	1.0	0.6	4.8	20.2
3600kg	弯矩换算应力计算值(MPa)	35.6	21.4	2.8	2.0	27.1	42.9
	试验应变值	152.5	75.5	−10	7.5	132	240
	应变换算应力试验值(MPa)	30.5	15.1	−2.0	1.5	26.4	48.0
5400kg	弯矩换算应力计算值(MPa)	102.1	53.7	6.3	5.9	72.4	126.5
	试验应变值	476	225	27	30.5	354.5	726.5
	应变换算应力试验值(MPa)	95.2	45.0	5.4	6.1	70.9	145.3

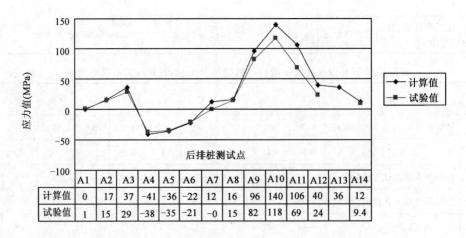

后排桩测试点	A1	A2	A3	A4	A5	A6	A7	A8	A9	A10	A11	A12	A13	A14
计算值	0	17	37	−41	−36	−22	12	16	96	140	106	40	36	12
试验值	1	15	29	−38	−35	−21	−0	15	82	118	69	24		9.4

图7-25　3600kg 矩形荷载作用时, h 型组合式抗滑桩后排桩应力试验值与计算值数据对比

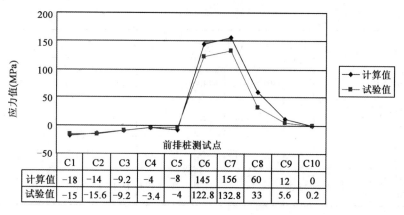

	C1	C2	C3	C4	C5	C6	C7	C8	C9	C10
计算值	−18	−14	−9.2	−4	−8	145	156	60	12	0
试验值	−15	−15.6	−9.2	−3.4	−4	122.8	132.8	33	5.6	0.2

图 7-26　3600kg 矩形荷载作用时,h 型组合式抗滑桩前排桩应力试验值与计算值数据对比

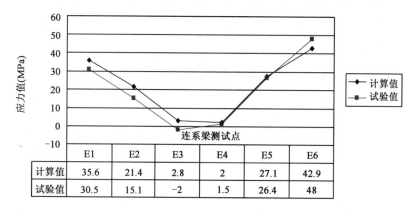

	E1	E2	E3	E4	E5	E6
计算值	35.6	21.4	2.8	2	27.1	42.9
试验值	30.5	15.1	−2	1.5	26.4	48

图 7-27　3600kg 矩形荷载作用时,h 型组合式抗滑桩连系梁应力试验值与计算值数据对比

（3）不同荷载分布形式对结构性能的影响分析

一般来讲,滑坡推力的分布形式与滑体的厚度和性质之间具有很大的联系。当滑体为刚度较大、液性指数较低的密实滑体时,底层和顶部的滑移速度基本相当,此时滑坡推力可假定是矩形分布形式。而当遇到刚度不大、液性指数较高、松密不均的滑体时,滑面处的滑移速度往往较滑体顶层的速度快,此时,滑坡推力可假定是三角形分布形式。当处于以上两类之间的状态时,可假定是梯形分布形式。

本次试验,分别采用三类推力分布形式,对 h 型组合式抗滑桩进行了测试,以反映不同推力形式下,h 型组合式抗滑桩前排桩、后排桩及连系梁的应力—应变状况,从而为设计计算提供试验数据参考。

表 7-9 ~ 表 7-11 和图 7-28 ~ 图 7-30 分别是后排桩、前排桩和连系梁测试数据和对比结果。

不同荷载分布形式 h 型组合式抗滑桩后排桩试验应力、应变对比表（3600kg）　　表 7-9

荷载形式	钢筋应力应变值	A1	A2	A3	A4	A5	A6	A7	A8	A9	A10	A11	A12	A13	A14
三角形荷载	试验应变值	2	23	37	−58	−103	−75	47	205	497	710	429	194	失效应变	40
	应变换算应力试验值（MPa）	0	4.6	7.4	−10.6	−20.6	−15	9.4	41	99.4	142	85.8	38.8	失效应变	8

137

荷载形式	钢筋应力应变值	A1	A2	A3	A4	A5	A6	A7	A8	A9	A10	A11	A12	A13	A14
梯形荷载	试验应变值	3	55	101	−122	−140	−90	15	121	460	635	380	153	失效	42
	应变换算应力试验值(MPa)	0.6	11	20.2	−24.4	−28	−18	3.0	24.2	92	127	76	30.6	失效应变	8.4
矩形荷载	试验应变值	5	76	160	−190	−177	−105	−2	77	411	589	345	121	失效应变	47
	应变换算应力试验值(MPa)	1	15.2	29	−38	−35.4	−21	−0.4	15.4	82.2	117.8	69	24.2	失效应变	9.4

不同荷载分布形式 h 型组合式抗滑桩前排桩部分试验应力、应变数值对比表　　表 7-10

荷载形式	钢筋应力应变值	C1	C2	C3	C4	C5	C6	C7	C8	C9	C10
三角形荷载	试验应变值	−81	−92	−50	−23	120	703	425	208	53	6
	应变换算应力试验值(MPa)	−16.2	−18.4	−10	−4.6	24	140.6	95	41.6	10.6	1.2
梯形荷载	试验应变值	−79	−85	−48	−20	50	631	520	184	35	5
	应变换算应力试验值(MPa)	−15.8	−17	−9.6	−4	10	126.2	104	36.8	7	1
矩形荷载	试验应变值	−75	−78	−46	−17	−20	614	664	165	28	1
	应变换算应力试验值(MPa)	−15	−15.6	−9.2	−3.4	−4	122.8	132.8	33	5.6	0.2

不同荷载分布形式 h 型组合式抗滑桩连系梁试验应力数值对比表　　表 7-11

荷载形式	钢筋应力应变值	E1	E2	E3	E4	E5	E6
三角形荷载	试验应变值	55	12	1	2.5	40	77
	应变换算应力试验值(MPa)	11	2.4	0.2	0.5	0.8	15.4
梯形荷载	试验应变值	90	35	4	3	75	153
	应变换算应力试验值(MPa)	18	7	0.8	0.6	15	30.6
矩形荷载	试验应变值	152.5	75.5	−10	7.5	132	240
	应变换算应力试验值(MPa)	30.5	15.1	−2.0	1.5	26.4	48.0

通过以上测试数据和分析发现：

①在相同的荷载总量作用下,在 h 型组合式抗滑桩后排桩锚固段最大应力出现位置,三角形分布相对于矩形分布会产生更大的应力最值。原因是矩形分布在外伸段的荷载推力大于三角形分布在外伸段的荷载推力,由于连系梁的存在,h 型组合式抗滑桩将矩形荷载分布下产生的部分推力传导给前排桩,从而降低了后排桩锚固段的应力值,而三角形推力分布形式下,绝大部分的荷载都不能通过连系梁有效传导,从而导致后排桩锚固段应力更大。梯形荷载分布对 h 型组合式抗滑桩的应力影响则处于两者之间。

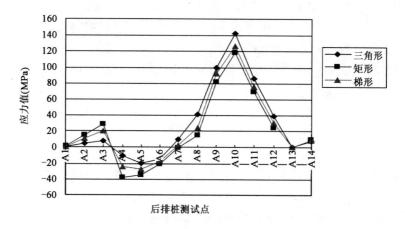

图7-28　不同荷载分布形式对后排桩应力的影响对比(3600kg)

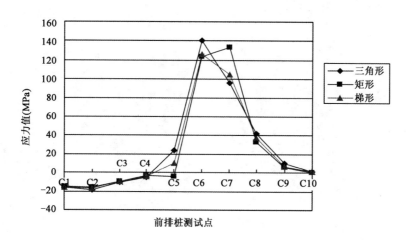

图7-29　不同荷载分布形式对前排桩应力的影响对比(3600kg)

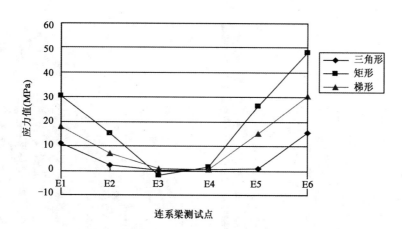

图7-30　不同荷载分布形式对连梁应力的影响对比(3600kg)

②在相同的荷载总量作用下,不同的荷载分布形式,对 h 型组合式抗滑桩前排桩锚固段应力最值出现位置有一定影响。三角形荷载会使得应力最大值出现处更靠近滑动面,原因可能是由于结构复杂的内力再分配后所致的结果。

③在相同的荷载总量作用下,三角形推力分布形式相对于矩形分布,会对 h 型组合式抗滑桩连系梁的两端产生更大的应力值。对于连系梁中部的应力状况,各种分布形式均影响不大。不过,由于 h 型组合式抗滑桩连系梁的应力最大值相对于前、后排桩最大应力值来讲,是比较小的,所以,此种影响对结构整体设计计算可以忽略。

(4)桩身裂缝观测

随着推力外荷载的增加,h 型组合式抗滑桩在桩身各位置会出现不同程度和不同形状的裂缝。最具典型代表的桩身裂缝包括:桩身纵向裂缝、连系梁斜裂缝、前排桩锚固段横向裂缝、后排桩锚固段横向裂缝,如图 7-31 ~ 图 7-34 所示。

图 7-31　桩身纵向裂缝图

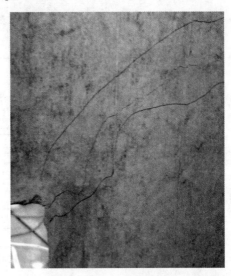

图 7-32　连系梁斜裂缝

图 7-33　前排桩锚固段横向裂缝

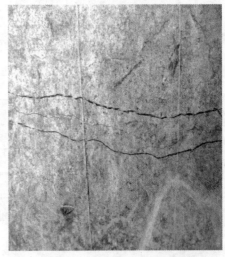

图 7-34　后排桩锚固段横向裂缝

在荷载推力的不断增加下,抗滑桩桩身的应力—应变状态可明显地划分为3个过程,对应着不同的性能特征:

第1阶段,开裂前阶段(0~3600kg)。此时,抗滑桩未出现裂缝,结构处于弹性状态。由于荷载产生的弯矩不大,抗滑桩钢筋混凝土的应力—应变呈线性关系,与弯矩值正比例变化。

第2阶段,带裂缝工作阶段(3600~5400kg)。当桩身弯矩值继续增加,超过开裂弯矩值时,h型组合式抗滑桩桩身受拉区出现细小裂缝,基本以横向裂缝为主。同时,应变测试仪器显示,钢筋应变增长速度较快,但尚未屈服。此后,裂缝数量逐渐增加,裂缝宽度变大,并且逐渐变长。

第3阶段,钢筋屈服阶段(>5400kg)。当荷载继续增加,h型组合式抗滑桩桩身受拉钢筋达到并超过屈服强度。此时,测试显示,钢筋应变增长迅速,应力没有变化。通过观察,在桩身多处出现横向裂缝与纵向裂缝。局部桩身混凝土被压碎,抗滑桩承载力急剧降低,丧失工作性能。

同时,试验观测发现,桩身各裂缝的开裂时间及开裂程度完全受控于施加外荷载的方式和荷载量。具体来讲,在相同的荷载总量作用下,矩形荷载分布形式相对于其他三角形荷载分布和梯形荷载分布形式,更容易出现连系梁斜裂缝开裂。其原因是在矩形荷载分布形式下,连系梁的剪力和弯矩均较另外两类分布形式大。但是,对于桩身裂缝而言,三角形荷载分布形式较矩形和梯形荷载分布形式更易出现,由于锚固段是h型组合式抗滑桩桩身弯矩较大处,三角形荷载分布形式使得锚固段弯矩值增加速度较快,从而导致锚固段应力相对于其他两类分布形式更大,裂缝就会显著出现。

图7-35   橡胶复合特制底层

(5)不同桩底支承条件对h型组合式抗滑桩的影响

在h型组合式抗滑桩结构模型试验中,通过调节锚固段填充材料性质,从而改变K_H、K_V值及分布,以模拟两类桩底支承形式:固定支承和自由支承。在模拟桩底自由支承端时,采用自行研发的橡胶复合特制底层(图7-35),以在满足地基系数条件的情况下,增强桩底接触面的弹塑性,取得了不错的实际效果。表7-12为3600kg均布荷载作用下,固定支承与自由支承,锚固段测试最大弯矩值与滑面位移值比较。

3600kg均布荷载作用下,固定支承与自由支承h型组合式抗滑桩试验数值比较　　　表7-12

项目 桩底条件	锚固段测试最大弯矩值比较(kN·m)		滑面处位移测试值比较(mm)	
	后排桩(CA段)	前排桩(DE段)	后排桩(CA段)	前排桩(DE段)
固定支承	6.14(滑面以下4cm处)	4.59(滑面以下6cm处)	0.17	0.12
自由支承	5.49(滑面以下5cm处)	4.03(滑面以下7cm处)	0.28	0.20

从表7-12可知,h型组合式抗滑桩的前排桩和后排桩在固定端桩底支承条件下,试验测试到的最大弯矩值分别为4.59kN·m和6.14kN·m,而在自由端桩底支承条件下,测试到的最大弯矩值分别为4.03kN·m和5.49kN·m,这说明在固定端桩底支承条件下,h型组合式抗滑桩前、后排桩的最大桩身弯矩较自由端桩底支承条件下更大。在滑面处的变形方面,在固定端桩底支承下,其前排桩和后排桩的位移测试值分别为0.12mm和0.17mm,而在自由端桩底支承条件下,测试到的滑面位移值分别为0.20mm和0.28mm。固定端桩底支承条件下,桩身滑面处位移值较自由端桩底支承小。

对于选取何种桩底支承条件进行计算,必须以工程地质条件作为首要考虑因素,在此基础上,兼顾设计的安全性和经济性。总体来讲,设计计算时,如果考虑固定端桩底支承,最终设计结构是偏于安全的,但工程经济性不高。

7.5 门架式抗滑桩试验模型结构计算

当h型组合式抗滑桩的后排桩的外伸悬臂段长度为0时,即为门架式抗滑桩,可以认为门架式抗滑桩的实质是h型组合式抗滑桩的一种特殊形式。通过对门架式抗滑桩结构性能的测试,可以更好地认识h型组合式抗滑桩受力规律,并有助于对试验测试数据的比对参考。

7.5.1 试验模型计算参数

门架式抗滑桩结构模型试验中B1号桩模型尺寸如图7-36所示,具体的数据资料及参数如下。

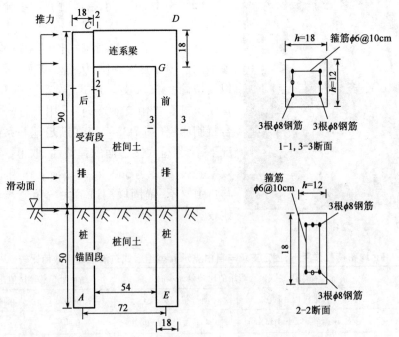

图7-36 B1号桩模型尺寸及计算图(尺寸单位:cm)

（1）滑床参数

滑床岩土体用 C50 混凝土和细质混凝土浆模拟，混凝土单轴抗压强度 $R = 23.5\text{MPa}$，细质混凝土浆单轴抗压强度 $R = 30\text{MPa}$。查表得 $K_V = 4.0 \times 10^5 \text{kN/m}^3$，$K_H = 0.75 K_V = 3 \times 10^5 \text{kN/m}^3$。地基侧向容许压应力 $[\sigma_H] = K_H \eta R = 1 \times 0.8 \times 30 = 24\text{MPa}$，$\eta$ 为折减系数。重度 $\gamma = 21\text{kN/m}^3$，设抗滑桩前、后滑体厚度基本相同。试验材料经测试，滑动面处的地基系数 $A = K_H = 3 \times 10^5 \text{kN/m}^3$，滑动面以下地基系数比例 $m = 0\text{kN/m}^4$，锚固段按照单一岩土层计算。

（2）抗滑桩参数

采用 C20 混凝土，$f_c = 11\text{N/mm}$，二级纵向钢筋（$f_y = 310\text{N/mm}$，$\xi_h = 0.544$），桩的弹性模量 $E = 2.6 \times 10^7 \text{kPa}$，桩长 1.4m，其中受荷段 $h_1 = 0.9\text{m}$，锚固段 $h_2 = 0.5\text{m}$，桩间距 $L = 0.72\text{m}$；桩的截面尺寸 $b \times h = 0.12\text{m} \times 0.18\text{m}$，梁长度可变化（试验模型 1:20 设计），保护层厚度取 10mm。试验中，根据弯矩分布规律和计算结果，初步拟定截面采用对称配筋 $A_s = A_s' = 190\text{mm}^2$（$3\phi9$）。

桩的截面积：

$$S = ab = 0.12 \times 0.18 = 2.16 \times 10^{-2} \text{m}^2$$

桩截面惯性矩：

$$I = \frac{1}{12} ab^3 = \frac{1}{12} \times 0.12 \times 0.18^3 = 5.83 \times 10^{-5} \text{m}^4$$

桩的抗弯刚度：

$$EI = 2.6 \times 10^7 \times 5.83 \times 10^{-5} = 1.52 \times 10^3 \text{kN} \cdot \text{m}^2$$

（3）荷载推力

通过加载装置，模拟滑动面以上的滑坡推力为某种分布形式。

7.5.2　结构计算

对于门架式抗滑桩滑面以上受力段计算，以结构力学中门式刚架分析基本方法为基础，对门架式抗滑桩受荷段进行力法求解。分别建立前、后排桩侧向受荷下的微分方程，引入桩底边界条件，同时利用前、后排桩与连系梁连接部位的变形协调及内力关系，联合求解桩顶内力与位移，进而得到整个门架式抗滑桩结构的解。锚固段的计算，先判断桩的计算类型（刚性桩或弹性桩），再采用对比方法进行计算。

根据本模型试验的有关数据，这里先计算滑坡推力为矩形分布时的结构状况。其分布集度为 $q = 40\text{kN/m}$，推力值 $P = 40 \times 0.9 = 36\text{kN}$，桩前抗力为 0。同时，由于模型无桩前土抗力，计算时，也做相应调整。无桩前抗力试验设计计算，可以为实际工程计算预留足够的安全储备。

1）受荷段计算

采用结构力学三次超静定图乘法求解，计算结果见图 7-37 ~ 图 7-39、表 7-13 ~ 表 7-15。

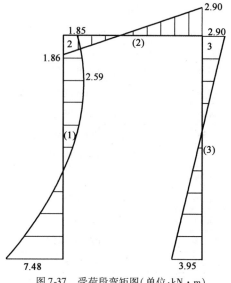

图 7-37　受荷段弯矩图（单位：kN·m）

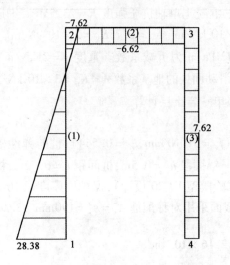

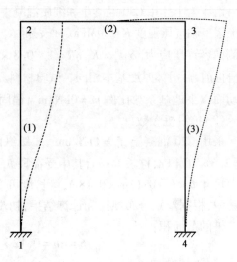

图 7-38 受荷段剪力图(单位:kN)　　　　图 7-39 受荷段位移及转角图

受荷段位移、转角计算表　　　　　　　　表 7-13

单元编码	杆 端 1			杆 端 2		
	U (cm)	V (cm)	θ (rad)	U (cm)	V (cm)	θ (rad)
1	0.000	0.000	0.000	0.044	0.000	−0.007
2	0.044	0.000	−0.007	0.044	0.000	−0.031
3	0.044	0.000	−0.031	0.000	0.000	0.000

40kN/m 矩形荷载(3600kg)作用下受荷段后排桩桩身计算表　　　　表 7-14

桩顶以下深度 y (m)	侧向位移 Δx (cm)	受荷段桩身各点弯矩 M_{y1} (kN·m)	受荷段桩身各点剪力 Q_{y1} (kN)	受拉钢筋应力 σ_{y1} (MPa) $M = \sigma_y \cdot A_s \cdot (h_0 - a'_s) \cdot 10^{-6}$ $M = \sigma_y \cdot 190 \cdot 160 \cdot 10^{-6}$ $\sigma_{y1} = M_{y1}/0.03$
0m　(B1)	0.044	−1.86	−7.62	62(B 侧受拉)
0.1m (B2)	0.041	−2.53	−3.62	84(B 侧受拉)
0.2m (B3)	0.038	−2.58	0.38	86(B 侧受拉)
0.3m (B4)	0.034	−2.19	4.38	74(B 侧受拉)
0.4m (B5)	0.030	−1.20	8.37	40(B 侧受拉)
0.5m (B6)	0.024	−0.90	12.39	30(B 侧受拉)
0.6m (A7)	0.017	0.42	16.38	14(A 侧受拉)
0.7m (A8)	0.01	3.73	20.40	125(A 侧受拉)
0.8m (A9)	0.003	4.86	24.35	162(A 侧受拉)
0.9m (A10)	0.001	7.48	28.38	249(A 侧受拉)

40kN/m 矩形荷载(3600kg)作用下受荷段前排桩桩身计算表 表 7-15

桩顶以下深度 y （m）	侧向位移 Δx （cm）	受荷段桩身各点弯矩 M_{y2} （kN·m）	受荷段桩身各点剪力 Q_{y2} （kN）	受拉钢筋应力 σ_{y2} （MPa） $M = \sigma_y \cdot A_s(h_0 - a_s') \cdot 10^{-6}$ $M = \sigma_y \cdot 190 \cdot 160 \cdot 10^{-6}$ $\sigma_{y2} = M_{y2}/0.03$
0m （D1）	0.044	−2.90	7.62	93（D 侧受拉）
0.1m （D2）	0.040	−2.14	7.62	71（D 侧受拉）
0.2m （D3）	0.036	−1.38	7.62	46（D 侧受拉）
0.3m （D4）	0.032	−0.65	7.62	22（D 侧受拉）
0.4m （C5）	0.029	0.10	7.62	3（C 侧受拉）
0.5m （C6）	0.023	0.81	7.62	27（C 侧受拉）
0.6m （C7）	0.017	1.86	7.62	62（C 侧受拉）
0.7m （C8）	0.01	2.83	7.62	95（C 侧受拉）
0.8m （C9）	0.003	3.79	7.62	126（C 侧受拉）
0.9m （C10）	0.001	3.95	7.62	132（C 侧受拉）

2）锚固段计算

根据试验工况需要,考虑通过注入不同强度、密度的砂浆来模拟滑面以下锚固段的支承方式。这里,先模拟滑面处的弹性抗力系数为某一常数 $K = A$,滑面以下为均质岩层,且桩底为自由端的情况,采用抗压强度为细质混凝土浆单轴抗压强度 $R = 30$MPa 进行模拟。

（1）刚性、弹性桩计算类型的判断

变形系数：

$$\beta = \left(\frac{K_H B_P}{4EI}\right)^{0.25} = \left(\frac{3 \times 10^5 \times 0.12}{4 \times 1.52 \times 10^3}\right)^{0.25} = 1.55$$

$$\beta h = 1.55 \times 0.5 = 0.77$$

$\beta h \leqslant 1.0$ 时,抗滑桩属于刚性桩。

$\beta h \geqslant 1.0$ 时,抗滑桩属于弹性桩。

故此滑床强度和锚固深度下,由于 $\beta h = 0.77$,按照刚性桩进行计算。

（2）刚性桩法

①后排桩锚固段计算。

由前面受荷段计算结果得到：$M_{01} = 7.48$kN·m,$Q_{01} = 28.38$kN

此种情况,即为 $K_h = A$ 的情况,运用对应的计算式可得以下结果。

转动中心至滑面距离：

$$y_0 = \frac{h(3M_{01} + 2Q_{01}h)}{3 \times (2M_{01} + Q_{01}h)} = \frac{0.5 \times (3 \times 7.48 + 2 \times 28.38 \times 0.5)}{3 \times (2 \times 7.48 + 28.38 \times 0.5)} = 0.29\text{m}$$

转角：

$$\Delta\varphi_1 = \frac{6 \times (2M_{01} + Q_{01}h)}{B_P Ah^3} = \frac{6 \times (2 \times 7.48 + 28.38 \times 0.5)}{1.12 \times 3 \times 10^5 \times 0.5^3} = 0.004\text{rad}$$

侧向位移:

$$\Delta x = (y_0 - y)\Delta\varphi_1 = 0.004 \times (0.29 - y)$$

侧向应力:

$$\sigma_{y1} = A(y_0 - y)\Delta\varphi_1 = 3 \times 10^5 \times (0.29 - y) \times 0.004 = 1200 \times (0.29 - y)$$

剪力:

$$Q_{y1} = Q_{01} - \frac{1}{2}B_P A\Delta\varphi_1 y(2y_0 - y)$$

$$= 28.38 - \frac{1}{2} \times 1.12 \times 3 \times 10^5 \times 0.004y \times (2 \times 0.29 - y)$$

$$= 672y^2 - 390y + 28.38$$

最大剪力位置:令 $\dfrac{dQ_{y1}}{dy} = 0$,得:$1304y = 390$,$y = 0.29\text{m}$,亦即在桩的转动中心。

弯矩:

$$M_{y1} = M_{01} + Q_{01}y - \frac{1}{6}B_P A\Delta\varphi_1 y^2(3y_0 - y) = 224y^3 - 195y^2 + 28.38y + 7.48$$

最大弯矩位置令 $\dfrac{dM_{y1}}{dy} = 0$,得:

$$672y^2 - 390y + 28.38 = 0, \quad y = 0.085\text{m}$$

锚固段后排桩计算结果见表7-16、图7-40和图7-41。

3600kg推力下锚固段后排桩桩身计算表　　　　　　　　　　　　　　表7-16

滑面以下深度 y （m）	侧向位移 Δx （cm）	侧应力 σ_{y1} （kPa）	锚固段桩身各点剪力 Q_{y1} （kN）	锚固段桩身各点弯矩 M_{y1} （kN·m）	受拉钢筋应力 （MPa） $\sigma_{y1} = M_{y1}/0.03$
0m(A10)	0.116	348	28.38 *	7.48	249
0.085m	0.08	246	0	8.62 *	287
0.1m(A11)	0.075	228	-3.9	8.59	285
0.2m(A12)	0.035	108	-22.74	7.15	238
0.29m	0	0	-28.20	4.77	159
0.3m(A13)	-0.004	-12	-28.14	4.49	149
0.4m	-0.04	-132	-20.10	1.97	65
0.5m(A14)	-0.084	-252	1.38(计算误差)	0.93(计算误差)	31

注:表中 * 的数值表示最大值,最后一行 Q_{y1}、M_{y1} 理论值为0,表中为计算误差。

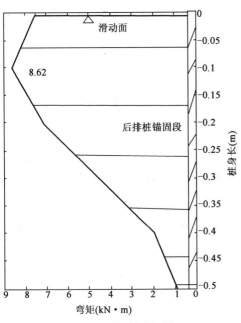

图 7-40　锚固段弯矩图

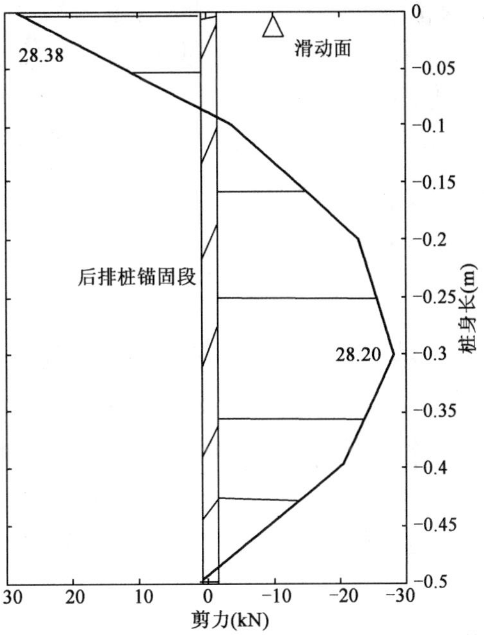

图 7-41　锚固段剪力图

后排桩受荷段桩身水平位移量 U_1 = 受荷段结构水平位移 u + 滑面处的水平位移 Δx_0。

其中滑面处的水平位移 Δx_0 由锚固段计算方法求得。

此模型后排桩 $\Delta x_0 = 0.23\mathrm{cm}$。

结构模型后排桩桩顶最大位移：

$$U_1 = 0.044\mathrm{cm} + 0.116\mathrm{cm} = 0.16\mathrm{cm}$$

后排桩位移图如图 7-42 所示。

②前排桩锚固段计算。

由前面受荷段计算结果得到：$M_{02} = 3.95\mathrm{kN \cdot m}$，$Q_{02} = 7.62\mathrm{kN}$

此种情况，即为 $K_\mathrm{h} = A$ 的情况，运用对应的计算式可得以下结果。

转动中心至滑面距离：

$$
y_0 = \frac{h(3M_{02} + 2Q_{02}h)}{3 \times (2M_{02} + Q_{02}h)}
$$

$$
= \frac{0.5 \times (3 \times 3.95 + 2 \times 7.62 \times 0.5)}{3 \times (2 \times 3.95 + 7.62 \times 0.5)}
$$

$$
= 0.28\mathrm{m}
$$

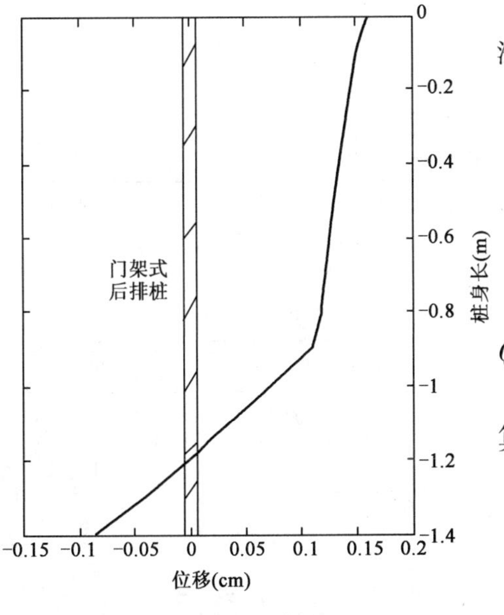

图 7-42　后排桩位移图

转角：

$$
\Delta\varphi_2 = \frac{6 \times (2M_{02} + Q_{02}h)}{B_\mathrm{p}Ah^3}
$$

$$
= \frac{6 \times (2 \times 3.95 + 7.62 \times 0.5)}{1.12 \times 3 \times 10^5 \times 0.5^3} = 0.0015\mathrm{rad}
$$

侧向位移：

$$\Delta x = (y_0 - y)\Delta\varphi_2 = 0.0015 \times (0.28 - y)$$

侧向应力：

$$\sigma_{y2} = A(y_0 - y)\Delta\varphi_2 = 3 \times 10^5 \times (0.28 - y) \times 0.0015 = 450 \times (0.28 - y)$$

剪力：

$$Q_{y2} = Q_{02} - \frac{1}{2}B_P A\Delta\varphi_2 y(2y_0 - y)$$

$$= 7.62 - \frac{1}{2} \times 1.12 \times 3 \times 10^5 \times 0.0015 y(2 \times 0.28 - y)$$

$$= 252y^2 - 141y + 7.62$$

最大剪力位置：

令 $\dfrac{\mathrm{d}Q_{y2}}{\mathrm{d}y} = 0$，得 $504y = 141$，$y = 0.28\mathrm{m}$，亦即在桩的转动中心。

弯矩：

$$M_{y2} = M_{02} + Q_{02}y - \frac{1}{6}B_P A\Delta\varphi_2 y^2(3y_0 - y) = 84y^3 - 75y^2 + 7.62y + 3.95$$

最大弯矩位置：

令 $\dfrac{\mathrm{d}M_{y2}}{\mathrm{d}y} = 0$，得 $252y^2 - 141y + 7.62 = 0$，$y = 0.06\mathrm{m}$。

锚固段前排桩计算结果见表7-17、图7-43和图7-44。

3600kg 推力下锚固段前排桩桩身计算表　　　　　　　　　　　　表 7-17

滑面以下深度 y	侧向位移 Δx （cm）	侧应力 σ_{y2} （kPa）	锚固段桩身各点剪力 Q_{y2} （kN）	锚固段桩身各点弯矩 M_{y2} （kN·m）	受拉钢筋应力 （MPa） $\sigma_{y2} = M_{y2}/0.03$
0m（C10）	0.042	126	7.62	3.95	132
0.06m	0.033	99	0	4.17*	139
0.1m（C11）	0.027	81	−3.96	4.09	136
0.2m（C12）	0.012	36	−10.50	3.33	111
0.28m	0	0	−12.10*	2.40	80
0.3m（C13）	−0.003	−9	−12.00	2.16	73
0.4m	−0.018	−54	−8.46	1.09	36
0.5m（C14）	−0.033	−99	0.12（计算误差）	0.63（计算误差）	21

注：表中 * 的数值表示最大值，最后一行 Q_{y2}、M_{y2} 的理论值为0，表中为计算误差。

前排桩受荷段桩身水平位移量 U_2 = 受荷段结构水平位移 u + 滑面处的水平位移 Δx_0。

其中滑面处的水平位移 Δx_0 由锚固段计算方法求得。

此模型前排桩 $\Delta x_0 = 0.042\mathrm{cm}$。

结构模型前排桩桩顶最大位移：

$$U_2 = 0.044\text{cm} + 0.042\text{cm} = 0.09\text{cm}$$

前排桩位移图如图7-45所示。

梯形荷载分布和三角形荷载分布下的受力计算，亦可采用对应方法，限于篇幅，此处略。

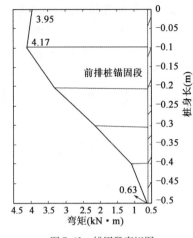

图7-43 锚固段弯矩图

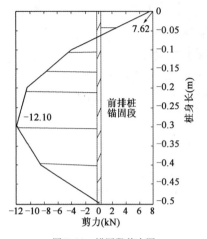

图7-44 锚固段剪力图

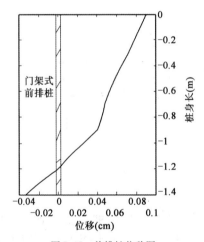

图7-45 前排桩位移图

7.6 门架式抗滑桩结构模型试验

7.6.1 试验步骤

门架式抗滑桩结构模型试验试验步骤主要分为以下五部分：

（1）试验前的各种准备工作。包括确定试验场地与环境，千斤顶、钢板的准备，起吊装置的就位，以及试验过程中要采用的各种仪器、仪表进行标定等准备工作。

（2）制作模型。包括模型桩的制作、加工，模型桩用C20混凝土按照1∶20的尺寸预制而成。模型桩外形尺寸和所用材料如下：模型桩前、后桩间间距 $AE = 72cm$（约为 $4b$）；模型桩采用钢筋混凝土浇筑，桩的混凝土设计强度等级为 C20，水泥强度等级为 32.5。桩的断面为 $S = a \times b = 12cm \times 18cm$，抗滑段长度为 90cm。桩的配筋情况为：主筋为 HPB235ϕ8mm 的钢筋，箍筋为铁丝，箍筋间距为 15cm，由钢丝作为绑筋。

（3）桩身贴片、安置千分表。首先对模型桩表面和内部钢筋贴片部位处理并划线定位，然后涂刷胶水、贴片、引线，最后在表面涂环氧树脂进行保护。试验过程中的应变量测方法：模型桩混凝土的应变通过表面应变片量测；桩中钢筋的应变通过钢筋应变片和数据采集箱（应变测量系统）连接电脑读取应变值。桩的位移测量通过量程后排桩桩顶 C 点、前排桩桩顶 D 点、后排桩滑面处 K 点以及前排桩滑面处 J 点，这四个点安置千分表读取。图 7-46 所示为钢筋应变片布置图。

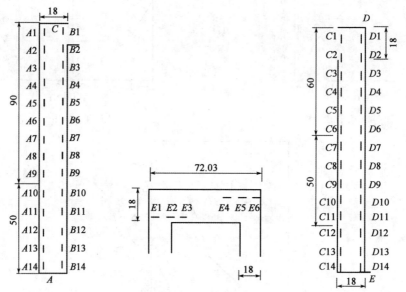

a) AC 桩立面（前后面）电阻应变片　　b) BD 连系梁立面电阻应变片　　c) DE 桩立面（前后面）电阻应变片

图 7-46　钢筋应变片布置图（尺寸单位：cm）

（4）加载方案。本试验的加载方案为试件桩施加三个平行的推力荷载，并通过钢板传递后模拟各类分布荷载形式。本次试验分别通过加载装置模拟矩形分布、梯形分布和三角形分布三类荷载分布形式，并按照《混凝土结构试验方法标准》（GB/T 50151—2012）分级施加荷载。试验开始之前，为了检查各个仪表是否正常工作，采取预加载，预加荷载值不超过结构构件开裂试验荷载计算值的 70%。对本试验桩，取预加荷载为 10kN（1000kg）。试验加载采用分级加载，模型桩开裂之前，以 9kN（900kg）为一级。在接近开裂荷载时，以 2.5kN（250kg）为一级，直到试件破坏。图 7-47 所示为门架式抗滑桩模型加载示意图。

记录每级加载荷载数据。每级加载完毕待监测应变稳定后，记录门架式抗滑桩桩身应变和桩顶位移，并进行下一级加载，直至达到预定的荷载值并使桩体完全破坏为止。图 7-48 所示为门架式抗滑桩结构模型试验。

（5）裂缝观测。在试验过程中用裂缝观测仪或肉眼配合放大镜、手把灯来观察裂缝的开展情况。

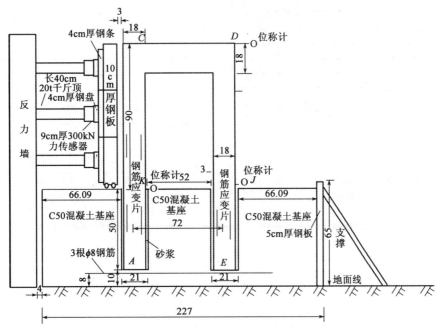

图 7-47　门架式抗滑桩模型加载示意图(尺寸单位:cm)

图 7-48　门架式抗滑桩结构模型试验

7.6.2　试验结果与分析

(1)试验位移值与理论计算对比

首先模拟矩形荷载分布的情况。测试门架式模型桩的四点位移值,即后排桩桩顶 C 点位移、前排桩桩顶 D 点位移、后排桩滑面处 K 点位移和前排桩滑面处 J 点位移。把现场测试数据与理论计算结果进行对比分析,四点的荷载—位移曲线如图 7-49 ~ 图 7-52 所示。

通过对结构模型试验测试的位移数据和理论计算结果对比发现,在门架式抗滑桩前排桩桩顶 D 点和后排桩桩顶 C 点,位移试验值与理论计算值有一定的误差,计算值略大于测试值,但误差在 20% 以内。而在滑动面处,门架式抗滑桩前排桩和后排桩的位移试验值与理论计算值几乎一致。

总体来看,门架式抗滑桩位移变形的试验值与计算值误差较小,理论计算的有效性得到了验证。同时,从试验测试数据显示,门架式抗滑桩前排桩桩顶(D 点)位移同后排桩桩顶(C 点)位移,以及前排桩滑面处(J 点)位移同后排桩滑面处(K 点)位移比较相近,说明该种结构的协同工作效率较佳。

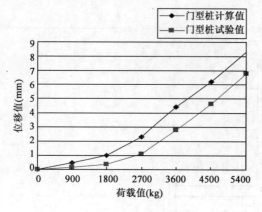

图 7-49 C 点荷载位移曲线试验计算对比图

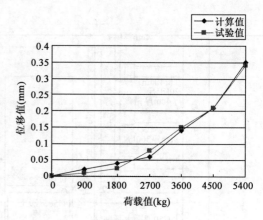

图 7-50 K 点荷载位移曲线试验计算对比图

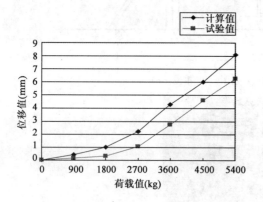

图 7-51 D 点荷载位移曲线试验计算对比图

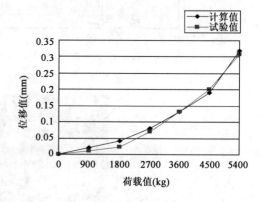

图 7-52 J 点荷载位移曲线试验计算对比图

（2）试验应力值与理论计算对比

表 7-18 ~ 表 7-20、图 7-53 ~ 图 7-55 是门架式抗滑桩在矩形荷载分布条件下部分试验、计算数据。可以看出，试验测试的门架式抗滑桩应变值与理论计算的弯矩换算应力值在变化趋势上相当一致。在结构各测试位置的具体数值上，测试值与计算值存在部分的差异，但误差均不大。其中，通过计算，前、后排桩滑动面以下锚固段是最大应力出现处，这一计算分析结论与试验实测结果相符合，且此处的最大应力实测值略小于理论计算值，证明理论计算具有一定的安全性。

矩形荷载下门架式抗滑桩后排桩部分试验、计算应力数值对比表 表 7-18

矩形荷载	钢筋应力应变值	A1	A2	A3	A4	A5	A6	A7	A8	A9	A10	A11	A12	A13	A14
900kg	弯矩换算应力计算值（MPa）	-0.7	-2.2	-3.1	-4.2	-2.2	-0.1	3.5	31.2	40.5	62.2	71.5	59.5	37.2	7.7
	试验应变值	-3	-7	-17	-15	-5	2	16	120	158	243	317	248	133	32
	应变换算应力试验值（MPa）	-0.6	-1.4	-3.4	-3	-1	0.4	3.2	24	31.6	48.6	63.4	49.6	26.6	6.4

续上表

矩形荷载	钢筋应力应变值	A1	A2	A3	A4	A5	A6	A7	A8	A9	A10	A11	A12	A13	A14
2700kg	弯矩换算应力计算值(MPa)	-2.2	-6.6	-9.3	-12.7	-6.7	-0.2	10.5	93.7	121.5	186.7	214.5	178.5	111.7	23.2
	试验应变值	-13	-21	-65	-82	-24	6	36	304	624	671	853	741	318	111
	应变换算应力试验值(MPa)	-2.6	-4.2	-13	-16.4	-4.8	1.2	7.2	60.8	124.8	134.2	170.6	148.2	63.6	22.2
3600kg	弯矩换算应力计算值(MPa)	-3	-8.8	-12.4	-17	-9	-0.3	14	125	162	249	286	238	149	31
	试验应变值	-15	-43	-61	-81	-29	-2	66	501	879	1136	1297	1144	545	122
	应变换算应力试验值(MPa)	-3	-8.6	-12.2	-16.2	-5.8	-0.4	13.2	100.2	175.8	227.2	259.4	228.8	109	24.4
4500kg	弯矩换算应力计算值(MPa)	-3.7	-11	-15.5	-21.2	-11.2	-0.3	17.5	156.2	202.5	311.25	357.5	297.5	186.2	38.7
	试验应变值	-27	-111	-78	-149	-40	5	311	1130	1235	1436	1203	627	141	46
	应变换算应力试验值(MPa)	-5.4	-22.2	-15.6	-29.8	-8	1	62.2	146	247	287.2	240.6	156	128	29.6

矩形荷载下门架式抗滑桩前排桩部分试验、计算应力数值对比表　　表7-19

矩形荷载	钢筋应力应变值	C1	C2	C3	C4	C5	C6	C7	C8	C9	C10	C11	C12	C13	C14
900kg	弯矩换算应力计算值(MPa)	2.8	-5.0	-5.4	-2.9	0.75	6.7	15.5	23.7	31.5	33	35.7	18.2	5.2	0
	试验应变值	-11	-28	-18	-10	0	失效应变	73	75	133	117	89	83	0	失效应变
	应变换算应力试验值(MPa)	-2.2	-5.6	-3.6	-2	0	失效应变	14.6	15	26.6	23.4	17.8	16.6	0	失效应变
2700kg	弯矩换算应力计算值(MPa)	-8.6	-15.2	-16.2	-8.7	2.2	20.2	46.5	71.2	94.5	99	107.2	54.7	15.7	0
	试验应变值	-31	-87	-81	-54	-19	失效应变	74	156	569	304	259	211	58	失效应变
	应变换算应力试验值(MPa)	-6.2	-17.4	-16.2	-10.8	-3.8	失效应变	14.8	31.2	113.8	60.8	51.8	42.2	11.6	失效应变
3600kg	弯矩换算应力计算值(MPa)	11.5	-20.3	-21.6	-11.7	3	27	62	95	126	132	143	73	21	0
	试验应变值	62	-99	-97	-62	13	失效应变	441	361	656	537	159	31	5	失效应变
	应变换算应力试验值(MPa)	12.4	-19.8	-19.4	-12.4	2.6	失效应变	88.2	72.2	131.2	107.4	31.8	6.2	3	失效应变

矩形荷载	钢筋应力应变值	C1	C2	C3	C4	C5	C6	C7	C8	C9	C10	C11	C12	C13	C14
4500kg	弯矩换算应力计算值(MPa)	14.3	−25.3	−27	−14.6	3.75	33.7	77.5	118.7	157.5	165	178.7	91.2	26.2	0
	试验应变值	−36	−129	−157	−90	−7	失效应变	271	564	892	1123	896	630	113	失效应变
	应变换算应力试验值(MPa)	−7.2	−25.8	−31.4	−18	−1.4	失效应变	54.2	112.8	178.4	164.7	179.2	126	22.6	失效应变

矩形荷载下门架式抗滑桩连系梁试验、计算应力数值对比表　　表7-20

矩形荷载	钢筋应力应变值	E1	E2	E3	E4	E5	E6
900kg	弯矩换算应力计算值(MPa)	2.8	0.8	0.2	0.1	1.6	3.2
	试验应变值	10	4	−1.5	0.5	5	11
	应变换算应力试验值(MPa)	2.0	0.8	−0.3	0.1	1.0	2.2
2700kg	弯矩换算应力计算值(MPa)	12.7	3.8	1.0	0.6	6.9	15.5
	试验应变值	45	12	3.8	2.5	20	89
	应变换算应力试验值(MPa)	9.0	2.4	0.7	0.5	4.0	17.8
3600kg	弯矩换算应力计算值(MPa)	28.7	17.1	2.6	1.7	26.4	39.3
	试验应变值	124.5	71	−9	6.5	151	228
	应变换算应力试验值(MPa)	24.9	14.2	−1.8	1.3	30.2	45.6
5400kg	弯矩换算应力计算值(MPa)	91.4	49.5	5.9	5.0	66.3	104.2
	试验应变值	406	204	25	32	341	693
	应变换算应力试验值(MPa)	81.2	40.8	5.0	6.4	68.2	138.6

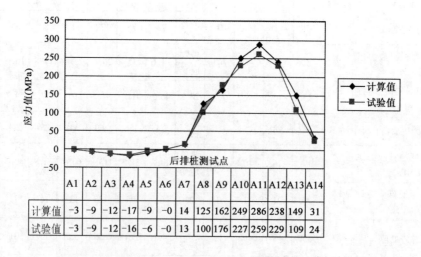

	A1	A2	A3	A4	A5	A6	A7	A8	A9	A10	A11	A12	A13	A14
计算值	−3	−9	−12	−17	−9	−0	14	125	162	249	286	238	149	31
试验值	−3	−9	−12	−16	−6	−0	13	100	176	227	259	229	109	24

图7-53　3600kg矩形荷载作用时,门架式抗滑桩后排桩应力试验值与计算值数据对比

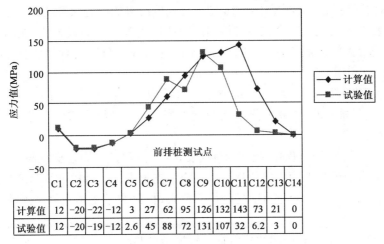

	C1	C2	C3	C4	C5	C6	C7	C8	C9	C10	C11	C12	C13	C14
计算值	12	-20	-22	-12	3	27	62	95	126	132	143	73	21	0
试验值	12	-20	-19	-12	2.6	45	88	72	131	107	32	6.2	3	0

图 7-54　3600kg 矩形荷载作用时,门架式抗滑桩前排桩应力试验值与计算值数据对比

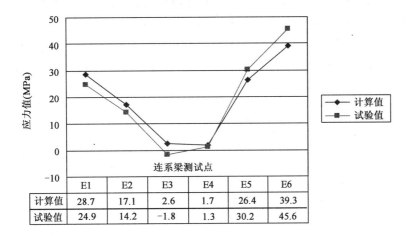

	E1	E2	E3	E4	E5	E6
计算值	28.7	17.1	2.6	1.7	26.4	39.3
试验值	24.9	14.2	-1.8	1.3	30.2	45.6

图 7-55　3600kg 矩形荷载作用时,门架式抗滑桩连系梁应力试验值与计算值数据对比

7.7　本章小结

本章通过对 h 型组合式抗滑桩和门架式抗滑桩进行结构模型试验,研究了在不同荷载分布条件下两类抗滑桩结构内力分布规律、整体变形规律和前排桩、后排桩、连系梁的应力—应变状态。可以得到以下结论:

(1)h 型组合式抗滑桩和门架式抗滑桩作为组合式抗滑桩,在桩身整体刚度上,性能优势明显,受荷后结构整体变形小。前排桩和后排桩在同一高度上的桩身位移量基本相同,具有较优的结构协同工作能力。

(2)h 型组合式抗滑桩和门架式抗滑桩的桩身应力—应变实测数据表明:后排桩与前排桩始终处于交变应力状态,在锚固段靠近滑面处的位置出现应力最大值,是此类抗滑桩的薄弱环节。同时,由于结构尺寸与荷载分布形式的不同,会对应力最大值出现的位置和数值有一定的影响。

（3）在不同的荷载分布形式作用下，h型组合式抗滑桩的内力状态是有所差别的。三角形荷载分布形式较矩形荷载分布会在后排桩锚固段产生更大的应力最大值，在前排桩使得应力最大值出现处更靠近滑动面位置。同时，三种不同的荷载分布形式对h型组合式抗滑桩连系梁的应力状况有一定影响。

（4）在外荷载作用下，h型组合式抗滑桩桩身的应力—应变状态可明显地划分为3个过程，对应着不同的性能特点，对桩身开裂有直接的影响。h型组合式抗滑桩桩身开裂，具有较明显的抗弯构件的特征。

（5）模型试验模拟了不同锚固程度的桩底支承条件，测试了固定支承与自由支承下前、后排桩锚固段最大弯矩值与滑面处的位移值。固定端支承下，前、后排桩所测试得到的桩身最大弯矩值均大于自由端支承。对于滑面处的位移值来讲，固定端支承条件下所测试的位移值较自由端支承小。

（6）h型组合式抗滑桩和门架式抗滑桩结构模型试验测试结果，与前面所建立的理论计算结果比较一致，验证的理论计算的可靠性和有效性，对h型组合式抗滑桩设计计算提供了试验依据，为指导实际工程的设计提供了较有价值的数据基础。

第8章　h型组合式抗滑桩大型三维地质力学模型试验

h型组合式抗滑桩结构形式有较高的合理性,但要确定其具体的支挡机理与结构性能,还需要进行基于桩—土作用下的地质力学试验来检验。为此本章进行基于h型组合式抗滑桩三维地质力学模型试验,通过试验的手段来揭示h型组合式抗滑桩的工作特性和力学规律等。

8.1　试验目的

(1)获取门架式抗滑桩、h型组合式抗滑桩结构力学性能,为此类新型抗滑桩结构设计提供依据。

(2)量测各类型抗滑桩前后距桩某一距离滑体沿高度方向上各点的土压力,以获取各类抗滑桩桩身推力分布形式。

(3)量测各类型桩顶以上土体位移以及桩前土体位移,以分析各类抗滑桩的作用效果。

(4)对锚索抗滑单桩、双排桩、门架式抗滑桩、h型组合式抗滑桩四种结构类型进行比较,揭示优化设计方案。

8.2　试验设备

试验设备由加压系统、试验框架模型系统、监测系统和采集系统组成。

8.2.1　加压系统

滑坡推力外载通过位于短梁上的千斤顶施加于推力板上。荷载采用分级加载,每级荷载施加后待坡体表面各特征点位移传感器读数、桩顶位移传感器读数和桩上压力盒读数变化基本稳定后再施加下一级荷载。每次加载的大小基本保持相同,在每一级荷载中要注意压力表读数上下稍许跳动,要使压力大小维持在同一水平。

本试验的推力加压系统主要包括:推力系统(液压千斤顶,见图8-1)、推力测量系统(图8-2)和自主研发的推力均布系统(图8-3)。

如图8-1所示,液压千斤顶采用型号为QL20的液压千斤顶,其最大推力为20t,最大伸长量为17cm。如图8-2所示,推力测量系统包括荷载感应器和荷载显示器。荷载感应器型号为:LCD810-30t,其量程为30t。荷载显示器型号为:XK315A1。

如图8-3所示,为自主研发的推力均布系统,由于试验中提供的推力荷载较大,采用千斤顶进行加压时,如果不能有效地把千斤顶提供的推力均匀地作用在土体上,将会造成土体的受力不均,而造成模拟失真,可能会使得试验难以达到应有的效果。为此,自主设计了这个推力均布装置,它由推力收集传递块、推力均匀分配板、推力小板、推力大板等部分组成。推力收集传递块把作用在它身上的推力进行传递,传递到推力均匀分配板时,推力荷载沿着每个分配板接着进行传递,并均匀地传递到推力小板整个板面上,然后再由两个推力小板给推力大板提供荷载推力,并最终均匀地作用到土体上。这个推力均布系统实现了推力荷载由近似点荷载向面荷载的均匀过渡,保证了在加载过程中土体可以承受均匀的推力作用。同时,为确保推力均布系统底部自由移动,在底部设置若干滚轴,降低此装置与基岩之间的摩擦力,最大限度地保证推力系统提供的推力荷载就是土体所承受的模拟推力。

图 8-1　液压千斤顶

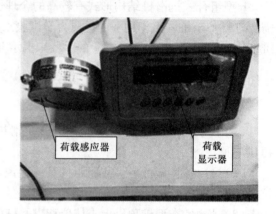

图 8-2　推力测量装置

图 8-3　自主研发的推力均布系统

8.2.2　试验框架模型系统

试验框架模型系统见图 8-4,模型槽由推力均布系统、部分混凝土制成的滑床、侧板和底层钢板围成。

图 8-4　试验模型框架结构

（1）模型槽为人工制作的模型槽。

（2）推力均布系统：由钢板制成，为了消除推力木板与两侧固定约束木板之间的摩擦，实际制作中，活动推力板水平横向尺寸略小于模型结构的横向尺寸。

（3）混凝土滑床：为了给推力板提供推力平台，同时承受钢板重力，需设置一段混凝土滑床。

（4）侧板：滑坡体前缘自由，为保证试验过程中滑体土只会发生沿滑坡推力方向的变形，防止滑体产生侧向变形，滑体侧边安置侧板。垂直侧板方向由单向上下两长梁支撑。侧板由木板制成，并涂上油漆，在每次放入滑体模型材料前用干净抹布擦干净后涂抹一层机油，以减少侧板与滑体间的摩擦。

（5）底层加固措施：为了提高模型框架与基岩的稳固度，采用了如图 8-5 所示的加固措施。

如图 8-5 所示，在制作模型框架的时候，在框架底部均匀布置一系列的竖向加固钢板，同时，将竖向加固板的上部分割成两部分，并使其呈一定的角度，这样可以使框架与基岩更加稳固地结合在一起，确保在模型试验过程中不会造成模型与框架的分离、试验失真或失败等。

（6）坡体模型：四种布置形式的模型桩试验布置与构造尺寸见图 8-6～图 8-9。

图 8-5　框架加固措施

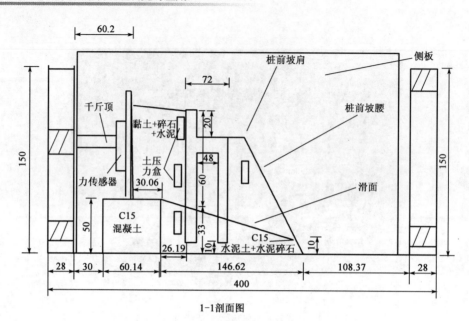

1-1剖面图

图8-6 h型组合式抗滑桩试验布置示意图(尺寸单位:cm)

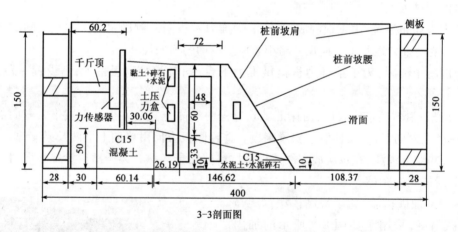

3-3剖面图

图8-7 门架式抗滑桩试验布置示意图(尺寸单位:cm)

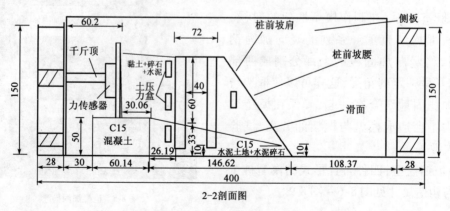

2-2剖面图

图8-8 普通沉埋抗滑双排桩试验布置示意图(尺寸单位:cm)

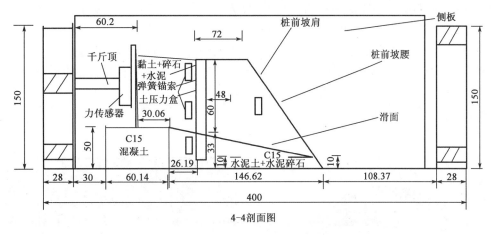

图8-9　普通沉埋锚索抗滑桩试验布置示意图(尺寸单位:cm)

8.2.3　监测和采集系统

试验中使用的监测元件包括荷载传感器、位移传感器、百分表、土压力盒、应变仪等。主要通过读取推力板处荷载传感器和百分表值来监测推力值和推动距离。位移传感器用于监测四种类型桩的桩前坡肩、桩后坡顶、桩顶、桩前坡腰的位移变化。同时,桩后推力和桩前抗力采用压力盒获取。此外,通过记录应变仪的应变读数来计算桩应力大小(图8-10)。

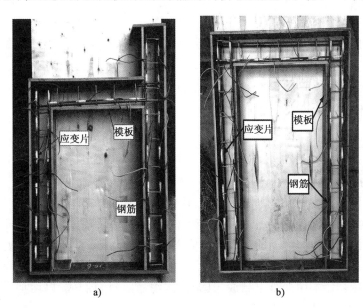

图8-10　桩身应变片布置图

具体监测内容包括:

(1)推力板的位移(推力板左右放置两个数字式百分表),坡体表面各特征点和桩顶的位移。

(2)锚索桩、双排桩、门型桩、h型桩结构应力状态。

161

（3）各类型桩前后距桩某一距离滑体沿高度方向上各点的土压力。

（4）各类型桩设桩位置桩顶以上土体位移。

（5）推力板上沿高度方向各点的土压力以及外载输出千斤顶的集中荷载。

本试验涉及 h 型组合式抗滑桩土拱效应与土压力方面的试验，故主要的监测装置为土压力监测器（图 8-11），参数采集系统为应变仪（图 8-12）。其中土压力监测器采用量程为 0.2MPa，型号为 LY-350 的微型土压力盒。应变仪采用型号为 JM3812 的多功能无线静态应变仪。

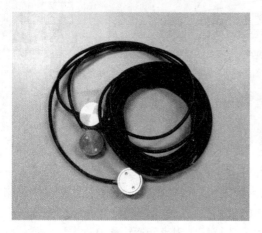

图 8-11　微型土压力盒

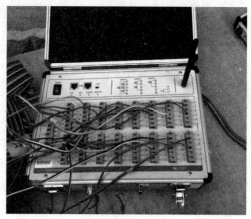

图 8-12　多功能应变仪

8.3　试验准备内容

试验准备内容主要有岩土体材料与模型桩试制、土压力盒布置方案、加载方案设计、采集参数类型及相关仪器的校核标定等。

8.3.1　模拟材料

模拟材料包括滑体、模拟的滑带、滑床。

（1）滑体：滑体材料为黏土 + 水泥 + 碎石，这样模型试验中滑体近似为均质材料。每次试验中要保证土体含水量基本一致，土样要求夯实标准统一，夯实后密度约为 $2.2 \times 10^3 \mathrm{g/cm^3}$。

（2）滑带：在滑床与滑体之间用双层塑料薄膜模拟滑带。为了增强滑动效果，在两层塑料薄膜之间刷上一层润滑油。这样滑带的抗剪强度比滑体强度低，模型滑带倾角约为 $10°$。

（3）滑床：滑床初始端用混凝土制成，其余用水泥稳定材料制成，以增加滑床的强度和变形模量。滑面以下滑床深度随倾角变化。

8.3.2　模型桩

模型桩：试验制作四种类型模型桩，四种布置形式，如图 8-13 ～图 8-16 所示。模型桩采用钢筋混凝土浇筑。滑床制作与嵌入如图 8-17 所示，模型加载与测试如图 8-18 所示。

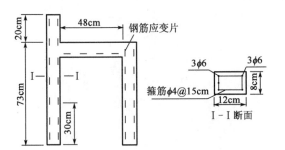

图 8-13　h 型组合式抗滑桩试验模型结构示意图

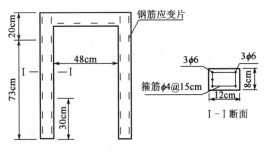

图 8-14　门架式抗滑桩试验模型结构示意图

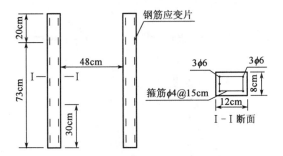

图 8-15　双排抗滑桩试验模型结构示意图

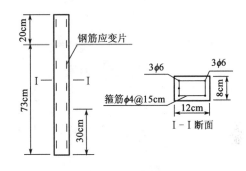

图 8-16　预应力锚索桩试验模型结构示意图

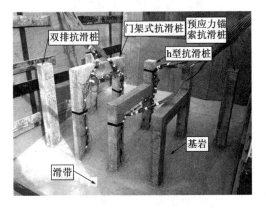

图 8-17　滑床制作与嵌入

图 8-18　加载与测试

8.3.3　试验土压力传感器布置

土压力的监测是本试验的主要重要内容,土压力盒的布置正确与否是本试验能否达到预期要求的关键。试验中土压力盒布置主要考虑两个方面:h 型组合式抗滑桩前、后排桩的桩后土压力分布研究;h 型组合式抗滑桩桩后土拱效应的存在形式以及组合式支挡效果的研究。如图 8-19 所示试验中土压力盒的主要布置位置:201 ~ 206 为 1 号 h 型组合式抗滑桩桩后土压力监测点,207 ~ 210 为 1 号 h 型组合式抗滑桩前排桩桩后土压力监测点,227 ~ 232 为 2 号 h 型组合式抗滑桩桩后土压力监测点,211 ~ 216、217 ~ 221、222 ~ 226、233 ~ 238 均位于两榀抗滑桩桩中间,其分布特征见图 8-19,其中,233 ~ 238 位于 201 ~ 206 与 227 ~ 232 的中点位置处。

163

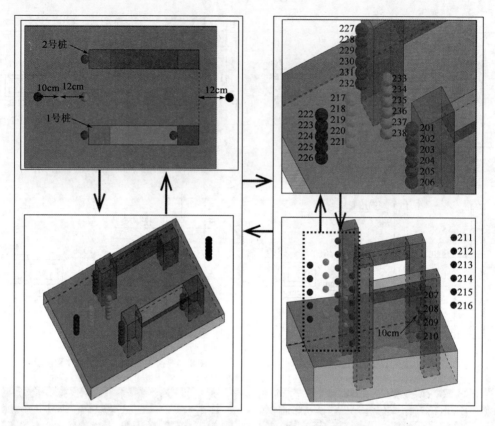

图 8-19　h型组合式抗滑桩桩后及两桩中点传感器布置

在两种 h 型组合式抗滑桩后排桩桩后土压力传感器连线中心处设一排土压力传感器（233~238），来测量此处土压力变化情况；同时，根据前期研究，设定抗滑桩桩后土拱的矢跨比在0.275~0.4之间，为此两种 h 型组合式抗滑桩桩后 12cm 处（此时矢跨比为 0.33）埋设第一排土压力传感器（217~221），来测量土拱轴线上的土压力，同时在向后 10cm 处再埋设一排土压力传感器（222~226），来测量土拱效应以后土体土压力变化情况。

8.4　试验步骤

（1）安装好加压系统、模型槽和监测系统，以及包括滑体、模拟的滑带、滑床的试验模型。

（2）用千斤顶分级加载，并记录好每一级荷载作用下荷载传感器、百分表、位移传感器、土压力盒和应变仪的读数，直至滑体产生较大滑动（10cm 以上）且推力荷载读数不再增加。

（3）第一次进行无模型抗滑桩的滑动试验。为了验证抗滑桩加固滑坡体的效果，获取没有抗滑桩加固滑坡体时使滑坡体整体滑动所需要的外部推力和设桩位置的滑坡推力，分析无抗滑桩作用时滑坡体的变形规律，对滑带的强度参数进行反演，从而为数值模拟提供可靠的数据。此外，进行无模型抗滑桩的滑动试验可以量测侧面约束板和底部滑面的摩擦力，为后续计算提供数据资料。

（4）进行有桩模型滑动试验。重新调试并安装好加压系统、模型槽和监测系统，以及包括滑体、模拟的滑带、滑床和普通沉埋单桩、普通沉埋双排桩、门架式抗滑桩、h型组合式抗滑桩的试验模型。

（5）在推力板后左右两侧对称放置两个百分表，量测推进位移。在千斤顶顶端安装荷载传感器，量测推力值。同时，位移传感器埋设地点分别为四种类型桩的桩前坡肩、桩后坡顶、桩顶、桩前坡腰。土压力盒布置情况为：各类桩水平方向桩后处，从滑面处始，垂直方向，分别在滑面以下布置土压力盒，用来监测桩后土体在荷载作用下土压力的变化规律。在各类桩前坡腰，埋设土压力盒，用来监测桩前土体的土压力。在四种类型桩身内外重要位置，贴应变片，通过传输线及应变仪获取应变读数，来计算桩应力大小。

8.5 结果分析

8.5.1 考虑结构特性 h 型组合式抗滑桩内力与位移分析

（1）h型组合式抗滑桩位移分析

如图8-20所示为h型组合式抗滑桩随滑坡推力变化的位移变化图。从图可知，在滑坡推力<80kN时，h型组合式抗滑桩桩顶位移增长十分缓慢，此间的桩顶位移几乎没有明显的增长；在80kN<滑坡推力<120kN时，h型组合式抗滑桩桩顶位移开始进入快速增长期，此间桩顶位移几乎呈线性增长；在滑坡推力>120kN时，h型组合式抗滑桩桩顶位移进入了急速增长阶段，例如在滑坡推力为120～150kN时，桩顶荷载的增长量比前120kN桩顶位移的增长总和还要多。

结合以上的h型组合式抗滑桩的桩顶位移的增长规律，研究者认为：在滑坡推力较小时，由于土体前期要进行致密"吸能"，导致部分滑坡推力被用来使桩后土体更加密实，导致滑坡推力无法完全地传递到抗滑桩，使桩身承载滑坡推力较小，而引

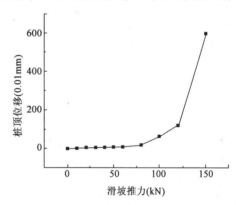

图8-20 随加载变化h型组合式抗滑桩桩顶位移图

起桩顶位移较小；在滑坡推力的持续增加下，桩后土体完成密实后，滑坡推力开始传递到抗滑桩，但是h型抗滑桩是一个三次超静定结构，自身可以调节应力的分配，具有较优的结构稳定性和支挡性能，能够承载较大的承载力而桩身位移变形较小，故在滑坡推力<60kN时，h型组合式抗滑桩桩顶位移增加很小。但随着滑坡推力的持续增加（>60kN），h型组合式抗滑桩自身的协调已跟不上作用在桩身上的滑坡推力，导致h型组合式抗滑桩自身产生较大的变位来抵抗滑坡推力；在80kN<滑坡推力<120kN时，h型组合式抗滑桩只需要产生恒定的桩身变位来平衡滑坡推力；但是随着滑坡推力的不断增加，在滑坡推力>120kN后，恒定速率的桩身变形已不能平衡增加的滑坡推力，需要桩身产生更大的变位；如果随着滑坡推力不断增加，桩身会持续产生变位，直至h型组合式抗滑桩遭到破坏。

（2）h型组合式抗滑桩桩身内力分析

试验采集在加载过程中每一级贴在组合式抗滑桩（h型桩、门架式桩）前、后排桩钢筋上的

应变片所产生的应变数据。然后把采集到的应变片数据换算成桩身的弯矩数据,其中将应变数据换算成桩身的弯矩公式为:

$$M = \frac{EI\Delta\varepsilon}{b} \qquad (8-1)$$

式中:EI——模型桩的抗弯刚度;

$\Delta\varepsilon$——$\Delta\varepsilon = \varepsilon_+ - \varepsilon_-$,$\varepsilon_+$为拉应变,$\varepsilon_-$为压应变;

b——同一断面处拉、压应变的测点间距。

图 8-21、图 8-22 为 h 型组合式抗滑桩前后排桩的桩身弯矩在不同推力荷载作用下的折线图。

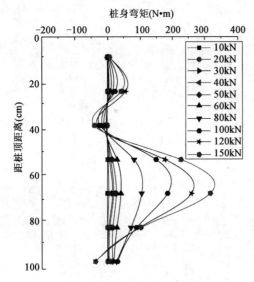

图 8-21　荷载作用下 h 型组合式抗滑桩后排桩桩身弯矩分布图

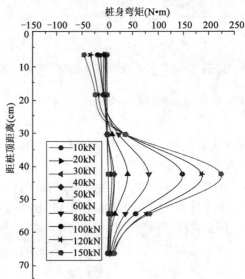

图 8-22　不同荷载作用下 h 型组合式抗滑桩前排桩桩身弯矩分布图

从图 8-21 可以看出,桩身自上而下,刚开始弯矩不断增大,在桩身 20cm 处出现一个弯矩峰值,然后在快接近连系梁处弯矩急剧减少,并在连系梁处(34cm)出现一个反向弯矩峰值,随后弯矩又开始增大并在滑动面处(63cm)达到整个桩身弯矩的最大值,随后再次逐渐降低,桩身 20cm、34cm、63cm 处均是弯矩反弯点,整个桩身形成了三处反弯点,使得整个后排桩的弯矩呈交变状态,而传统抗滑桩的弯矩自桩顶向下持续增大,并一直增大到滑动面处的弯矩分布形式。同时,随着滑坡推力的不断增大,h 型组合式抗滑桩后排桩的桩身弯矩三处反弯点的位置和分布形式保持不变,只是数值在变化。

与传统抗滑桩的弯矩分布形式相比,三处反弯点可以有效地缓解桩身弯矩过于集中问题,降低桩身的最大弯矩值,使得整个桩身受力更加均衡合理。h 型组合式抗滑桩后排桩弯矩分布产生上述变化,研究者认为是由于连系梁的缘故,因为连系梁与前、后排桩的刚性连接,后排桩可以把所承受的部分推力荷载通过连系梁传递给前排桩,同时,前排桩承受推力荷载会给后排桩产生反向推力,阻止弯矩的持续增大,自发进行推力荷载在整个组合结构的重新分配。

图 8-22 为不同推力荷载作用下 h 型组合式抗滑桩前排桩的桩身弯矩分布图。由图可知,不同于传统抗滑桩,由于连系梁传力特性,h 型组合式抗滑桩在桩顶处有初始内力,然后随着深度

的增加逐渐降低,然后反向增大,并最终呈现一个反向弯矩,这个弯矩为整个抗滑桩中内力最大值;同时还可以发现,随着推力荷载的增大,其内力的分布形式并没有变化,只是其数值在变化。

图 8-23 为不同荷载作用下,前、后排桩最大弯矩分布图。当推力荷载较小(10～20kN)时,由于坡体刚刚发生滑移,所以前、后排桩的最大弯矩值几乎相等;当 20kN < 推力荷载 < 70kN 时,后排桩弯矩极值快速增加,而前排桩弯矩极值增长十分缓慢;当推力荷载 > 70kN 后,前排桩才开始进入近似线性快速增长期,此时后排桩弯矩极值也保持着大致相等的增长速度,两者差距随着推力荷载的进一步增大而保持大致稳定。

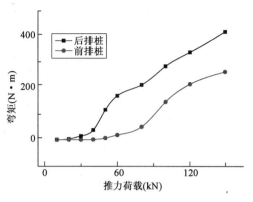

图 8-23 各级荷载作用下最大弯矩分布图

结合图可知,当滑坡推力较小(0～70kN)时,随着推力荷载的增加,坡体尚未发生大变位滑动,此时大部分的推力荷载均是由 h 型组合式抗滑桩的后排桩承担,导致前排桩被暂时"遮蔽",引起前排桩桩身弯矩较小,且各截面弯矩值绝对差值不大。直到滑坡推力相对较大时这种"遮蔽"效应才逐渐降低。

(3) h 型组合式抗滑桩桩前残余荷载分析

通过在 h 型组合式抗滑桩后排桩桩后与前排桩桩前相同的截面上埋设土压力盒,测量其在加载过程中各自土压力的变化,可以用来反映 h 型组合式抗滑桩支挡效果的好坏。图 8-24 所示为在距离组合式抗滑桩前后排桩相同距离处的两个土压力盒(218、212)的土压力变化图,图 8-25 所示为 218、212 数值之差变化图。由于这两个土压力盒分别位于 h 型组合式抗滑桩前后两侧,其土压力数值及其差值变化可以近似地反映出 h 型组合式抗滑桩支挡效果的变化。

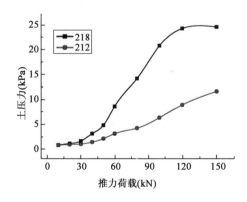

图 8-24 218、212 土压力数值变化

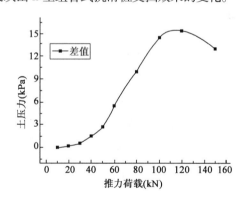

图 8-25 218、212 土压力差值曲线图

如图 8-24 所示,218 为 h 型组合式抗滑桩桩后土压力,其土压力值达到一定程度后便不再增加,这说明其所能承载的推力荷载是有一定限度的;212 为 h 型组合式抗滑桩桩前土压力,在推力荷载刚开始(<60kN)时,桩前土压力变化不大,当推力荷载在 60～120kN 时,桩前残余荷载开始近似线性增大,后排桩土压力增加相对更为快速,此时说明 h 型组合式抗滑桩正在发挥支挡性能,在推力荷载 >120kN 后,桩后土压力值趋于稳定,但桩前土压力仍在线性增加,说

明此时支挡性能开始下降。

为了可以直观地看出其变化特征,如图8-25所示为218、212土压力差值曲线图。此差值可以用来表示h型组合式抗滑桩相对荷载承载值,其值越大说明其支挡效果越好。从图可知,当推力荷载较小(<30kN)时,由于传递到h型组合式抗滑桩后排桩桩后的力较小,导致218、212土压力数值变化不大,导致其支挡效果变化不大;当荷载>30kN后,其差值开始增大,并在推力荷载为120kN时达到最大,说明此时支挡效果最优;当荷载>120kN后差值在逐渐降低,说明其相对支挡效果在降低。

以上说明,h型组合式抗滑桩的支挡效果并不能无限制地增大,而是呈现先增大后减小的变化趋势。

8.5.2 h型组合式抗滑桩桩后土压力分析

（1）h型组合式抗滑桩后排桩土压力分析

桩后土压力可以直接反映作用在h型组合式抗滑桩上荷载值的大小,对h型组合式抗滑桩的支挡效果和桩身受力有很大的影响。如图8-26、图8-27所示为两个h型组合式抗滑桩后排桩桩后(编号为:201~206、227~232)土压力传感器,随着推力荷载变化的拟合曲线图。

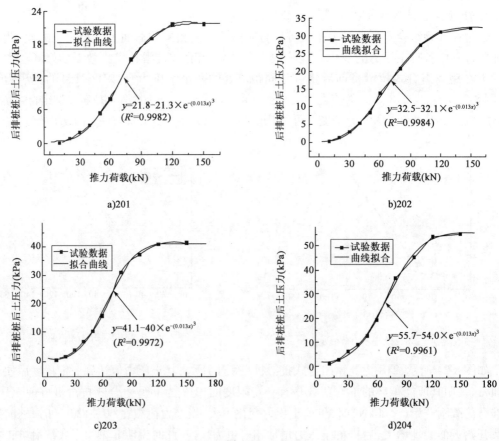

a)201　　　　　　　　　　　　　　　b)202

c)203　　　　　　　　　　　　　　　d)204

图 8-26

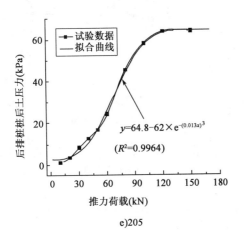

e)205

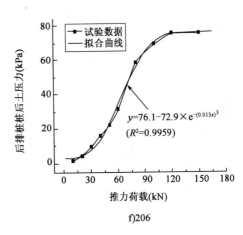

f)206

图 8-26　1号后排桩桩后土压力随推力荷载变化图

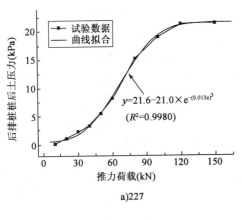

a)227

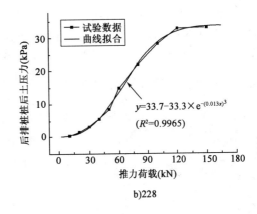

b)228

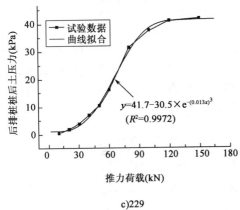

c)229

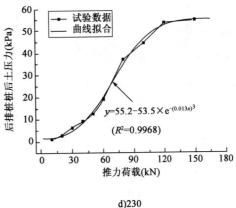

d)230

图　8-27

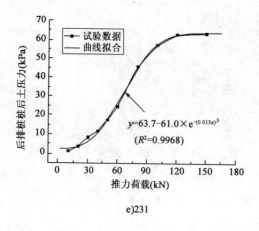

e)231

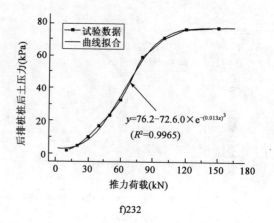

f)232

图8-27　2号后排桩桩后土压力随推力荷载变化图

从图8-26、图8-27可知:在相同的推力荷载作用下,两个h型组合式抗滑桩桩后同一高度处的土压力几乎相等,在加载过程中各土压力的变化形式也基本相同,只是随着深度的增加其数值在增加。从其分布形式上分析,在施加荷载的初期(<20kN),土压力的增长均比较缓慢;当20kN<推力荷载<120kN时,随着推力荷载的增加,后排桩桩后土压力值开始快速增长;当推力荷载>120kN时,后排桩桩土的土压力达到最大值保持不变。研究者认为:试验初期试验土体虽然经过压实,但其密实度还远不如自然条件下的密实度,使得在试验刚开始时土体"吸收"加压系统产生的推力来使自身变得密实,导致桩后土压力变化不大,随着桩后土体密实后,后排桩桩后的土体会首先进行"嵌密",并伴随着部分弹性变形,此时桩后土压力迅速增大;当推力荷载达到一定阶段后,土体开始发生弹塑性变形,导致其增长速率开始变缓;当达到完全塑性阶段后,土体开始产生剪切破坏,此时后排桩桩背后会形成一个近似三角形的挤压堆积土体(图8-28),土体沿着两侧滑裂面进行滑移,此时土压力的读数趋于稳定。

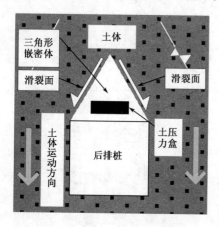

图8-28　后排桩桩后土体运动图

由于两个桩后土压力分布几乎相同,限于篇幅本课题取1号桩桩后土压力进行进一步的探讨分析,201~206处的土压力拟合曲线分别为:

$$
\begin{cases}
y = 21.8 - 21.3 \times e^{(-0.013x)^3} & (R^2 = 0.9982) \quad\text{——201} \\
y = 32.5 - 32.1 \times e^{(-0.013x)^3} & (R^2 = 0.9984) \quad\text{——202} \\
y = 41.1 - 40 \times e^{(-0.013x)^3} & (R^2 = 0.9972) \quad\text{——203} \\
y = 55.7 - 50.0 \times e^{(-0.013x)^3} & (R^2 = 0.9961) \quad\text{——204} \\
y = 64.8 - 62 \times e^{(-0.013x)^3} & (R^2 = 0.9964) \quad\text{——205} \\
y = 76.1 - 72.9 \times e^{(-0.013x)^3} & (R^2 = 0.9959) \quad\text{——206}
\end{cases}
\qquad (8\text{-}2)
$$

由式(8-2)中的201～206的第一项均为一个自然数,可以发现此数值为传感器所测得的最大土压力值,第二项自然指数函数,其中指数分布相同,其相乘数值部分为略小于第一项的自然数,其差值刚好为:土体初始状态桩后土压力值,x 为滑坡推力数值。故他们的基本通式可写为:

$$y = a - b \times \mathrm{e}^{(-0.013x)^3} \tag{8-3}$$

同时,每取一次推力荷载值,便可得桩后三个土压力观测点的土压力值。对每取一次 x 得到后排桩桩后土压力曲线进行拟合,再考虑整体因素,便可得不同土压力作用于后排桩桩后土压力分布曲线通式:

$$y_1 = \left[1.075 - 1.02 \times \mathrm{e}^{(-0.013x)^3} \right] \times x_1 + 11.05 - 11.1 \times \mathrm{e}^{(-0.013x)^3} \tag{8-4}$$

式中:x——推力荷载;

　　　x_1——自桩顶向下的长度;

　　　y_1——x_1 位置处桩后土压力值。

如图 8-29 所示为实测 h 型组合式抗滑桩后排桩桩后土压力曲线和用式(8-4)进行拟合的后排桩桩后土压力分布曲线(为了便于观察仅对 20kN、40kN、80kN、100kN、120kN、150kN 的拟合曲线进行绘制)。

从图 8-29 可知,h 型组合式抗滑桩后排桩桩后的土压力呈现上部较小、下部较大的线性分布形式,此种土压力分布形式为明显的梯形分布形式。且随着推力荷载的增大,桩后土压力分布形式不变,但其数值随着推力荷载的增大而增大。

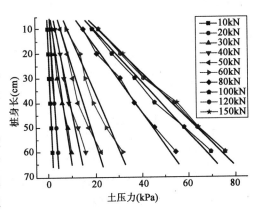

图 8-29　后排桩桩后土压力分布曲线图

(2)h 型组合式抗滑桩前排桩土压力分析

在前排桩桩后布置了四个土压力盒,监测在加载过程中前排桩土压力的变化规律。图 8-30 是编号为 207～210 土压力盒在加载过程中土压力的变化曲线图。

从图 8-30 可知,随着推力荷载的增大,前排桩桩后土压力呈现不断增大的趋势,同时,通过对曲线的拟合发现:前排桩桩后土压力与推力荷载大致呈线性关系,此种趋势关系与后排桩"当推力荷载增加到一定阶段后桩后监测土压力不再增加"的现象呈现明显不同。研究者认为,此现象是由于推力荷载会首先传递到 h 型组合式抗滑桩的后排桩,使得后排桩迅速产生支挡效果,此种支挡效应会阻碍推力荷载继续向前传递,造成后排桩土压力较大,前排桩土压力较小,但是随着推力荷载的不断增加,当推力荷载达到后排桩的支挡极限后,后排桩的土压力开始趋于稳定,但是此时前排桩还没有达到支挡极限,所以随着推力荷载的增加后排桩的桩后土压力也一直在增加。

同时,虽然两个观测点的土压力均大致呈线性增加,但是两个曲线之间并没有十分明显的对应关系,自上而下土压力的增长斜率在不断变大,这说明随着滑坡推力的增加下部土压力的增加速率要比上部土压力的增加速率要大。

图 8-31 为前排桩桩后土压力分布曲线,在不同推力荷载作用下,前排桩桩后土压力分布曲线形式均呈现上部土压力小、下部土压力大的大致线性分布形式,这种分布形式与后排

桩的桩后土压力分布形式大致相同,但是与后排桩土压力相比其数值要小很多,原因见前述分析。

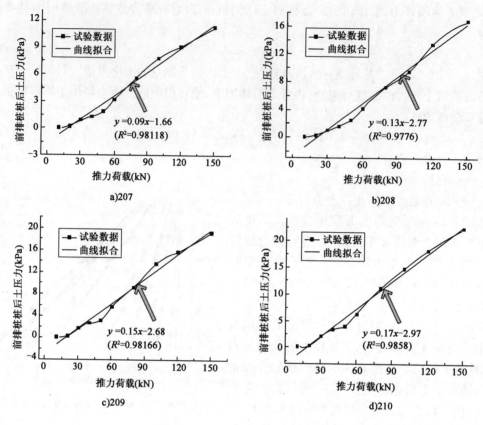

a)207

b)208

c)209

d)210

图 8-30　土压力随推力荷载的变化图

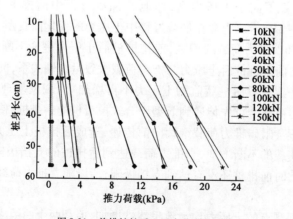

图 8-31　前排桩桩后土压力分布曲线图

8.5.3　h 型组合式抗滑桩桩后土拱效应分析

根据项目研究,土拱效应并不是位移拱而是一种应力拱,它是支挡结构在抵抗滑坡推力时自发形成的,它把桩后整个断面的滑坡推力均匀地离散到支挡结构的桩背,实现了由连续向离散过渡。本试验为了验证h型组合式抗滑桩间存在土拱效应,进行如图8-32所示的桩后土压力传感器布置,图8-32所示为距桩顶20cm处土压力传感器布置及土拱效应分析示意图。由于土拱效应会形成一个"嵌密"的拱形体,把滑坡推力导向抗滑桩桩背,实现推力由连续向离散的转换,此转换造成"嵌密"土拱体及其以后土体中的土压力(如:218、223区域)大于"嵌密"土拱体以前为支挡后的剩余滑坡推力(如234区域)。

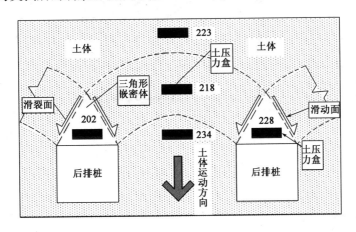

图8-32　后排桩土拱效应

如图8-33所示为80kN推力荷载下两个h型组合式抗滑桩桩后中间土压力的分布图;图8-34为后排桩桩后土压力随推力荷载的变化图(限于篇幅,取自桩顶向下20cm的横截面上的土压力分布规律作为研究对象)。

从图8-33和图8-34可知,自距后排桩桩中间0cm开始,随着距离的增加(<12cm),两榀抗滑桩桩中间的土压力随之增大,当距离增加到一定范围后(≥12cm),随着桩间距的增大,其土压力开始趋于稳定。结合本章节刚开始时的分析可知,由于桩后形成土拱效应,土拱效应使滑坡推力离散到抗滑桩来阻止滑坡推力继续向前传递,使得越靠近桩后其土压力就越小,同

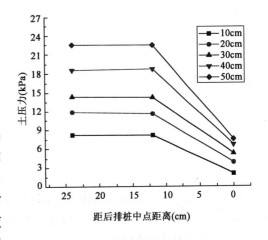

图8-33　80kN时后排桩桩后土压力分布

时,由于土拱效应带后的土体(如223区域)与土拱带共同组成桩后滑体,使得土拱效应带以及其后方滑体中的土压力差距不大。

图8-35为与202、228同在一个水平截面上(距桩顶20cm)两榀h型组合式抗滑桩后排桩桩后的土压力监测点。从图8-35可知,202、228数值变化基本相同,这说明两榀h型组合式抗滑桩在同一截面上土压力基本相同,同时还可以发现,202、228的增长趋势、曲线形式与218大致相同,这说明这三个观测点大致位于同一状态的土体中。

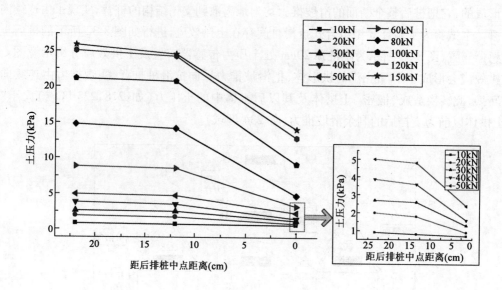

图 8-34　自桩顶向下 20cm 处桩后土压力变化图

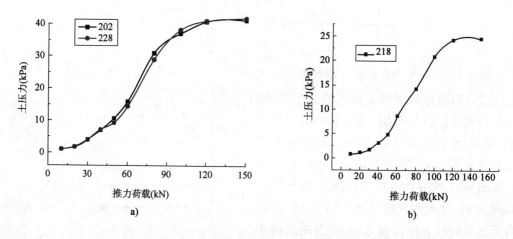

图 8-35　202、218、228 土压力变化图

　　图 8-36 为在各级推力荷载作用下,在桩身自上而下 20cm 处,两榀 h 型组合式抗滑桩桩背的连接线上(202、218、228)土压力的分布曲线图。从图 8-36 可以看出,两榀桩的桩背处土压力最大,而两榀桩中间的土压力最小,形成明显的应力拱形,且随着推力荷载的增大整个土拱形式保持大致不变,这正好与我们平常说的土拱效应相契合。

　　研究者认为,桩后土体中应力的不均匀分布是由于桩后土体的不均匀变化引起的,当推力荷载作用于坡体上时,由于桩背面和两榀桩之间的土体抵抗推力荷载的能力大小不同,而引起土体的不均匀变化,桩间土体抵抗滑坡推力较弱而引起桩间土体持续变位,桩背面由于桩身刚度较大可以抵抗相对较大的推力荷载,土体开始在桩背后产生"嵌密",随着"嵌密"从桩背到桩间不断发展,并最终"合拢",形成一条"嵌密"的拱形带,虽然表象为土体逐渐密实并形成土体拱圈,但实际是应力转移和再分配过程。

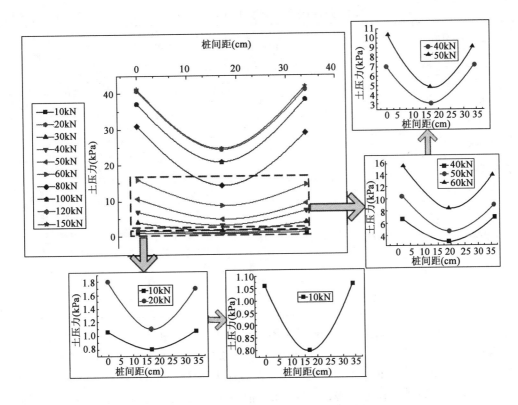

图8-36　推力为80kN时两榀桩间土压力分布

8.5.4　各类组合式抗滑桩支挡效果分析

1）各类支挡结构的位移分析

通过在抗滑桩桩顶安装千分表（图8-37），来测量在加载过程中桩顶的位移变化。表8-1为加载过程中千分表的数值变化。

图8-37　桩顶千分表布置图

加载过程中桩顶位移变化(单位:0.01mm)　　　　表 8-1

荷载等级＼桩型	锚 索 桩	h 型 桩	门 架 式 桩	双排桩(后排桩)
0	0	0	0	0
10kN	3	4	4	4
20kN	6	6	6	7
30kN	8	8	8	9
40kN	11	10	9	12
50kN	12	11	10	15
60kN	14	12	11	18
80kN	21	18	16	23
100kN	97	64	60	105
120kN	156	121	111	168
150kN	694	597	585	782

从表 8-1 可以看出,随着推力荷载的不断增大,桩顶的位移在不断增加。荷载从 0kN 加载到 80kN 的阶段(每 20kN 为一级),以双排桩的桩顶位移最大为 0.23mm,锚索桩次之为 0.21mm,门架式双排桩和 h 型组合式抗滑桩相对较小分别为 0.16mm 和 0.18mm,总体相差不大,但是总体桩顶的变位较为缓慢,位移增加与推力荷载大致呈线性变化。当推力荷载超过 80kN 时,桩顶位移开始快速增大;在 80～100kN 阶段桩顶荷载增大,锚索桩和双排桩的桩顶位移增大最为迅速,达到将近 5 倍,门架式和 h 型桩次之,达到 4 倍左右,使得这个阶段成为桩顶位移从线性到非线性的转折阶段,最后到荷载达到 150kN 时,锚索桩和双排桩的桩顶分别达到了 6.94mm 和 7.82mm,门架式桩和 h 型桩为 5.85mm 和 5.97mm。

图 8-38 为组合式抗滑桩(门架式桩)和传统抗滑桩(双排桩的后排桩)的桩顶位移变化曲线图。两者构造仅相差前、后排桩是否有刚性连接的连系梁,当推力荷载≤30kN 时,两种支挡结构桩顶位移增长速率近乎相等。当推力荷载≥30kN 时,双排桩(后排桩)桩顶位移的增长速率开始明显大于门架式桩桩顶位移的增长速率,两者的桩顶位移值也由此开始产生明显的差异,双排桩的位移开始快速增大,而门架式桩的桩顶位移增长速率还是相对较为缓慢;并且随着推力不断增大,两者的差距还在不断增大;当推力荷载达到 120kN 时,桩顶位移相差达到 0.57mm,150kN 时达到了 1.97mm。由以上分析可知,在相同的推力荷载作用下,门架式桩顶位移比双排桩的桩顶位移要小,门架式双排桩具有很好的控制桩身位移的功能,也从侧面说明门架式双排桩具有相对较优的支挡性能。

图 8-39 为坡面土体的滑移,其中主要的坡面滑移发生在锚索桩后的坡体,门架式抗滑桩、h 型组合式抗滑桩及双排桩后的坡面土体则几乎没有产生滑移裂痕。

从上述分析可知,在相同的滑坡推力作用下,h 型组合式抗滑桩和门架式抗滑桩的桩顶位移比锚索桩和双排桩的要小,尤其在推力荷载较大的情况下(＞80kN),h 型组合式抗滑桩和门架式抗滑桩的支挡优势更为明显,研究者认为这是由于 h 型组合式抗滑桩和门架式抗滑桩的组合桩整体协调效应开始发挥作用。

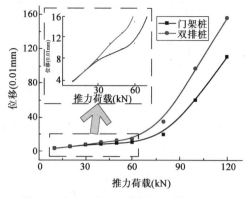

图 8-38　门架式桩和双排桩的桩顶位移变化图

图 8-39　坡面土体滑移

2）各类抗滑桩桩身内力分析

（1）后排桩内力分析

门架式抗滑桩和 h 型组合式抗滑桩有结构的差异，导致其在桩身内力分布方面有较大的差别。如图 8-40 ~ 图 8-42 为不同推力荷载作用下各类抗滑桩后排桩弯矩对比图。

图 8-40 ~ 图 8-42 分别为推力荷载在 50kN、100kN、150kN 三个推力荷载作用下，四种支挡结构（h 型组合式抗滑桩、门架式抗滑桩、锚索抗滑桩和双排桩）后排桩的桩身弯矩对比图。从图可知，组合式抗滑桩（h 型组合式抗滑桩和门架式抗滑桩）比传统抗滑桩（锚索抗滑桩、双排桩）的弯矩极值（极大值和极小值）均要小，且随着滑坡推力的增加，这种分布趋势就更加明显。同时，组合式抗滑桩的桩身内力分布也相对于传统抗滑桩更加均匀。以上均说明，组合式抗滑桩比传统抗滑桩的内力分布更加合理，不容易造成应力集中，提高了支挡性能，故组合式支挡结构比传统抗滑桩的支挡效果更优。对于组合式抗滑桩而言，不同类型的组合式抗滑桩桩身内力分布和支挡效果亦有不同。同时，结合本项目的研究重点，本小节将着重分析组合式抗滑桩（h 型组合式抗滑桩、门架式抗滑桩）之间的内力特征和支挡效果。

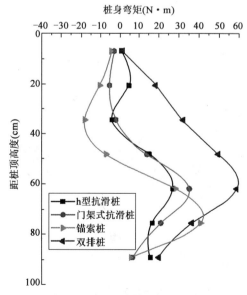

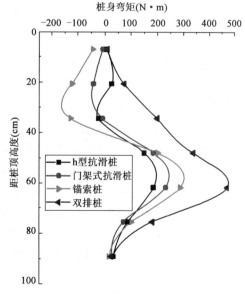

图 8-40　50kN 时后排桩弯矩对比图

图 8-41　100kN 时后排桩弯矩对比图

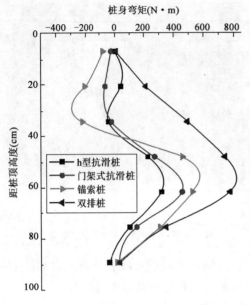

图 8-42　150kN 时后排桩弯矩对比图

门架式抗滑桩的桩身弯矩分布和传统抗滑桩的桩身弯矩分布大致类似呈现一个"s"形分布,整个桩身弯矩出现两处反弯点,但是与传统不同的是门架式桩桩顶的弯矩并不为零,并且随着滑坡推力的增大,门架式抗滑桩后排桩的弯矩分布形式没有产生变化,只是数值上有变化;而 h 型组合式抗滑桩弯矩分布并不符合传统的"s"曲线,而是比传统抗滑桩多出一个反弯点,整个桩身弯矩出现三处反弯点,同时经过分析还可以发现第一处、第二处反弯点分别位于连系梁的上下两侧,随着滑坡推力的增大,其分布形式大致不变,也只是数值在变化。同时还可以发现,h 型组合式抗滑桩的均衡分布可以在很大程度上减少桩身应力过于集中的问题,从而可以提高抗滑桩的支挡效果。

研究者认为造成上述现象的主要原因是由于连系梁位置的不同造成,连系梁刚性连接前后排桩,前、后排桩就可以通过连系梁进行内力的相互传递,同时,推力荷载会首先传到后排桩,后排桩会通过连系梁把部分推力荷载传递给前排桩,使前排桩产生变形的趋势,前排桩为了抵抗这种变形,根据作用于反作用力原理会给后排桩一个反力,这也就解释了为什么门架桩桩顶弯矩不为零。

同时,由于此反力与作用在后排桩上的力方向相反,为此它可以减缓作用于后排桩桩身上的推力荷载,并使其反力增大,由于此力位于 h 型组合式抗滑桩后排桩的桩身而不是桩顶,这也就解释了 h 型组合式抗滑桩为什么桩身内力不会一直增加以及桩身出现三处反弯点等。

（2）前排桩内力分析

图 8-43 ~ 图 8-45 为不同推力荷载作用下,各类抗滑桩（h 型组合式抗滑桩、门架式抗滑桩和双排桩）前排桩的桩身弯矩分布图。

从图可知:与上一小节结论相类似,在相同的滑坡推力作用下,组合式抗滑桩（h 型组合式抗滑桩、门架式抗滑桩）的桩身内力极值（极大值、极小值）比传统抗滑桩的极值均要小,说明在相同的外力荷载作用下,组合式抗滑桩的支挡效果更优。但是不同的组合式抗滑桩之间的支挡效果同样存在差异,为此,针对本项目的研究重点,以下段落将着重探讨组合式抗滑桩（h 型组合式抗滑桩、门架式抗滑桩）内力规划规律。

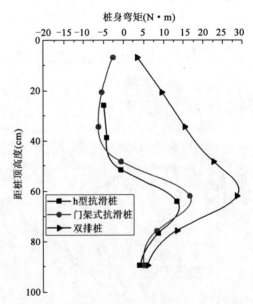

图 8-43　50kN 时前排桩弯矩对比图

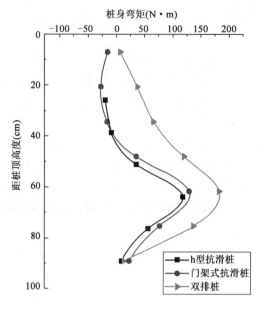

图 8-44 100kN 时前排桩弯矩对比图

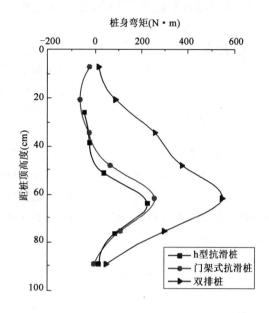

图 8-45 150kN 时前排桩弯矩对比图

门架式抗滑桩与 h 型组合式抗滑桩的前排桩桩顶都刚接了连系梁,但是其高度不同。如通过总体分析可知,不同于传统抗滑桩,这两种抗滑桩在滑动以上的内力在桩顶处达到最大,然后随着深度的增加逐渐降低,然后反向增大,并最终呈现一个反向弯矩,这个弯矩为整个抗滑桩中内力最大值。

同时还可以发现,随着推力荷载的增大,其内力的分布形式并没有变化,只是其数值在变化。

结合三维地质力学模型试验,我们可以得出:组合式抗滑桩不管是在桩顶位移还是在桩身内力等方面均比传统抗滑桩要小,这说明组合式抗滑桩具有更优的支挡性能。同时,对两种组合式抗滑桩(h 型组合式抗滑桩、门架式抗滑桩),由于连系梁位置的不同,造成的结构差异相对较大,对 h 型组合式抗滑桩后排桩的桩身应力分布比门架式抗滑桩多出一处反弯点,整个桩身呈现三处反弯点,它可以明显降低桩身内力过于集中,使桩身应力分布更加合理均匀;同时,h 型组合式抗滑桩的前排桩与门架式抗滑桩前排桩内力分布形式大致相同,其桩身内力极值和变化幅度比门架式抗滑桩要小。以上这些说明,h 型组合式抗滑桩可以有效地降低局部区域应力过大,这些都有助于 h 型组合式抗滑桩提高支挡效应。

8.6 本章小结

8.6.1 h 型组合式抗滑桩位移与内力规律

(1)当推力荷载小于一定值时,由于土体的"吸能"和组合式抗滑桩超静定结构的优势,可以保持桩身位移变化不大,且增长速率较为缓慢。在推力荷载大于一定值以后,桩身开始产生变形,并且随着滑坡推力的增大其变形速率逐渐增大。

(2)h型组合式抗滑桩、门架式抗滑桩的桩顶位移小于普通双排桩的桩顶位移,具有良好的自身刚度。

(3)组合式抗滑桩后排桩的内力分布比传统抗滑桩的内力分布弯矩反弯点更多,可以明显地降低桩身应力过于集中的问题,可以有效地降低滑动面处的内力最大值,提高支挡效果。

(4)组合式抗滑桩由于联系横梁的作用,有效地传递了前后排桩的内力,结构受力比普通双排桩更加明确。

(5)h型抗滑桩前排桩与门架式抗滑桩内力分布形式虽然相似,但h型组合式抗滑桩内力极值与内力变化幅度均比门架式抗滑桩后排桩要小。与连系梁相连的h型组合式抗滑桩后排桩处会形成一处反向内力反弯点,且这处反弯点随着推力荷载的增大而增大,这处反弯点有效地降低了后排桩内力的持续增加,提高了h型组合式抗滑桩的支挡效果。一般情况下,h型组合式抗滑桩的结构支挡性能要优于门架式抗滑桩。

8.6.2　h型组合式抗滑桩桩后土压力及土拱效应规律

(1)组合式抗滑桩前、后排桩桩后土压力呈现桩身上部土压力小、下部土压力大的大致为线性的分布,此分布符合目前常用的梯形荷载形式。对组合式抗滑桩后排桩桩后土压力变化曲线拟合,得到桩后不同深度土压力变化曲线方程,据此拟合出组合式抗滑桩后排桩桩后土压力分布函数。

(2)通过监测桩后不同位置处土压力盒数值变化,发现在桩背面和桩后一定距离的一定拱形区域内,其力学变化趋势均大致相同,呈现刚开始时增大,增大到一定阶段后就区域稳定,并且桩背面处的土压力大拱形区域中间土压力小,这种变化特征明显属于土拱效应的变化特征,此现象表明桩后确实存在土拱效应,并且通过其数值上的变化,也从侧面表明了土拱效应的存在。

(3)通过对试验数据分析,组合式抗滑桩的支挡效果也是有一定的范围的,随着滑坡推力的增大,支挡效果一般呈现先增强后减弱的趋势。

第9章 h型组合式抗滑桩施工工艺 与施工质量控制

h型组合式抗滑桩是一种全新的抗滑支挡结构,其工程运用尚处于探索阶段,有必要建立一定的h型抗滑桩的施工工艺,并研究其合理的施工工序,提高它的工程应用性和施工实践的可操作性。

另一方面,h型组合式抗滑桩往往用于大推力滑坡的防治,其截面尺寸较大,同时,h型组合式抗滑桩作为组合式抗滑桩,成孔数较多。由于滑坡体自身稳定性差,在滑坡体前缘进行大规模的挖孔作业时,若施工不当将会导致由卸荷而产生的新的滑坡,不仅未能实现治理滑坡的目的,反而诱发新的地质灾害的出现。故有必要对其施工技术进行研究。

h型组合式抗滑桩作为抗滑桩的一类结构形式,与传统的抗滑桩施工相比,在施工过程和主要施工技术上具有一定的相似性。一般仍采用机械成孔或人工成孔,然后现场浇注混凝土施工。但由于其自身结构形状的特点,要充分发挥其结构功能,h型组合式抗滑桩(门架式抗滑桩)在施工中必须额外考虑以下几点施工技术:

(1)桩顶刚接与帽梁的制作工艺。

(2)前排桩、后排桩与连系梁的施工工序。

(3)施工质量控制标准的建立。

(4)不良地质情况的处理措施。

9.1 h型组合式抗滑桩桩帽的制作

相对于普通抗滑桩,h型组合式抗滑桩在设计施工中,需在前排桩、后排桩桩顶与连系梁的结合部位增设桩帽,其原因在于:

(1)h型组合式抗滑桩前排桩、后排桩桩顶与连系梁的结合部位,这个区域主要作用有轴力、弯矩和剪力,由于应力状态复杂,往往易出现大变形。此部位易发生剪切变形,形成剪压破坏,故需考虑在前后排桩桩顶处增设桩帽,以保证其安全可靠。

(2)前排桩、后排桩桩顶与连系梁的结合部位,由于桩成拐角构造,必须加以重视因外形变化而导致的应力集中,否则将使h型组合式抗滑桩前、后排桩不能同时工作,从而大幅度降低其整体刚度,所以需通过增设桩帽来强化刚度。h型组合式抗滑桩承受巨大的水平推力作用,桩帽同前、后排桩和连系梁固结能够有效地降低抗滑桩整体水平位移,增强抵御大推力滑坡的能力和效果。

（3）前面的计算分析表明，保持前排桩、后排桩与连系梁的刚性连接是非常必要和重要的。这不仅可以有效避免 h 型组合式抗滑桩桩身过大位移的发生，同时，可以实现合理的前、后排桩正负弯矩的协调性，以及适当地降低锚固段最大负弯矩的绝对值，从而减少桩身配筋，节约成本。在设计施工中，应考虑增加桩帽构造，强化连系梁与桩顶的刚度，最大程度地发挥结构的整体优势。另外，桩帽的设计能有效避免连系梁与前、后排桩桩顶连接处的破坏，有效传递荷载。图9-1 为桩帽构造简图。

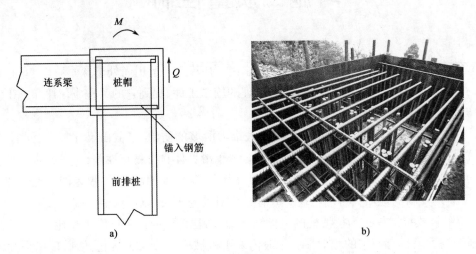

图9-1　桩帽构造简图

h 型组合式抗滑桩桩帽的制作应该符合以下几个方面的要求：

（1）h 型组合式抗滑桩桩帽应与前、后排桩桩顶及连系梁刚性连接，前、后排桩桩顶和连系梁应分别嵌入桩帽足够的深度。首先，从结构构造上考虑，桩帽与前后排桩桩顶及连系梁刚性连接，才能保证桩身结构牢固地通过连系梁连接成一个整体，也才能满足结构计算中桩顶刚性的假定。如果桩帽桩顶和连系梁刚性连接，发生转动，这会使 h 型组合抗滑桩结构计算的弯矩值和剪力值出现较大误差。其次，从传递结构弯矩和剪力的角度上考虑，只有桩帽应与前后排桩桩顶及连系梁刚性连接，才能有效降低前后排桩桩身内力值，发挥 h 型组合式抗滑桩超静定结构的优势。故对于 h 型组合式抗滑桩，在设计中应考虑桩帽的设计，同时，在施工中予以实施。建议桩顶和连系梁嵌入深度在 120 ~ 150mm 之间。

（2）h 型组合式抗滑桩桩帽应有足够的截面尺寸和强度。在构造尺寸上，桩帽应比前后排桩设计截面尺寸略大，一般可考虑大于桩身截面 400 ~ 500mm，以有效锚固桩身和连系梁的钢筋，实现其应有的强度。

（3）h 型组合式抗滑桩的桩帽在构造上，应根据混凝土保护层厚度，布置成一个封闭形状的钢筋核心区，使得横向和纵向伸进来的钢筋能够锚固在桩帽的核心区里。桩帽的配筋应根据弯矩、剪力，按抗弯构件进行计算。一般布设双侧受力钢筋和箍筋。建议桩帽的构造钢筋以 $\phi16@200$ 的双向钢筋网为宜。

（4）制作桩帽的混凝土强度等级应不低于前后排桩与连系梁所用等级，一般采用 C30 以上的混凝土。

9.2　h型组合式抗滑桩施工工序研究

9.2.1　h型组合式抗滑桩两类施工工序

h型组合式抗滑桩作为一种新型抗滑结构,其施工工艺目前尚未有大量的工程实践参考。h型组合式抗滑桩的施工工序,对于前、后排桩的制作顺序具有一定的主观性,更多的是从工程经验和作业方便的角度权衡。不过,面对大推力滑坡的治理,设计与施工质量的保证是首当其冲的。不同的施工顺序对抗滑桩的成桩质量及其抗滑效果均会产生一定的影响,从而间接影响坡体的稳定性。图9-2为h型组合式抗滑桩结构示意图。

现提出两种施工做法可供考虑:

(1)第一种施工工序是采用同时开挖的顺序,如图9-3所示,具体的涉及以下几个施工步骤:

第一步,同时开挖前、后排桩桩孔。采用人工挖孔施工,用镐、锹开挖,遇到坚硬土层用锤、钎破碎,当有大块石时,用风镐破除,在开挖的过程中进行护壁支护[图9-3a)]。

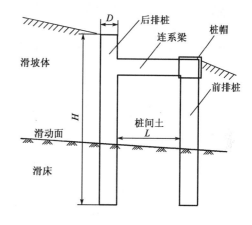

图9-2　h型组合式抗滑桩结构示意图

第二步,前、后排桩设计高程(连系梁设计高程)以下部分钢筋焊接捆扎与混凝土浇筑。对前、后排桩设计高程(连系梁设计高程)以下部分进行钢筋笼的焊接捆扎,采用分段捆扎钢筋和分段浇筑,每焊接捆扎钢筋一段,便进行混凝土浇筑,浇筑过程中每连续浇筑一段便振捣密实一次,浇筑至连系梁设计高程位置处停止,并预留出横向受力钢筋[图9-3b)]。

第三步,连系梁开挖以及连系梁模板安装。采用人工挖孔施工,用镐、锹开挖,遇到坚硬土层用锤、钎破碎,基坑开挖时在连系梁两边各加宽5cm,保证模板安装的工作面、基底平整,基底应铺筑5cm厚的砂浆垫层进行找平,连系梁与前后排桩采用直螺纹方式进行连接,连接时两接头应严格对中,确保钢筋安装位置准确。连系梁钢筋在钢筋加工场加工成半成品,运至现场绑扎。钢筋按规范进行焊接或绑扎,间距正确,并使用混凝土垫块确保钢筋的保护层厚度,模板应按设计要求准确就位,安装侧模时,支撑应牢固,应防止模板在浇筑混凝土时产生位移[图9-3c)]。

第四步,浇筑连系梁和后排桩外伸悬臂段部分。先对后排桩外伸悬臂段进行钢筋笼的焊接捆扎,捆扎具体要求与第二步相同;然后对连系梁和后排桩外伸悬臂段部分进行同时浇筑,采用插入式振动器进行混凝土振捣,振捣时振捣棒与模板应保持5~10cm的距离,并尽量保持垂直,振捣时应遵循快插慢拔原则,振点要均匀排列,驻点进行移位,移位间距应不超过振动器作用半径的1.5倍。在振捣过程中应做到混凝土不再下沉、表面呈现平坦、无显著气泡上升、表面出现薄层水泥浆为止,避免早振、漏振、欠振和过振等造成的质量问题和外观缺陷[图9-3d)]。

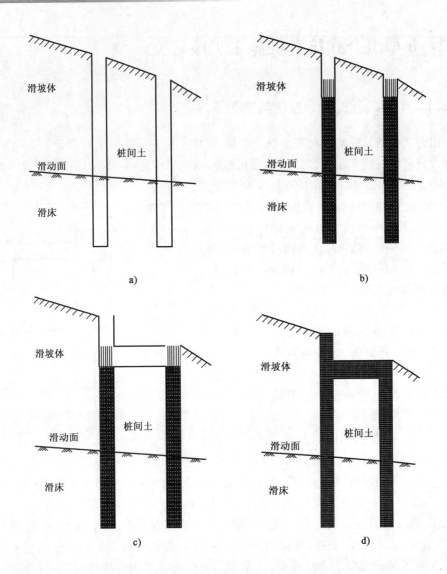

a)　　　　　　　　　　　b)

c)　　　　　　　　　　　d)

图 9-3　第一种施工工序示意图

这种施工方法的优点是操作方便、快捷、简单。缺点是不能很好地保证桩身与连系梁连接稳固，从而不能充分发挥桩的整体刚度效应。此外，同时开挖前、后排桩桩孔，会对桩间土的稳定性带来较大的影响和扰动，容易导致桩间土屈溃的现象出现，不利于施工安全和实现施工技术标准。

（2）第二种施工工序是采取分步开挖的方法，如图 9-4 所示。

第一步，开挖后排桩桩孔。采用人工挖孔施工，用镐、锹开挖，遇到坚硬土层用锤、钎破碎，当有大块石时，用风镐破除，在开挖的过程中进行护壁支护［图 9-4a)］。

第二步，连系梁以下一定位置后排桩部分钢筋焊接捆扎与混凝土浇筑。对连系梁以下一定位置后排桩部分进行钢筋笼的焊接捆扎，采用分段捆扎钢筋和分段浇筑，每焊接捆扎钢筋一段，便进行混凝土浇筑，浇筑过程中每连续浇筑一段便振捣密实一次，浇筑至连系梁以下一定位置处停止,并预留出横向受力钢筋[图9-4b)]。

第三步,开挖前排桩桩孔。待后排桩混凝土达到一定强度,与桩周岩土体初步作用后,再开挖前排桩桩孔。采用人工挖孔施工,用镐、锹开挖,遇到坚硬土层用锤、钎破碎,当有大块石时,用风镐破除,在开挖的过程中进行护壁支护[图9-4c)]。

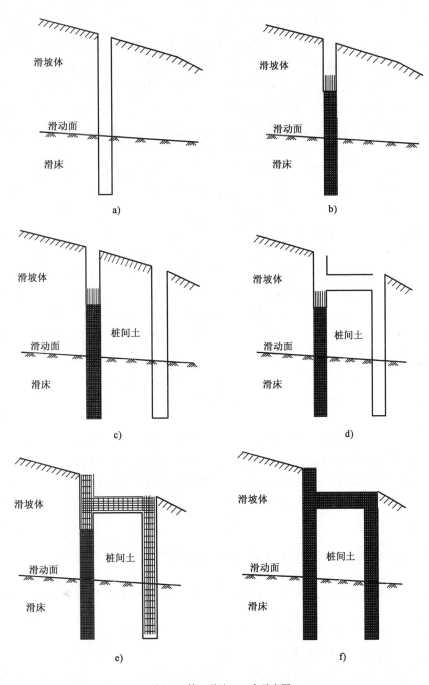

图9-4 第二种施工工序示意图

第四步,连系梁开挖。采用人工挖孔施工,用镐、锹开挖,遇到坚硬土层用锤、钎破碎,基坑开挖时在连系梁两边各加宽5cm,保证模板安装的工作面、基底平整,基底应铺筑5cm厚的砂浆垫层进行找平[图9-4d)]。

第五步,后排桩剩余桩位、前排桩整体钢筋焊接捆扎以及连系梁模板安装。首先对前排桩进行钢筋笼预制和安放,钢筋在钢筋加工场加工成半成品,运至现场绑扎,按规范对钢筋进行焊接或绑扎,间距正确,并预留出横向受力钢筋。钢筋笼采用桩机两点起吊,吊装使用专用吊具;钢筋笼在孔口对接时,每节钢筋笼焊接完毕应补足接头部位的螺旋筋,方可继续下笼;在已入孔的钢筋笼上端穿入型钢将其悬挂于井口支架上,钢筋笼下放时严格对准孔位中心;其次承接第二步预留出的横向受力钢筋,将后排桩剩余部分预设的钢筋全部焊接捆扎完成;最后进行连系梁模板安装,连系梁与前后排桩采用直螺纹方式进行连接,连接时两接头应严格对中,确保钢筋安装位置准确,并使用混凝土垫块确保钢筋的保护层厚度,模板应按设计要求准确就位,安装侧模时,支撑应牢固,应防止模板在浇筑混凝土时产生位移[图9-4e)]。

第六步,浇筑后排桩剩余桩位、前排桩整体以及连系梁部分。首先从前排桩开始浇筑,采用串筒或导管下料,分层振捣,串筒底部距离表面不大于2m为宜,且串筒应位于孔中心。灌注必须连续分层进行,振捣密实,直至与连系梁连接处。其次进行连系梁的浇筑,混凝土采用插入式振动器进行振捣,振捣时振捣棒与模板应保持5~10cm的距离,并尽量保持垂直,振捣时应遵循快插慢拔原则,振点要均匀排列,驻点进行移位,移位间距应不超过振动器作用半径的1.5倍。最后进行后排桩剩余部分的浇筑,其浇筑要求与前排桩相同[图9-4f)]。

第二种施工工序的优点是既能保证桩间土的稳定性,又能最大程度地实现h型组合式抗滑桩的整体功能。在上述过程中,应严格按照相应规范要求进行开挖和浇筑,并且尽可能地缩短第一步浇筑和第二步、第三步的间断时间,以避免前、后排桩在连接处形成明显的施工缝隙,从而影响到h型组合式抗滑桩的整体性。

此外,采用第二种施工方法的另一个重要优势是可以大大提高前、后排桩与连系梁连接处的刚度,而前、后排桩与连系梁连接处的刚度的提升,又恰恰能最大限度地发挥h型组合式抗滑桩的抗滑效果和工作能力。

对于第二种分步开挖的施工工序,最需要重视和考虑的是后排桩浇筑高度的选择。一般来讲,后排桩浇筑高度应根据后排桩的弯矩图和剪力图来综合判断决定。由于后排桩受荷段受到交变弯矩作用,其最好选择在弯矩值较小附近,此处的剪力值也不应过大。故需针对不同的桩身长度,灵活地选择不同的施工浇筑高度。通过计算和分析,建议在连系梁下3~6m处较佳。

9.2.2 前、后排桩施工顺序对安全系数的影响

通过对前、后排桩的施工工序进行建模,考虑以下两种施工顺序,分析各自对安全系数的影响:

(1)先施工后排桩,再施工前排桩。

(2)先施工前排桩,再施工后排桩。

取连系梁长度分别为2d、3d、4d、5d、6d,运用有限元强度折减法计算得出安全系数。图9-5为计算结果。图中列出的安全系数分别是只施工前排桩或只施工后排桩所得结果。根据图中

安全系数曲线能够判断出：如先对后排桩施工,此时的安全系数大于先施工前排桩的情况；如先对前排桩施工,此时的安全系数随排桩间距的减小而增大,但安全系数始终低于先施工后排桩时的安全系数。综上所述,在正常的工程地质条件下,应先对后排桩进行施工,这样更有利于边坡的稳定和施工安全。这一点也在一定程度上验证了前面提出的建议采用第二种施工工序进行施工作业的合理性。

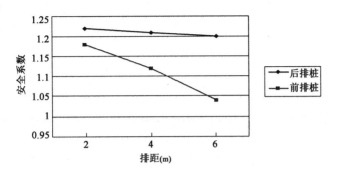

图9-5 前、后排桩施工顺序对安全系数的影响

基于以上施工工序,结合普通抗滑桩施工过程,可以得出 h 型组合式抗滑桩施工流程图,如图 9-6 所示。

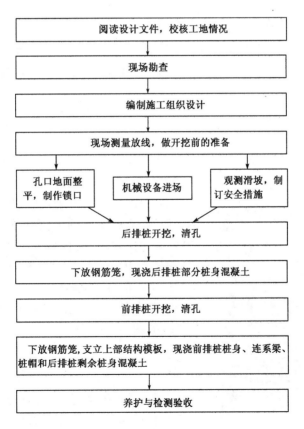

图9-6 h 型组合式抗滑桩施工流程图

9.3 h型组合式抗滑桩施工作业控制要点

抗滑桩作为横向受力结构,其施工与一般的桩基础施工有较大的区别。由于h型组合式抗滑桩属于大截面尺寸,所须钢筋用量大,且孔内人工绑扎多,故施工难度较大。特别是h型组合式抗滑桩前排桩与后排桩之间连系梁构造,增加了地上施工的难度。参考普通抗滑桩的施工程序,根据h型组合式抗滑桩自身特点,进行施工设计与作业控制,重点需要强化以下几个关键步骤。

9.3.1 施工准备

项目部技术人员对现场情况进行实地踏勘,认真研究施工图设计的各项技术指标与设计意图,并结合挖孔桩施工工艺,对设计疑问进行了详细的整理。

实施滑坡范围临时排水工作,在支挡工程实施前先完成滑坡坡面的裂缝封填工作和坡面清理工作,将清方部分土方反压至滑坡前缘,观测滑坡变形情况,在变形基本稳定后即首先实施两侧抗滑桩,并逐步向中部推进。在组合式抗滑桩未实施完毕情况下,滑坡前缘不准进行任何清方工作。抗滑桩施工完成后清除反压土方,实施坡面支撑渗沟和截排水工作。

在桩孔开挖前需对边坡及台地的地表裂缝进行封闭处理,防止地表水下渗而影响孔壁稳固;对桩位区域的场地进行平整清理,平整高程以相应的桩顶高程为准,同时沿拟建道路及抗滑桩的走向,靠近道路内侧平整出施工场地,以便修筑施工便道。做好施工期临时排水的方案。

9.3.2 桩位

放线的准确与否直接影响建筑物的位置是否符合要求,而桩位的准确直接影响着整个工程的结构,因此,这个工序的重要性不容忽视。根据滑坡实际情况,按照抗滑桩的布局设计,依据基准高程点、现场控制网络、坐标点测放轴线、放出的定位线,测放所有的桩位。平整出贯通此桩排的操作面,确定桩间距、桩长轴方向及桩长短边尺寸,标示桩内钢筋束的点位。以桩身开挖尺寸加护壁厚度为基准画出上部的开挖结构线。撒石灰线作为桩井开挖尺寸线。确定各轴线的控制桩,得出各桩心控制点。测量放线如图9-7所示。

图9-7 测量放线

9.3.3 开孔

对前、后排桩进行梯形锁口制作,如图9-8所示,确保成桩位置,控制桩深高程。在成孔施工中,保证设备不发生偏移,桩孔矩形断面尺寸最好略大于设计尺寸25mm,桩深略大于设计尺寸50mm,以方便后续施工。

锁口的施工流程包括施工准备、测量放线、土方开挖、钢筋绑扎、模板支立、混凝土浇筑、拆模养生等。

锁口开挖时,中间部分土体采用挖掘机开挖,距离边界20cm及缩口底部20cm部分采用人工开挖。

锁口开挖完成后,及时对周边进行临边支护,然后进行钢筋绑扎的工作,锁扣配筋。

在机械设备不能进场的情况下,桩孔开挖可进行自上而下全断面人工开挖。但工地应配备现场供电设备,保障风镐工作,并布设电动卷扬机。h型组合式抗滑桩开挖施工作业图如图9-9所示。对于土体,可运用风镐直接开挖;采用先中间后周围、由上到下的挖掘顺序,在土体与岩石结合位置以及滑动面附近不得分节。对于孤石或石方,则运用手风钻钻孔、控制爆破的

图9-8　锁口制作

方法进行开挖。同时采用卷扬机挂吊手推车出渣至桩口处,然后地面送渣。除渣施工作业图见图9-10。

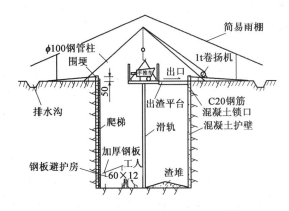

图9-9　h型组合式抗滑桩开挖施工作业图(单位:cm)

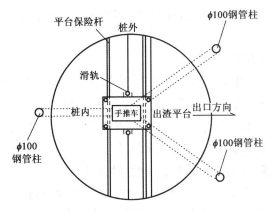

图9-10　h型组合式抗滑桩除渣施工作业图

如遇不良工程地质状况,可采用岩土取芯机精细分层取芯开挖,如图 9-11 所示,然后运用风镐,以提高工作效率。

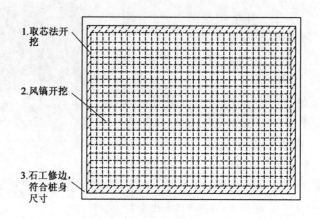

1. 取芯法开挖
2. 风镐开挖
3. 石工修边,符合桩身尺寸

图 9-11　取芯开挖法图示

桩井开挖采用自上而下分层开挖的方法施工,层厚按 1.0 ~ 1.5m 控制,每开挖一层,支护一层,开挖断面根据桩井直径和井壁情况进行超挖,一般 30cm 左右,以保证井壁支护混凝土厚度,确保桩壁稳定。桩井开挖施工流程图如图 9-12 所示。

测量放样 → 井台开挖 → 井台浇筑 → 土方开挖 → 出渣 → 支护 → 通风散烟 → 下层开挖

图 9-12　桩井开挖施工流程图

(1)土方开挖主要采用人工开挖,辅以风镐风钻,先中间后周边,每节护壁均应检查中心点及几何尺寸,合格后才能进行下道工作。在孔口安装吊架,尽可能使用电动提升机,电动提升机必须配有自锁装置,用吊桶人工提升到孔外指定地点堆放。在不具备使用电动提升机条件时,当使用绞架作为提渣设备时,应做好绞架的质量把关,控制好绞架安装质量。孔口四周必须设置护栏。

挖孔桩挖土方式见图 9-13。

(2)滑体土方开挖:滑体中的土体开挖施工,采用人工开挖、竹篾箕装土上料,装入料斗后配合卷扬机垂直提升出渣。桩井土方开挖施工示意图见图 9-14。

(3)滑体石方开挖:滑体石方开挖主要指井内遇大孤石、探头石等情况时的桩井开挖施工,其施工方法是用手风钻造孔,导爆索切割爆破使岩石解体,人工上料入斗出渣。钻爆施工过程中严格控制单段起爆药量,减少爆破震动的破坏作用。

(4)基岩段石方开挖:基岩段石方开挖严格按照施工程序进行施工。

第一步钻孔爆破:掏槽孔和爆破孔采用乳化炸药桩连续装药,非电毫秒雷管分段。周边孔

190

采用乳化药卷间隔不耦合装药,导爆索引爆,整个网络采用电力起爆。

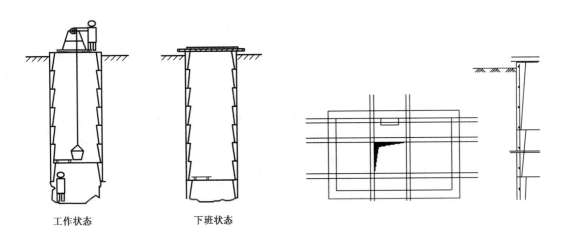

| 工作状态 | 下班状态 |

| 图9-13 挖孔桩挖土方式示意图 | 图9-14 桩井土方开挖施工示意图 |

第二步通风散烟:爆破后为排出有害气体和灰尘,采用压入式风机吹风。另外桩井深超过10m后,孔底空气自然流动的条件差,二氧化碳含量增加,井内采取经常性通风(或不间断通风)确保施工安全。

第三步出渣:利用井口设置的卷扬机,配料斗垂直吊运至井口,在井口架设两根大槽钢,作为活动板下面轴承的行走轨道(手推车在活动板上),手推车的料斗和行走部分分离,待料斗吊出井口时,首先关闭活动板,再将手推车推进,将料斗推出堆积,堆积以不影响道路和施工为原则,堆积料由装载机或反铲配合自卸汽车运至弃渣场。

进行护壁和锁口钢筋的制作并及时进行模板安装,在井口模板的支护过程中用全站仪对其位置及桩口进行校核。井口浇注完毕后,立即将桩心十字轴线及高程投测到锁口护壁混凝土上,作为桩孔施工的桩心、垂直度、深度控制的依据。同时要在井口四周挖好排水沟,设置地表截、排水及防渗设施;雨季施工期间,应搭设雨棚,备好井下排水、通风、照明设备。

开挖过程中的注意事项包括:

(1)为降低井壁的荷载应力,桩口附近禁止堆土和堆放其他重物,同时,在地面处设置排水沟以排除地面水,避免降水对孔壁的冲刷。

(2)为保证安全作业,避免孔壁坍塌带来的隐患,需对孔井进行护壁处理,可运用"倒悬法"浇筑手段,开挖一段护壁一段。在开挖过程中,进行简单衬砌的修筑,打入自进式锚杆,采用厚度为30~40cm的钢筋混凝土进行防护,以保证施工安全。

(3)h型组合式抗滑桩灌注桩施工通常可先对2个及以上试成孔施工,检验成孔工艺和技术水平是否符合要求,并根据具体情况修筑施工技术参数。如果出现回淤、流砂、吊脚、缩颈等地质情况,且不能符合设计的质量要求,应重新制订新的施工解决措施和工艺,保证施工的顺利进行。

9.3.4 钢筋混凝土护壁

桩井护壁保护包括桩顶护筒和抗滑桩桩井护壁。桩顶护筒(即井台)的作用是固定桩位,隔离地面水,免其流入桩井内,保护桩井口不坍塌。抗滑桩桩井的固壁方式为现浇钢筋混凝土和素混凝土,现浇钢筋混凝土适用于桩井滑坡体段、断层地带及地质缺陷段,对基岩嵌固段固壁则用现浇素混凝土或少筋混凝土。

对土层和风化破碎的岩层采用混凝土护壁。护壁模板:护壁模板采用钢模板,护壁钢模板做成通用标准模板,由四块组成,用角钢做骨架,钢板作面板,模板之间用螺栓连接,并有螺母进行微调,即保证桩井尺寸,又方便拆模。护壁钢筋混凝土:护壁钢筋混凝土的强度等级根据情况选用,钢筋规格为14mm、10mm,每向下挖1.0m时,即用14mm进行插筋,插筋深度为0.5~0.8m,然后焊接14mm纵向分布筋及22mm环形钢筋,其分布间距是25cm×25cm,当桩孔开挖至25m后,其分布间距加密为25cm×20cm,安装护壁钢模板,浇筑护壁,直至进入完整基岩段。现浇素混凝土护壁:完整基岩段浇筑少筋混凝土或素混凝土护壁支护。

(1)挖孔过程中,每次护壁施工前必须检查桩身净空尺寸和平面位置、垂直度,保证桩身的质量;下一节开挖应在上一节护壁混凝土终凝并有一定强度后再进行,并且要先挖桩芯部位,后挖四周护壁部位。

(2)为了施工安全,挖孔护壁采用钢筋混凝土结构,每掘进1.0m(若遇软弱层易塌方部位可根据模板规格减短进尺),及时进行护壁处理;施工护壁的程序是:首先按照设计要求安设护壁钢筋,经检查验收后安装护壁模板,然后根据桩孔中心点校正模板,保证护壁厚度、桩孔尺寸和垂直度,然后浇注护壁混凝土,上下护壁间应搭接50mm,且用25mm的钢筋或小型振动棒进行振捣以保证护壁混凝土的密实度,浇筑护壁混凝土要四周同时均匀浇筑,以防护壁模板位移。当混凝土达到一定强度(一般为24h)后拆模,拆模后进行校正,对不合格部分进行修正,直至合格。依次循环类推进行挖孔施工;护壁混凝土的灌注,上下节必须连成整体,保证孔壁的稳固程度。钢筋混凝土护壁应当连续设置,护壁钢筋应当连续,下送混凝土时做到对称和四周均匀捣固,防止模板偏移。施工中,随时检查护壁受力情况,如发生护壁开裂、错位,孔下作业人员立即撤离,待加固处理后方可继续开工。

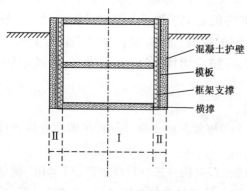

图9-15 抗滑桩井孔护壁示意图

抗滑桩井孔护壁如图9-15所示。

9.3.5 制作与安装钢筋笼

当桩孔开挖完成,并验收合格后,需对桩底进行混凝土抹平。桩身钢筋笼最好在地面绑扎制作,采用整体吊装的方法进行下放安装,如图9-16所示。下放钢筋笼需核对孔位,避免孔壁损伤。

在某些情况下,由于受到吊装空间的约束,可以采用孔内现场绑扎钢筋笼的方式进行,如图9-17所示。在孔口处安置操作支架,通过手动绞车方式,把地面上预制好的受力钢筋、箍筋、构造钢筋下放入孔,搭设竹跳板作为临时操作平台,由孔底至上现场安装绑扎。由于h型组合式抗滑桩为大直径桩,故可采用角钢作为加强钢筋,以强化钢筋笼整体刚度。

图9-16　沉放钢筋笼　　　　　　　　　　　图9-17　孔内钢筋绑扎制作

所有钢筋均可使用电渣压力法焊接。采用单面焊接的形式对钢筋进行连接,错开接头处,同时,保证钢筋按照设计图纸的位置布置,并按照规范留有一定厚度的混凝土保护层。同时,建议使用支架或卡板成型法。为保护钢筋笼与护壁间保护层内的竖向主筋,在孔内进行组装时,每隔2m左右在钢筋每边焊接3根一定长度的钢筋。另外,设置通风设备,以及时排除孔内烟雾,确保井内空气流动,保证工作环境安全。

由于h型组合式抗滑桩施工的作业条件有限,根据h型组合式抗滑桩截面特点,如钢筋自重太重,钢筋数量较多,以及工期和对工人施工安全和健康考虑,对钢筋加工设计桩长大于12m以上的抗滑桩,采用锥螺纹套管连接工艺,井下安装的方式比较理想。工艺流程见图9-18。

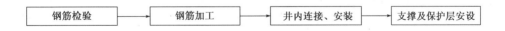

图9-18　钢筋制作与安装工艺流程图

另外考虑到钢筋笼的自重过大,钢筋笼接触桩底岩面的面积又小,为了保证钢筋笼的位置稳定和避免钢筋笼的纵筋插入孔底基岩内,在井内安装钢筋笼时每隔一定高度在护壁混凝土上预埋一定数量的钢筋插筋,与钢筋笼进行连接固定,从而保证钢筋笼在井内的稳定性并起到一定的卸载作用。

9.3.6 现浇混凝土

在条件允许的情况下,最好选择机械化的施工方式,即通过泵送混凝土现浇抗滑桩,如图 9-19 所示。这种方式高效、安全、连续且质量保证度高。表 9-1 为所需施工机械设备。在浇筑前,需检查钢筋笼质量,并检测混凝土配合比与坍落度,混凝土坍落度在 16~18cm 为宜。然后,将混凝土送入桩内连续浇筑,每隔 0.5m,由孔下操作人员采用振捣棒分层振捣密实,避免产生水平施工缝,特别是滑动面处的浇筑质量必须严格保证。对于后排桩,浇筑高度以达到施工设计文件标识的位置为准。对于前排桩,确保浇筑混凝土适当超过前排抗滑桩设计高程(一般考虑 25~35mm),使得浮浆处理后,达到桩顶高程。

泵送混凝土所需基本工程机械   表 9-1

编　号	工程机械名称	设备型号	生产能力(m³/h)	数　量
1	装载机	ZL-50	50	1 台
2	搅拌机	JS-600	50	2 台
3	电子配料机	DP-1500	1500	1 台
4	混凝土泵送机	THB-50	35~40	1 台
5	混凝土传送管	200mm	—	400m

混凝土配合比确定:水泥进场时进行抽样试验,确保使用质量合格的水泥;混凝土拌和用水,在使用前进行全面的水质化学分析,保证拌和用水符合质量要求;选用质地坚硬、洁净、级配良好混凝土砂石骨料,混凝土砂石骨料的质量符合有关规范要求;检查电气、机械、工具等,搭设溜槽及串筒。

如遇孔底地下水丰富的地质状况,需及时排除地下水(比如使用潜水泵抽水)。然后在渗漏点处设置 $\phi60$ 的 PVC 竖管后,再进行现浇混凝土施工。现浇混凝土过程中,可同时利用 PVC 竖管排出地下水,以保证浇筑质量。如图 9-20 所示,混凝土现浇到一定位置时,对排水管进行堵塞并继续浇筑至顶部,也可运用混凝土挤压法进行现浇。

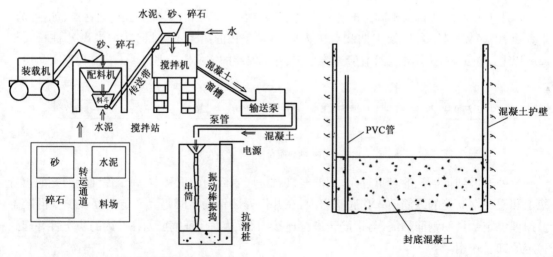

图 9-19 抗滑桩机械化施工简图　　　　　　　图 9-20 抗滑桩浇筑简图

9.3.7　h型组合式抗滑桩连系梁与剩余桩身的浇筑

在后排桩浇筑到设计高程后,需对前排桩、连系梁进行整体浇筑。此时,需设置地面模板,搭接和安置钢筋,先对前排桩桩头外露的钢筋束绑扎箍筋,再通过横向连结筋将前后排桩连结起来,构成连系梁钢筋笼,并尽量快速、高效地浇筑剩余桩体和连系梁,避免产生的施工缝对h型组合式抗滑桩整体受力性能造成影响。浇筑完毕后,进行人工洒水养护,以尽快形成强度。连系梁浇筑施工图如图9-21所示。

灌注桩身混凝土的注意事项:混凝土必须严格按试验室给定的施工配合比配料,混凝土通过泵送系统到达孔口必须通过漏斗,串筒或导管进入浇筑作业面,由井下操作人员用插入式振动棒将混凝土分层振捣密实,快插慢拔。若桩截面过大,还应考虑用两台振动棒对混凝土进行振捣。每根桩要求一次性连续浇筑完毕。整桩浇筑完毕后,在桩顶铺草袋洒水养护。混凝土灌注高度应超出桩顶高程,在浇筑连系梁时剔除浮浆。

图9-21　连系梁浇筑施工图

9.3.8　检测

施工完成后,运用钻孔取样、振动检测、超声波检测、地质雷达等技术对桩身混凝土质量、桩径、围岩等进行质量与尺寸检测。对于大推力滑坡,必要时可进行破坏性或鉴定性试桩检测,以保证h型组合式抗滑桩成桩质量。

9.4　h型组合式抗滑桩施工质量控制

9.4.1　基本要求

h型组合式抗滑桩作为大型支挡结构,施工质量的控制对于结构性能的发挥十分重要。因此,必须实行全面质量管理,以满足控制为先的要求。

h型组合式抗滑桩一般采用灌注桩,故在施工质量控制中重视成孔(钻孔和清孔)、筋笼、浇筑混凝土等几道核心工序的控制。一个工序完成后,及时进行质量检验,坚持前道工序不清、后道工序暂停的原则。

抗滑桩施工时应以设计文件和国家或行业标准为准。设置专职质量检验人员对灌注桩进行质量控制,重点对钻孔、清孔,钢筋笼制作、安放,混凝土配制、灌注等工艺工序过程的质量标准和控制方法进行检查,并根据工程具体情况,制定出切合工程实际和易于操作的具体标准和要求。

9.4.2 质量标准与检测

h型组合式抗滑桩在终孔和清孔后,必须对孔深、孔径、孔壁、垂直度等进行检查,不合格时采取措施处理。采用专用仪器测定孔径、孔形和倾斜度。钻、挖成孔的质量标准参见表9-2,施工允许误差参考表9-3,钢筋笼制作标准参见表9-4。

h型组合式抗滑桩成孔质量标准 表9-2

指 标 项 目	允 许 偏 差
孔的中心位置(mm)	50 ~ 100
孔径(mm)	不小于设计桩径
孔深	不小于设计桩深
倾斜度	挖孔:<0.5%;钻孔:<1%
沉淀厚度(mm)	<400
清孔后泥浆指标	含砂率:<2%;黏度:17~20Pa·s;相对密度:1.03~1.10

h型组合式抗滑桩施工允许误差标准 表9-3

施 工 成 孔 方 法		桩径误差 (mm)*	垂直度误差 (%)	桩位允许误差(mm)	
				轴向方向	垂直轴向方向
泥浆护壁钻孔		−50	1	100+0.1H	100+0.1H
振动冲击沉管成孔		−20	1	150	100
螺旋钻成孔		−20	1	150	70
人工挖孔桩	现浇混凝土护壁	±50	0.5	—	50
	长钢套管护壁	±20	1	—	100

注:* 允许误差为负值是指个别断面的情况。

施工桩钢筋笼制作允许误差 表9-4

项 次	指 标 项 目	允许误差(mm)
1	受力钢筋间距	±10
2	箍筋间距	±20
3	钢筋笼长度	±50
4	钢筋笼直径	±10

同时,桩位允许偏差可用经纬仪、定位圆环、钢尺测量。垂直度偏差可用定位圆环、测锤和测斜仪测定。桩径检测可用专用球形孔径仪、超声波孔壁孔测定仪、伞形孔径仪等测定。钻深可由核定钻杆和钻头长度来测定,孔深用专用测绳测定。孔底沉淀厚度可用CZ-ⅡB型沉渣测定仪进行量测。

9.4.3 施工监控

施工过程控制是保证施工质量必不可少的一个重要环节,依据施工中岩土地质情况,借助数值分析软件同步模拟和计算。同时,运用测斜仪等设备对边坡状况予以监测和控制,保证施工过程安全和成桩效果的实现。将抗滑桩深部变形特征、桩顶变形与钢筋应变运用电子仪器设备进行监测,实时掌握抗滑桩与加固坡体位移量与内力状态,加深对施工过程的控制。

　　施工过程中加强抗滑桩施工段边坡及桩身土体滑移、坍塌、孔内有害气体等监测。并重点监测桩顶水平位移,发现异常立即撤离施工人员,施工完后定期对坡面及桩进行变形监测。抗滑桩施工过程变形监测作为施工预警安全措施,应贯穿于整个工程始终。在抗滑桩施工过程中,通过监测其在滑坡推力作用下测试到的应力和位移数据,分析预测抗滑桩后续施工及其成桩后的变形与受力状况,通过桩周土压力测试数据,反算出坡体在施加抗滑桩结构后滑动控制状况,利用实测结构位移数值,可将施工后的抗滑桩与设计计算结果进行对比,得出工程实施效果。

9.5　施工常见问题及关键技术措施

9.5.1　桩身施工常见问题的处理

h型组合式抗滑桩挖孔桩常遇问题及预防、处理方法如表9-5所示。

h型组合式抗滑桩挖孔桩常遇问题及预防、处理方法　　　　表9-5

常遇问题	产生原因	预防措施及处理方法
塌孔	1. 地下水渗流比较严重; 2. 混凝土护壁养护期内,孔底积水,抽水后,孔壁周围土层内产生较大水压差,从而易于使孔壁土体失稳; 3. 土层变化部位挖孔深度大于土体稳定极限高度; 4. 孔底偏位或超挖,孔壁原状土体结构受到扰动、破坏或松软土层挖孔,未及时支护	实行井点降水,减少孔底积水,周围桩土体黏聚力增强,并保持稳定;尽可能避免桩孔内产生较大水压差;挖孔深度控制不大于稳定极限高度,并防止偏位或超挖;在松软土层挖孔,及时进行支护,对塌方严重孔壁,用砂、石子填塞,并在护壁的相应部位设泄水孔,用以排除孔洞内积水
井涌 (流泥)	遇残积土、粉土,特别是均匀的粉细砂土层,当地下水位差很大时,使土颗粒悬浮在水中成流态泥土从井底上涌	遇有局部或厚度大于1.5m的流动性淤泥和可能出现涌土、涌砂时,可采取将每节护壁高度减小到300～500mm并随挖随验,随浇筑混凝土,或采用钢护筒作护壁,或采用有效的降水措施以减轻动水压力
护壁水平裂缝	1. 护壁过厚,其自重大于土体的极限摩阻力,因而导致下滑,引起裂缝; 2. 过度抽水后,在桩孔周围造成地下水位大幅度下降,在护壁外产生负摩擦力; 3. 由于塌方使护壁失去部分支撑的土体下滑,使护壁某一部分受拉而产生环向水平裂缝,同时由于下滑不均匀和护壁四周压力不均,造成较大的弯矩和剪力作用,而导致垂直和斜向裂缝	护壁厚度不宜太大,尽量减轻自重,在护壁内适当配置$\phi10@200mm$竖向钢筋,上下节竖向钢筋要连接牢靠,以减少环向拉力;桩孔口的护壁导槽要有良好的土体支撑,以保证其强度和稳固;裂缝一般可不处理,但要加强施工监视、观测,发现问题,及时处理;如出现竖向裂缝应停止作业,加强监测,并及时通知监理、设计和业主

常遇问题	产生原因	预防措施及处理方法
淹井	1.井孔内遇较大泉眼或渗透系数大的砂砾层; 2.附近地下水在井孔集中	可在群桩孔中间钻孔,设置深井,用潜水泵降低水位,至桩孔开挖完成,再停止抽水,填砂砾封堵深井
截面大小不一或扭曲	1.挖孔时未按照各边的中线控制护壁模板尺寸,造成桩径偏差; 2.土质松软或遇粉细砂层难以控制半径; 3.模板安装不牢固,造成跑模	挖孔时应按每节量测各边的位置,控制好孔壁的垂直度;加固好模板,确保模板的稳固性
超量	1.挖孔时未控制截面,出现超挖等不良现象; 2.遇地下土洞、落水洞、溶洞、下水道或古墓、坑穴; 3.孔壁坍落,或成孔后间歇时间过长,孔壁风干或浸水剥落	挖孔时每层严格控制截面尺寸,不超挖;遇地下洞穴,用3:7灰土填补、拍夯实;成孔后在48h内浇筑桩混凝土,避免长期搁置

(1)每根桩基在挖孔之前必须复测桩的位置是否准确,实测桩中心与设计桩位偏差不得大于5cm,如超出允许范围,要重新做精确定位。

(2)挖孔过程中,每次护壁施工前必须检查桩身净空尺寸和平面位置、垂直度,保证桩身的质量。

(3)挖孔至设计高程后,需要进行桩孔检验的项目主要为:抗滑桩的断面尺寸、桩孔孔型、桩孔孔底持力层必须符合设计要求。桩孔中心位置、断面尺寸、孔底高程、桩孔垂直度必须符合规范要求。孔底不得积水,并进行孔底处理,做到平整,无松渣等软弱层。

(4)开挖过程中,安排专人进行地质素描和岩性编录,并保留好每米挖出的土样,随时取样与地质勘探资料对比,若发现与地质勘探不符,及时与设计单位及地勘单位等责任主体现场会商处理,以确保桩的质量。开挖过程中每天按实际情况填写原始资料记录表,准确记录地质资料。

(5)井壁塌方处理。

在施工过程中,因土层较弱、松散、地下水作用等引起井壁坍塌,应在塌空处填充块石,护壁适当加筋,混凝土未达到设计强度的80%前不宜拆除模板顶撑。当塌方严重,土质过于松散和地下水作用继续坍塌时,必须加强观察,清除危石及悬土,在塌方处搭制托梁暗柱,并用木锲、长钉加固钉牢,里面用块石或废木填充,以阻止土石继续坍塌。并立即支护,适当加密塌方处钢筋,浇筑混凝土未达到设计强度的80%前不能拆除模板及顶撑。

(6)孔内排水。

挖孔过程中如果孔内渗水,要将渗水及时排出,并且引流远离桩孔。孔内渗水量不大时,可用人工提升;水量较大时用水泵抽水,潜水泵数量根据孔内水流量大小进行适当的增减。

(7)桩内涌水对桩孔开挖的影响及处理措施。

桩孔内涌水增加了开挖和护壁施工的难度,必须边开挖边排水。由于滑体岩石属于强风化,裂隙发育,加之在开挖过程中施工爆破对岩石的松动,孔壁岩石很不稳定,再加上地下水的渗透和润滑作用使孔壁岩石很不稳定,在桩孔开挖过程中,有可能发生孔壁岩石向孔内垮塌的现象,甚至在护壁混凝土拆模后,垮塌的岩石将尚没有完全硬化的护壁混凝土胀裂。为了解决

这个事关施工能否继续进行的难题,可以采取如下措施:

①及时排水。抗滑桩向下开挖时,始终保证中部有一个集水坑,将深井潜水泵放在集水坑中及时对汇集的地下水进行抽排,为了防止地下水压对护壁混凝土的破坏,在桩孔有水段的护壁上预留 $\phi50$ 的渗水孔若干。

②加强临时支撑。抗滑桩在开挖至易垮塌段时,为保证施工安全和抗滑桩得以继续开挖,在开挖过程中应分序开挖,不能同时对四面进行开挖,且在开挖过程中应加强桩孔的临时支撑,具体做法是:当开挖面挖至设计宽度后,应立即紧贴开挖部位竖向打一排钢筋。钢筋的入土深度和大小、稀密应视桩截面尺寸确定,竖向筋打入后,可在竖向筋的背侧打入挡板,挡板必须能排水。若上一模土体有向下垮的可能,还应在开挖上部打一排横向筋。这样直至本模四面开挖完成进行护壁混凝土浇筑。在遇水段开挖、支护一定要快。

③提高护壁混凝土的早期强度。对岩石特别破碎、含水量极为丰富的易塌孔层位,为防止其对护壁造成破坏,并保证足够的开挖效率,可在混凝土拌和料中掺入早强剂,以提高混凝土的早期强度。

④减少每模开挖深度。对岩石特别破碎、含水量极为丰富的易塌孔层位,还可减小每模的开挖深度,具体深度应与模板配套,但在减小开挖深度后应特别注意护壁竖向筋连接一定要牢固,最好焊接,否则易引起护壁混凝土的变形。

(8)桩孔涌水对桩身钢筋制作及混凝土浇筑的处理措施。

由于抗滑桩截面面积太大,不能满足水下混凝土初灌(导管初次埋置深度≥1m 和填充导管口到孔底的空间)的要求,且水下灌注不能对混凝土进行振捣,混凝土的质量无法达到设计要求,故应采用井点降水技术为桩身钢筋制作、混凝土干灌创造条件,具体做法是:桩孔挖至设计高程后,再挖一斜面集水坑,斜面最深处为1m,浅处为0.2m,在深处的桩边放入打眼垫筋包网滤管,再填入 1 ~ 3cm 砂砾石,填至桩底高程后,铺上彩塑布,然后上铺0.2m 素混凝土垫层,制作钢筋期间在井管周围留一环状间隙,保证停抽期间(抽水期间地下从护壁后直接向下渗透)孔壁渗出的地下水能通过环状间隙进入砾石层,然后进入水井内。浇注前将桩孔内地下水抽干,并用细石混凝土封闭,用木棍将护壁上的导水管封堵,灌注时桩内混凝土浇筑完毕后,用高强度等级水泥砂浆从井底进行封填,确保工程质量,应注意超挖深度大于深井潜水泵的高度,且应满足如下要求:

$$L = Q \cdot \frac{A}{D}$$

式中:L——过滤器的长度(m);

　Q——桩内涌水量(m^3/h);

　D——过滤器直径(mm);

　A——经验系数,本工程取 90。

针对水是影响人工挖孔桩施工的最不利因素之一,必要时拟采用井点降水的方法减少孔桩内的渗水量。

9.5.2　石方钻爆开挖技术

石方钻爆开挖技术必须考虑对桩周岩土体稳定的影响,最好采用钻孔微爆破技术、控制爆破技术及非电毫秒雷管放炮,强化施工过程的同步监测,以最大程度地降低桩周围岩的扰动。

设置每隔1~2m长度进行分层。钻孔的平面设置一般考虑4~5排为宜。炮孔参考参数为:钻杆长度为1m,孔径40mm的风钻钻眼,最低抵抗线$\omega = 0.5$,炮孔间距$\alpha = (1.5 - 2.1)\omega$,抛空角度为$90^\circ$,排距$b = (1.0 - 1.2)\omega$。单孔装药量:$Q = 0.5 \times 0.4 = 0.2$kg。

孔井设置若干个炮孔,将2号岩石乳化炸药放置于每个孔内,通过电雷管引爆非电毫秒雷管起爆,示意图见图9-22、图9-23。同时,依据工程地质条件和桩井内地质状况计算起爆数量,避免过多爆破。为了保证抗滑桩上部护壁的安全,爆破施工中,需控制炸药量,采用"先中间,再中部,最后两侧"的起爆顺序,这样可以较有效地避免爆破对岩土体稳定的影响,保证施工安全。

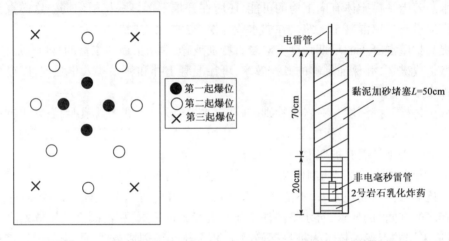

图9-22 布置炮眼与爆破顺序	图9-23 炮眼装药图示

9.5.3 地下水排除

地下水出涌,会导致孔井开挖过程中,护壁周围的水头增加,高位的地下水向低位汇流,使得桩周的水压力逐渐增大,容易导致护壁胀鼓最终失稳,严重影响施工安全和工程进度。

如遇地下水丰富、渗漏严重的工程地质状况,可在桩孔底拐角处设置汇水坑,然后通过抽水泵将其抽出。对于出现暗沟、泉水等涌水量大时,普通的排水措施无法解决,由于h型组合式抗滑桩的特殊结构,可采用临近桩井降水技术。井点降水示意图如图9-24所示。

桩孔井点降水法是:先开挖至设计高程,然后凿一汇水坑,利用此斜截面汇水坑汇集地下水。同时设置滤管,回填2~4cm的砂砾材料,直至与设计高程齐平,布设一薄层彩塑布,在布上浇筑层厚0.3~0.4m的素混凝土。在井管附近预留一环状间隙,保

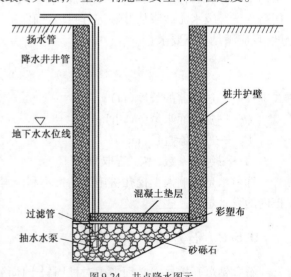

图9-24 井点降水图示

证地下水通过井壁从环状间隙流入砂砾层。混凝土现浇前抽干井内地下水,封闭环状间隙,同时堵塞孔壁内的导水管。孔内混凝土浇筑完成后,再对井底进行封填,使之与混凝土抗滑桩整体强度相当。

先对后排桩进行开挖成孔,在前排桩进行抽水。如同井点降水的原理,多个桩井相互利用。挖孔、支护、排水循环操作,就能有效地减轻地下水的影响。此种技术在运用时,需注意以下问题:

(1)前、后排桩桩孔及其临近桩孔互为降水井,前、后排桩桩孔底保持3~5m自由的高差,以保证排水效果。

(2)此方法要求混凝土护壁强度高,出水地段,开挖速度、支护速度要快,避免桩间土不稳定现象的出现。

(3)混凝土护壁早期强度要求高。遇到含水量丰富的易塌孔层位,护壁易造成损坏,可加入早强剂,尽快提供护壁强度和质量。

此外,桩孔内的超挖深度应大于潜水泵的高度,同时符合下式:

$$L = Q \cdot \frac{A}{D}$$

式中:Q——井孔出水量($\mathrm{m^3/h}$);

A——经验系数,取值根据具体工程而定;

D——过滤器直径(mm);

L——过滤器全长(m)。

9.5.4 桩井塌方处理

桩孔开挖中,如遇不良工程地质环境,往往易出现孔壁塌方现象,从而使得上节护壁掉土、流泥。应对桩井塌方现象发生的措施,其处治理念是强化护壁强度及刚度,提升护壁的自稳定性,依据现场地质条件,降低逐次挖方循环的进尺高度。应对塌方的主要处治手段有:

(1)缩小各节护壁的高度,避免在滑动面或软弱面附近分段。

(2)开挖孔井一定尺寸后,需在上节护壁的下部周围间隔20~30cm打入一定长度的锚杆,以加强桩井护壁稳定性。

(3)增加护壁混凝土厚度,加密护壁布筋,提高钢筋的直径,进一步增强护壁抗压能力和抗变形能力。

(4)严重塌方时,停止施工,清理孔内土、石杂物,制作钢筋网,打入锚杆将钢筋网固定,喷混凝土,强化护壁的整体刚度和强度。

对于地质条件恶劣,且地下水极为丰富,桩孔施工中渗水量大,呈流塑状土质,桩身护壁四周坍塌严重的情况,建议采用特殊护壁措施,如图9-25

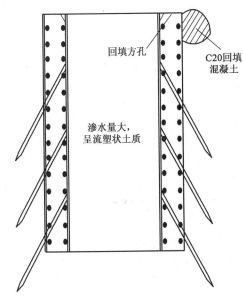

回填方孔

C20回填混凝土

渗水量大,呈流塑状土质

图9-25 特殊护壁措施

所示。

（1）运用钢管、木撑等作为临时支护横撑,对现有护壁进行位移控制,防止进一步变形的出现。

（2）对现有护壁进行钻孔,利用孔口对护壁后空洞回填高强度砂浆或混凝土。在开孔处布设部分钢筋,强化填充砂浆和护壁及围岩的整体性。

（3）滑动面附近,利用超前小导管注浆,既能固结护壁围岩的软弱体,又能发挥其超前支护能力。

9.6　本章小结

h型组合式抗滑桩的施工是一个质量要求高、施工工序多、施工工期紧凑的地下隐蔽工程。整个施工过程系统性强,复杂性高。目前,国内外对此种h型组合式抗滑桩施工工艺的研究尚处于探索阶段。本章的研究,目的是为h型组合式抗滑桩的施工提供一个参考思路和做法。通过分析,本章得到以下结论:

（1）桩帽的设计能有效避免连系梁与前、后排桩桩顶连接处的破坏,有效传递荷载。施工中,帽梁的制作工艺,应满足刚性连接和构造的相关要求。

（2）h型组合式抗滑桩的施工,有多种工序可供选择。选择的依据是在尽可能满足设计要求的基础上,根据工程地质条件,灵活考虑,最大程度地实现前、后排桩与连系梁的整体刚性连接。

（3）施工质量控制标准的建立。h型组合式抗滑桩施工,应以设计文件和国家或行业标准为准,重点对钻孔、清孔,钢筋笼制作、安放,混凝土配制、灌注等工艺工序过程的质量标准和控制方法进行检查,并根据工程具体情况,制定出切合工程实际和易于操作的具体标准和要求。

第10章 重庆南川—贵州道真高速公路石坝沟滑坡防治工程

10.1 项目背景

本工程位于重庆南川—贵州道真高速公路重庆段 TJ2 工区石坝沟防治工程。滑坡体前缘为南川至贵州道真高速公路,后缘为省道。该滑坡一旦失稳,将直接影响省道的交通及过往行人与车辆安全,并将同时威胁到新建的南川至贵州道真高速公路的建设。对滑坡进行勘察及治理尤为必要。

2014 年 12 月连续大雨后,南川石坝沟斜坡内侧斜坡体土体松动,并于斜坡体后缘产生拉张裂缝。强降雨致使斜坡体发生蠕滑变形,滑坡周界已形成贯通裂缝,前缘土体受挤压产生多条贯通性好的裂缝,并致斜坡体上民房破坏无法居住。斜坡变形不断加剧,随时可能产生大规模土质滑坡,严重危及滑坡前缘及邻近地段居民和生产设施安全,对新建南川至贵州道真高速公路及旧省道运营形成巨大的安全隐患。

根据现场调查和监测资料,填方体基底滑坡仍在发生蠕动变形,部分深孔位移监测管被剪断;后缘尚未滑动的填筑体边坡也有一定的变形,坡口地带不时有局部滑塌发生;坡体的蠕动变形致使正在开挖的抗滑桩桩坑护壁出现不同程度的变形,需进行临时支护;随着基底滑坡及后缘填方边坡的变形破坏继续发展,这势必威胁旧省道交通的安全。因此对基底滑坡及其后缘填方边坡进行综合治理是非常必要而且很紧迫的。其必要性和紧迫性还主要体现在以下几个方面:

(1)基底滑坡潜在不稳定因素多。滑动面(带)的力学性质差,且滑面的形态和产状不利于基底的稳定;滑床为缓倾坡外的砂岩和泥岩,滑体物质松散,容易导致在滑动面处形成地下水滞流带,极易对滑带土(粉质黏土)进一步软化;工程所在地位于 6 度地震区,地震动力对坡体稳定不利。

(2)地表位移监测资料表明基底滑坡目前仍然有明显的变形,必然造成恢复跑道土面区后形成的巨大填方体边坡处于不稳定状态。

(3)根据基底目前的滑动变形状态,在天然状态下已处于不稳定状态,在暴雨、地震工况下其稳定性会更差,变形有可能进一步加剧,滑体物质有可能进一步堵塞南侧冲沟,在强降雨作用下可能导致该沟产生次生泥石流灾害;会加大后缘填筑体高边坡的临空高度,甚至导致填筑体与基岩的基伏界面出露,对填筑体边坡的局部与整体稳定性造成不利影响,尚未滑动的填筑体边坡很有可能出现更大范围和规模的变形破坏,从而造成旧省道不可修复性破坏。

地勘期间,设计技术人员对该段滑坡同期进行了详细的现场调查,结合钻探情况,经过认真评判规模和变形机制、机理,考虑各方面影响因素后,基于治理安全性和地质环境要求情况提出了大截面抗滑桩支挡方案(方案一)与h型组合式抗滑桩的支挡方案(二)联合防护,经与业主、技术及管理人员现场探讨,充分考虑滑坡实际情况后,决定部分区域采用h型组合式抗滑桩支挡结合截排水的综合加固措施。由重庆交通大学、重庆建工集团股份有限公司、重庆交通建设集团有限责任公司、招商局重庆交通科研设计院有限公司共同组成项目组,本项目在TJ2工区K15+257处实施h型组合式抗滑桩,TJ2工区相关负责人作为课题组成员,大力配合此次科技项目应用研究。TJ2工区抗滑桩施工现场如图10-1所示。

图10-1 TJ2工区抗滑桩施工现场

施工图设计期间,滑坡变形持续进行,造成了较大的恐慌,严重影响了邻近地段居民生活生产安全;鉴于上述情况,项目组及时组织专家及设计、地勘、测量技术人员配合业主管理部门和政府行业管理部门结合现场情况,提出了滑坡应急治理临时性截排水、填缝封堵及监测预警和临时交通管制的应急治理措施,并结合滑坡特征提出了滑坡变形是以渐进式蠕动变形为主,出现高速突发性滑移变形的可能性较小的观点,对稳定当地居民生产生活起了积极作用。

10.2 南道高速 TJ2 工区工程地质概况

1)地理位置与交通

滑坡区位于重庆市南川区三泉镇观音村1组石坝沟。路段区东侧紧邻南川至道真的省级公路,交通便利。

2)气象及水文

(1)气象

南川最高海拔2251m,最低海拔340m,城区海拔550m,垂直气候明显,属于亚热带湿润季风气候区。区内气候温和,雨量充沛,四季分明。云雾多,日照少;绵雨多,湿度大;无霜期长,为区内气候之基本特点。年平均日照1273h,无霜期为305d。年平均气温16.6℃,元月最冷,最低气温零下2.5℃,月平均气温1.5℃;7~8月最热,最高气温44.2℃,平均气温35.5℃。年降水量978.5~1338.7mm,年平均降水量1185mm,每年4~6月及9~10月常阴雨连绵。又因地势高低悬殊,山高谷深,温差为10~14℃,具明显的垂直分带特点。南川常年以东风和西南风为主,平均风速0.9m/s,秋季9、10月最大,春季次之,冬季最小。

(2)水文

该段路基处季节性冲沟不发育,地势较高,附近无河流通过。

3)地形地貌

滑坡区属剥蚀低山地貌。线路横穿斜坡中上部,斜坡整体向西倾斜,上缓下陡。该路段在施工过程中对左侧边坡进行了开挖,形成了台阶状坡体,坡高约20m,坡度为30°~63°。边坡顶部为原南川至道真省道,公路外侧在边坡开挖之前进行了抗滑桩支护。全貌图如图10-2所示。

图 10-2　全貌图

4)地层岩性

路段区大部分地段覆盖崩坡积粉质黏土夹碎块石,边坡开挖后坡体底部基岩出露;地表分布第四系人工填土(Q_4^{ml})、粉质黏土夹碎块石(Q_4^{e+dl}),下伏基岩为奥陶系下统湄谭组(O_{1m})页岩和灰岩。

(1)第四系人工填土(Q_4^{ml})

人工填土:灰褐色,由黏性土及少量灰岩、页岩碎块石组成,硬质物粒径 10~100mm,含量 30%~35%,中密~密实,稍湿。分布于边坡顶部旧公路区域。

(2)第四系崩坡积(Q_4^{e+dl})

粉质黏土夹碎块石:黄褐色,由黏粒和粉粒组成,无摇震反应,切面规则,稍有光泽,干强度中等,韧性中等,呈可塑状,硬质物粒径 10~300mm,含量约 20%。分布于边坡坡体中上部。

(3)奥陶系下统湄谭组(O_{1m})

页岩:黄绿色,由黏土矿物组成,泥质结构,页理状构造。强风化带岩芯破碎,质软,手捏易碎,完整性差,中等风化岩芯为碎块~柱状,节长 0.04~0.20m,岩体较完整。分布于整个场地。

炭质页岩:灰黑色,由黏土矿物组成,泥质结构,页理状构造。岩石岩芯呈碎屑状~碎块状,完整性较差。

灰岩:浅灰色~灰白色,由碳酸盐矿物组成。微晶结构,块状构造,钙质胶结。中等风化岩芯为柱状,节长 0.05~0.60m,岩体较完整,强度较高。分布于整个场地,与页岩呈夹层状产出。

5)地质构造

拟建路基区地质构造位于尖子山背斜南翼。岩层产状 135°∠5°,路段区内构造较简单,岩层层面结合程度很差,属软弱结构面。据地表工程地质测绘、钻孔揭露及岩体露头量测统计,岩体中本次勘察见两组裂隙:

①组裂隙,产状为 240°∠80°,面较平,微张,张开度 0~8mm,局部岩屑夹泥质充填,间距为 0.30~1.80m,延伸 3.0~6.0m,结合程度差,属软弱结构面。抗剪强度为 $c = 40kPa$,φ

$=16°$。

②组裂隙，产状为 $340°∠75°$，面较粗糙，微张，张开 $1 \sim 10mm$，局部岩屑夹泥质充填，间距为 $0.50 \sim 1.60m$，延伸 $1.0 \sim 3.5m$，属软弱结构面。抗剪强度为 $c=60kPa$，$\varphi=20°$。

6）水文地质条件

通过对滑坡区工程地质测绘和钻探，场地内地下水主要为土层孔隙水和基岩裂隙水，土层孔隙水分布于土体中；灰岩为透（含）水层，页岩为相对隔水层，基岩风化裂隙水主要分布在页岩的基岩裂隙中，无统一水位；主要接受大气降水补给，并具有就近补给就近排泄的特点。滑坡区地下水主要接受大气降水渗入补给，向低处溪沟内排泄。勘察中对钻孔进行了提筒简易提水试验。提水试验结束后，水位不恢复，说明在钻孔揭露范围内地下水贫乏。在雨季时，将赋存少量上层滞水。

7）地震

根据《中国地震动峰值加速度区划图》（GB 18306—2015）图 A 及《中国地震动反应谱特征周期区划图》（GB 18306—2015）图 B，滑坡区对应的地震基本烈度为Ⅵ度，动峰值加速度为 $0.05g$，其抗震设计建议按《公路工程抗震规范》（JTG B02—2013）执行。

8）不良地质现象

据野外工程地质调绘和钻探揭露，路段区未发现塌陷、泥石流、地下采空区等不良地质现象，但发育有滑坡。

9）岩土物理力学性质

本次于钻孔内滑带取原状土样 4 组；中风化基岩中取 4 组页岩岩样进行室内土工与岩石试验。根据室内试验统计结果，各块滑带土统计结果见表 10-1；页岩室内试验成果统计见表 10-2。

室内试验成果统计表

表 10-1

名 称	天然峰值		天然残余		饱和峰值		饱和残余	
	$c(kPa)$	$\varphi(°)$	$c(kPa)$	$\varphi(°)$	$c(kPa)$	$\varphi(°)$	$c(kPa)$	$\varphi(°)$
粉质黏土夹碎块石	24.50	15.40	19.15	13.23	19.30	13.15	16.35	11.85

岩土体力学性质参数值建议表

表 10-2

名 称	天然重度 (kN/m^3)	天然抗压强度标准值 (MPa)	饱和抗压强度标准值 (MPa)	承载力特征值 (kPa)	基底摩擦系数	抗拉强度 (MPa)	黏聚力 c (MPa)	内摩擦角 φ $(°)$
粉质黏土夹碎块石	19.2			200	0.25			
强风化页岩	26.00	—	—	300	0.30			
中等风化页岩	25.5	8.45	5.83	1166	0.35	0.40	0.65	30

桩基础单桩竖向极限承载力标准值按《建筑桩基技术规范》（JGJ 94—2008）的 5.3.9 条公式计算，f_{rk} 对中等风化页岩取 $5.83MPa$。

中等风化页岩水平弹性抗力系数：$K_H=65MN/m^3$

中等风化页岩（岩体）泊松比标准值：$\mu=0.31$

中等风化炭质页岩水平弹性抗力系数：$K_H=50MN/m^3$

粉质黏土夹碎块石水平抗力系数比例系数:$K_H = 25\text{MN/m}^3$

注:层面c、φ值未考虑爆破、震动、岩体拉断、地表水入渗软化等不利因素影响,可能会造成层面c、φ值的降低。

10.3 石坝沟滑坡特征及稳定性分析

10.3.1 滑坡空间形态特征

滑坡区沿线路分布里程为 K15 + 185 ~ K15 + 285 段,整体为不规则的扇形,滑坡后缘以公路内侧基岩出露位置为界,前缘为开挖后形成的边坡的岩土交界处,左右两侧以地形开挖处为界。滑坡前缘横向宽约100m,纵向长约35m,前缘高程851.0m,后缘高程867.0m,总面积约3117m^2,滑体地面坡度角30°~63°,平均滑体厚度为8.0m,体积约2.5×10^{4}m^3,属于浅层深度小型体积滑坡;主滑方向为269°,滑坡属牵引式滑坡。

10.3.2 滑体土及滑带土特征

(1)滑体土特征

根据工程地质测绘、调查、钻探表明,滑体组成物质为粉质黏土夹碎块石,黄褐色,粉质黏土无摇震反应,干强度中等,韧性中等,呈可塑状,碎块石成分主要为页岩,页岩碎块石粒径10~100mm,含量30%~35%,均匀性差,呈棱角状~次棱角状。

(2)滑面(滑带土)特征

钻探及现场调查表明,滑坡滑面较不明显,为粉质黏土夹碎块石与页岩交界面。滑带(面)含有大量黏性土,含水量较高,浅灰褐色~灰白色,成分不均匀,韧性较高,厚0.05~0.10m,呈可塑~软塑状,手捏黏性感强。钻探揭露偶见搓揉现象,含水量较高,黏性强,颜色变浅。

10.3.3 滑床特征

根据钻探、工程地质测绘及调查分析,滑坡滑床物质主要为页岩强风化带。强风化泥岩为黄绿色,由黏土矿物组成,泥质结构,岩石质软,手捏易碎。

10.3.4 滑坡滑体中地下水特征

滑体中地下水主要为孔隙水,分布在滑体粉质黏土夹碎块石土层中,滑体中后部分地段地下水受大气降水的补给,具有就近补给就近排泄和径流距离较短及易排泄的特点。后缘地段基岩裸露,地表水沿基岩下渗至土岩界面,滑床主要为页岩,页岩属于相对隔水层,地表水下渗至土岩界面后,滞留在土岩界面,软化土岩界面,降低抗剪强度。

10.3.5 滑坡变形特征

滑坡地表变形特征主要表现为滑坡前缘开挖形成临空后,改变原始应力状态,触发滑体变形;连续降雨期间地表水下渗浸湿土体,软化土岩界面,降低抗剪强度诱发滑坡变形开裂。滑坡体后部由于已修筑抗滑桩进行支挡,变形情况不强烈,但发现公路有变形开裂现象;滑坡中前部受前缘临空土体牵引,从抗滑桩外侧和抗滑桩桩间位置开始往下滑移,出现较多张拉裂缝,裂缝长 8～12m,张开度 1～15cm,裂缝下错 1～8cm。地表开裂变形情况较强烈。如图10-3、图10-4 所示。

图10-3　地面裂缝　　　　　　　　　　　图10-4　滑坡前缘剪出口

10.3.6　滑坡稳定性分析

1)滑坡的形成原因

滑坡的形成,是由其地形地貌、地层岩性、水及人类工程活动共同作用的结果。

(1)开挖后形成边坡坡度过陡,公路外侧台阶状土质边坡最大坡度达到60°以上,抗滑桩桩间土体自身稳定性降低,产生了土体内部剪切作用,且在前缘岩土界面处形成了临空条件。

(2)滑坡区土岩界面较陡,下伏基岩主要为页岩,页岩属于隔水层,地表水下渗至土岩界面后,滞留在土岩界面,软化土岩界面,降低抗剪强度,为软化层提供基础条件。

(3)区域内出现连续降雨情况,雨水的下渗,雨水沿岩土界面渗入岩层层面,在其作用下滑带土含水量增加,力学强度降低,其抗剪性能变差;滑体含水量增多,整体重量增大,使下滑力增大,诱发滑坡。

综上所述,滑坡前缘工程施工开挖,形成了临空条件;滑体土为粉质黏土夹碎块石,稳定性差,以下为页岩,隔水条件好,且含黏性土层或软化带,为滑坡形成提供条件(滑坡形成的物质基础);降雨加大滑坡的下滑推力,且软化土体,基质吸力消失,使其力学强度降低。

滑坡类型:滑坡属牵引式的滑坡。

2)滑坡稳定性分析

经本次工程地质测绘、地质测量和钻探分析,该滑坡在天然状态下有变形,暴雨工况下变形强烈,抗滑桩桩间位置土体已完全剥离,故判定该滑坡处于欠稳定状态。

10.4　防治工程设计

10.4.1　设计原则

根据南川至贵州道真高速公路在当地经济、交通战略体系中的重要性、工程所在地地质条件的复杂性、几次滑动后目前边坡的安全稳定性、工程建设对环境的破坏性以及治理工程费用的节俭等方面的要求,TJ2 工区边坡的治理工程设计主要遵循以下基本原则:

(1)安全原则。做到一次根治,不留后患。

(2)尽快处置的原则。边坡顶部为原南川至道真省道,鉴于本次边坡失稳滑动对旧省道安全运营造成威胁,为确保在合理且最短的时间内完成治理工程,治理工程设计以便于施工为原则,为治理工程的尽快实施争取时间,施工图设计考虑尽量控制缩短施工周期。

(3)地质原则。针对边坡体的破坏模式,以增强滑动边坡体的自然稳定状态为宜,尽可能不扰动或者少扰动,按照滑动体的破坏机制对症治理,避免不清楚破坏机制,仅从工程角度考虑问题,或只进行地质分析而忽视工程技术的偏颇。

(4)整体优化的原则。边坡治理工程一定要从整体出发,设计工程措施主要为边坡体的整体稳定服务。即使局部不优化,但整体最优,就是抓住了治理工程的关键。即把滑动边坡体当作一个系统工程来看待。

(5)永久工程与临时工程相结合的原则。为尽快实施治理工程,且确保治理工程实施期间人员、财产安全,采取相应临时工程措施(如坡面防护工程、截排水工程),提高坡体的稳定性,为永久工程的顺利进行创造条件,整个工程实施后,部分临时工程作为永久工程的一部分,对坡体的整体稳定起作用。

(6)动态设计原则。由于坡体目前变形严重,很难保证在治理工程实施过程中坡体不会产生较大的变形,为此治理工程严格贯彻动态设计思路,在按原设计施工过程中,若发现有与原勘察设计资料不符的地质情况或者其他变化时,随时对设计进行修改完善,使设计更加符合实际。

(7)环境原则。边坡工程的治理应改善地质体自身及其周围的生态环境,而不是以破坏周围环境为条件,决不能纯粹仅从工程观点出发治理了此地而破坏恶化了彼地,而应把边坡治理工程与周围环境作为一个大系统来看待。

(8)经济原则。在保证安全的基础上尽量节约投资,可以采用简便易行、易于控制的方法。

10.4.2　防治工程设计参数选取

根据地质勘察报告,滑坡岩土体取值如下:

(1)滑带土:天然抗剪 $c = 19.30\text{kPa}$、$\varphi = 13.15°$,饱和状态下 $c = 16.35\text{kPa}$、$\varphi = 11.85°$。

(2)基岩:基岩岩体力学性质参数建议值见表10-3。

岩体力学性质参数建议值表　　　　　　　　　　表 10-3

名　　称	天然重度（kN/m³）	天然抗压强度标准值（MPa）	饱和抗压强度标准值（MPa）	承载力特征值（kPa）	基底摩擦系数	抗拉强度（MPa）	黏聚力 c（MPa）	内摩擦角 φ（°）
强风化页岩	26.00	—	—	300	0.30	—	—	—
中等风化页岩	25.5	8.45	5.83	1166	0.35	0.40	0.65	30

桩基础单桩竖向极限承载力标准值按《建筑桩基技术规范》(JGJ 94—2008)的 5.3.9 条公式计算,f_{rk} 对中等风化页岩取 5.83MPa。

中等风化页岩水平弹性抗力系数：$K_H = 65 \text{MN/m}^3$

中等风化页岩（岩体）泊松比标准值：$\mu = 0.31$

中等风化炭质页岩水平弹性抗力系数：$K_H = 50 \text{MN/m}^3$

粉质黏土夹碎块石水平抗力系数比例系数：$K_H = 25 \text{MN/m}^3$

注：层面 c、φ 值未考虑爆破、震动、岩体拉断、地表水入渗软化等不利因素影响，可能会造成层面 c、φ 值的降低。

10.4.3　设计工况及安全系数的选取

（1）设计工况的选取

根据路基病害地段地理条件及周边环境条件，选取以下两种工况：

工况一：天然状态 + 自重。

工况二（设计工况）：暴雨状态 + 自重。

（2）各种工况下安全系数的选取

根据《地质灾害防治工程设计规范》（DB 50/5029—2004）规定，结合该滑坡实际情况，该滑坡天然工况下安全系数取 1.20；考虑多年暴雨的附加作用影响时，安全系数取 1.15，剩余下滑力取二者之中大值作为支挡结构设计取值。

10.4.4　推力计算

（1）推力公式

推力计算采用《公路路基设计规范》（JTG D30—2015）推荐的折线形滑面传递系数法推力计算公式。

（2）推力计算结果

经计算，断面在设计边坡状态下的推力如表 10-4 所示。

抗滑桩推力计算分析表 表 10-4

计算位置	天 然 工 况				暴 雨 工 况				抗滑桩计算采用值（kN/m）
	安全系数	计算推力（kN/m）	桩前抗力（kN/m）	桩承担推力（kN/m）	安全系数	计算推力（kN/m）	桩前抗力（kN/m）	桩承担推力（kN/m）	
设桩位置	1.2	2202.63	250.00	1952.63	1.15	2290.05	210.00	2080.05	2080.05

10.4.5　防治方案设计

1）总体思路

根据地勘结论及现场实际调查情况，当地降雨集中且雨量大，雨水下渗后软化滑动面易引起边坡滑动变形，因此设计考虑在滑坡东、西侧各设置一道排水隧洞以疏排地下水；支挡工程则考虑 h 型组合式抗滑桩承担滑坡推力及坡体内部有可能形成的最不利破坏面所产生的推力。另外根据地勘结论及现场实际调查情况，当地降雨集中且雨量大，雨水下渗后软化滑动面易引起边坡滑动变形，因此设计考虑在滑坡东、西侧各设置一道排水隧洞以疏排地下水。从上述分析可知,该滑坡体具有复合性滑坡特点,滑坡治理思路主要围绕支挡方案进行。

滑坡防治工程的实施建议遵循以下原则:

(1)滑坡灾害的防治工程应具有明确的针对性。

(2)滑坡灾害防治的各项工程措施,应尽量因地制宜,就地取材,采用技术可行、经济合理且施工方便、可操作性强的工程结构。

(3)全面考虑滑坡对环境的影响,针对环境变化设计相应的支挡结构。

根据地质勘测资料,该治理工程要充分考虑边坡的稳定性,根据坡体的变形情况,选择合理的抗滑支挡措施,尽快治理,首先考虑设置较大截面的抗滑桩对其进行支挡,阻止蠕动变形;因此设计考虑 h 型组合式抗滑桩,支挡工程则考虑两排桩共同承担滑坡推力及填方体内部有可能形成的最不利破坏面所产生的推力。

由于滑坡推力较大,且滑动面埋藏较深,设计如果采用普通抗滑桩,则会造成设计桩身长、桩端锚固深度大;再者,普通抗滑桩的悬臂长度(滑动面以上桩身长度)如果太大,则容易引起桩身的弯曲变形甚至破坏,为了避免这些缺点就必须采取增大桩身横截面积,增大桩身配筋等措施,这都将在很大程度上增加工程的造价,显得不甚经济。

如果采用 h 型组合式抗滑桩,桩身长度减短、桩端锚固深度减小、桩身横截面积减小,而且抗滑桩的受力更合理,改变了受力机制。传统的普通抗滑桩为被动式受力,即只有在滑体发生位移后,滑体推力作用于抗滑桩上,使桩身产生抵抗力矩时才能进一步阻止滑体滑动,而 h 型组合式抗滑桩作为超静定结构和空间组合结构,在结构性能和工作形式上更优,具有良好的协同工作的能力,其前后排桩共同抵御滑坡推力,抵御滑坡推力的能力更强。因此设计可以考虑采用部分 h 型组合式抗滑桩作为该滑坡治理的技术措施。

2)抗滑桩方案设计

为抵挡滑坡推力,确保道真高速公路及原南川至道真省道的安全稳定,在新建公路外侧在边坡开挖之前进行了抗滑桩支护,在滑坡左翼和右翼各设置抗滑桩。

滑坡左翼方案:大截面抗滑桩支挡方案(图10-5)。

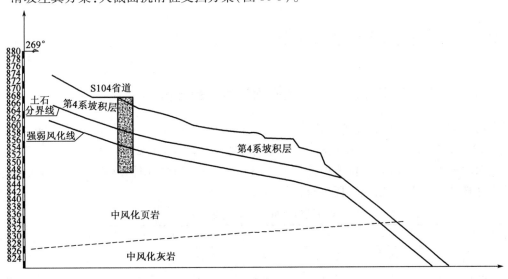

图 10-5　大截面抗滑桩治理滑坡方案图

抗滑桩设置于原南川至道真省道外侧边坡坡顶以外,该处滑体厚度较为稳定,且厚度较薄,同时便于桩孔开挖作业,该方案主要优点是施工工艺技术成熟,但费用相对较高。桩身截面3.0m×2.4m,桩长20m。采用C30钢筋混凝土现场浇筑。

滑坡右翼方案:h型组合式抗滑桩支挡方案(图10-6)。

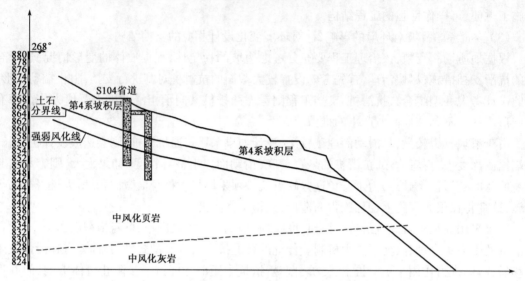

图10-6　h型组合式抗滑桩治理滑坡方案图

h型组合式抗滑桩作为一种组合式抗滑桩,发挥出组合式抗滑桩的整体刚度和空间效应,在结构性能及工作形式上明显优于普通抗滑桩,抵御滑坡推力和限制坡体变形的能力更强,h型组合式抗滑桩桩长18m,采用C30钢筋混凝土现场浇筑。该方案由于h型组合式抗滑桩在工程实际应用中还比较少,为本项目重点研究方案。

抗滑桩成孔采用人工挖孔,抗滑桩桩井施工时,对土层和风化破碎的岩层采用C25混凝土护壁,第四系松散土层,强风化岩体和完整性比较差的弱风化岩体段均应进行护壁。

10.5　两种治理方案技术比较

10.5.1　石坝沟滑坡左翼设置大截面抗滑桩的方案

在石坝沟滑坡左翼位置设置一排大截面抗滑桩,桩截面3.0m×2.4m,桩长20m,其中受荷段长12m,锚固段长8m。根据地质条件,锚固段地基系数取12000kPa。桩底为自由端支承。在前级深层滑坡推力作用下,抗滑桩计算值2080kN/m,计算时采用梯形荷载分布形式。受荷段桩身计算结果见表10-5,锚固段桩身计算结果见表10-6。

大截面抗滑桩受荷段桩身计算表　　　　　　　　　　　　　　　　　表10-5

桩顶以下深度 y(m)	0	2	4	6	8	10	12
Q(×10^3kN)	0	2.66	5.92	9.78	14.24	19.30	24.96
M(×10^3kN·m)	0	2.56	11.04	26.64	50.56	84.00	128.16

大截面抗滑桩锚固段桩身计算表　　　表 10-6

桩顶以下深度 y (m)	12	14	16	18	20
Q (×10³ kN)	24.96	3.63	-12.54	-11.35	0
M (×10³ kN·m)	128.16	142.52	93.56	23.46	0
侧向应力 (kPa)	451	301	65	-243	-425

背侧为挡土侧。

面侧为非挡土侧。

背侧最大弯矩 = 142556kN·m，距离桩顶 13.64m。

面侧最大弯矩 = 0.00kN·m，距离桩顶 0.00m。

最大剪力 = 24992kN，距离桩顶 12.57m。

最大位移 = 126mm。

最大侧向应力 = 451kN。

10.5.2　石坝沟右翼设置 h 型组合式抗滑桩的方案

采用埋式 h 型组合式抗滑桩，设置于 S104 省道右路肩平缓平台处以便于施工作业，h 型组合式抗滑桩由后排桩(15 号桩)、前排桩(16 号桩)、连系梁三部分组成，15 号桩抗滑桩截面 2m×1.5m，设计要求锚固深度不小于 1/3 桩长，桩长 18m；16 号桩抗滑桩截面 2m×1.5m，设计要求锚固深度不小于 1/3 桩长，桩长 18.4m，连系梁截面 2m×1.5m，桩长 4m，均采用 C30 混凝土。

根据地质条件，锚固段地基系数取 12000kPa。后排桩锚固段长度为 6m，实际嵌入弱风化线深度为 5m；前排桩实际锚固长度为 7.1m，实际嵌入弱风化线深度为 5.4m。桩底为自由端支承。桩顶以上部分采用黏土进行回填。在前级深层和前级浅层的滑坡推力作用下，抗滑桩计算值取 2080kN/m，计算时采用梯形荷载分布形式。计算结果见表 10-7 ~ 表 10-10。

h 型组合式抗滑桩后排桩受荷段桩身计算表　　　表 10-7

桩顶以下深度 y (m)	0	2	4	6	8	10	12
Q (×10³ kN)	0	2.66	1.95	5.80	10.27	15.32	20.98
M (×10⁴ kN·m)	0	2.56	-19.80	-12.15	3.83	29.32	65.53

h 型组合式抗滑桩后排桩锚固段桩身计算表　　　表 10-8

桩顶以下深度 y (m)	12	14	16	18
Q (×10³ kN)	20.98	2.47	-12.35	0
M (×10³ kN·m)	65.53	73.26	25.64	0
侧向应力 (kPa)	356	249	-96	-238

h 型组合式抗滑桩前排桩受荷段桩身计算表　　　表 10-9

桩顶以下深度 y (m)	0	2	4	6	8	10	12
Q (×10³ kN)	3.97	3.97	3.97	3.97	3.97	3.97	3.97
M (×10³ kN·m)	-20.39	-12.44	-4.49	3.46	11.40	19.35	27.30

h型组合式抗滑桩前排桩锚固段桩身计算表 表 10-10

桩顶以下深度 $y(m)$	12	14	16	18
$Q(\times 10^3 kN)$	3.97	1.78	−2.65	0
$M(\times 10^3 kN \cdot m)$	27.30	22.96	8.61	0
侧向应力(kPa)	267	96	−103	−239

后排桩内力计算小结：

最大弯矩 $= 74355 kN \cdot m$，距离桩顶 13.5m。

最大剪力 $= 1983 kN$，距离桩顶 12.21m。

桩顶最大位移 $= 53 mm$。

最大侧向应力 $= 356 kN$。

前排桩内力计算小结：

最大弯矩 $= 27354 kN \cdot m$，距离桩顶 11.59m。

最大剪力 $= 39762 kN$，距离桩顶 12.18m。

桩顶最大位移 $= 51 mm$。

最大侧向应力 $= 267 kN$。

大截面抗滑桩方案能够确保 S104 省道及石坝沟滑坡的安全稳定。该方案重视省道区域局部滑移的控制，采用设置大截面抗滑单桩的形式，由于桩长的原因，桩身弯矩值很大，所以此处采取大截面尺寸桩身结构，技术经济性受到一定程度影响。

h型组合式抗滑桩技术方案，利用 h型组合式抗滑桩整体性好，充分发挥前、后排桩可任意调节桩长的优点，以控制滑坡滑动，防治滑坡对省道及新建公路的影响，有效保护道路的安全。h型组合式抗滑桩作为组合式结构，抗滑能力强，是在整体上考虑该滑坡性质和形式的基础上加以设置，可以较有效发挥支挡工程的效果。采用 h型组合式抗滑桩加固处治方式，可以有效地加固已滑动坡体，并将坡体的后续变形和滑动位移控制在安全的范围内，从而保持整个边坡的稳定。

10.6 两种治理方案工程经济性比较

为了进一步揭示组合式抗滑桩的技术经济指标性能，项目组对石坝沟滑坡防治工程中采用的大截面抗滑桩和 h型组合式抗滑桩两种方案的工程经济性进行静态对比，考虑相同的滑坡推力，基本参数如下：

两类抗滑桩，h型组合式抗滑桩设计要求锚固段长度不得小于 1/3 桩长，且嵌入弱风化线深度不得小于 5m，设计长度均为 18m。考虑到在相同的滑坡推力作用下，大截面抗滑桩会承受更大的界面弯矩和剪力值，所以大截面抗滑桩的设计长度为 20m，如图 10-7 所示，作用于结构的滑坡推力为 2080kN/m。根据《钢筋混凝土结构设计规范》（GB 50010—2010）、《公路路基设计规范》（JTG D30—2015）等进行计算。

两类抗滑桩设计结果如下：

（1）大截面抗滑桩

桩截面 3.0m×2.4m，桩长 20m。受荷段长度为 12m，锚固段长度 8m。采用 C30 混凝土进行浇筑。

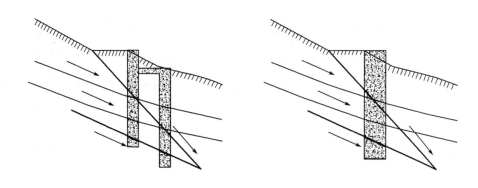

图10-7 两类抗滑桩设置简图

（2）h 型组合式抗滑桩

后排桩截面 2.0m×1.5m，桩长 18m，后排桩锚固段长度为 6m，实际嵌入弱风化线深度为 5m；前排桩截面 2.0m×1.5m，桩长 18.4m，实际锚固长度为 7.1m，实际嵌入弱风化线深度为 5.4m。设计要求锚固段长度不得小于 1/3 桩长，且嵌入弱风化线深度不得小于 5m，均满足设计要求。连系梁截面 1.0m×1.5m，长 4.0m。均采用 C30 混凝土进行浇筑。

抵抗相同的滑坡推力，采用相同桩长的各类抗滑桩经济效益对比表。h 型组合式抗滑桩工程经济计算表如表 10-11 所示。

h 型组合式抗滑桩工程经济计算表　　　　　　　　　表 10-11

项　　目	h 型 抗 滑 桩		
	后排抗滑桩	前排抗滑桩	系梁
2m×1.5m 灌注桩（m）	18	18.4	—
2m×1.5m 灌注桩单价（元/m）	3302.06	3302.06	—
2m×1.5m 灌注桩费用（元）	59437.08	60757.90	—
钢筋用量（kg）	9335	9572	903
钢筋综合单价（元/kg）	5.46	5.46	5.46
钢筋费用（元）	50967.95	52263.12	4930.38
C30 混凝土用量（m³）	—	—	6
混凝土综合单价（元/m³）	520.80	520.80	520.80
混凝土费用（元）	—	—	3124.80
土石方（m³）	84	81	18
土石方单价（元/m³）	57.10	57.10	57.10
土石方费用（元）	4796.4	4725.1	1027.8
各类桩费用总计（元）	115201.43	117928.38	9082.98
合计（元）	242212.79		

两种治理方案的工程经济性比较结果见表 10-12。

工程方案经济对比表   表 10-12

项　目	大截面抗滑桩	h 型组合式抗滑桩
混凝土灌注桩（m）	20	36.4
混凝土灌注桩单价（m）	7246.48	3302.06
混凝土灌注桩费用（元/m）	144929.6	120194.98
基础钢材钢筋用量（kg）	26985.14	18907
基础钢筋综合单价（元/kg）	5.46	5.46
基础钢材钢筋费用（元）	147338.86	103232.22
系梁钢筋用量（kg）	—	903
系梁钢筋综合单价（元/kg）	—	5.75
系梁钢筋费用（元）	—	5190.12
系梁 C30 混凝土用量（m³）	—	6
系梁混凝土综合单价（元/m³）	—	520.80
系梁混凝土费用（元）	—	3124.80
土石方（m³）	216	183
土石方单价（元/m³）	57.10	57.10
土石方费用（元）	12333.6	10449.3
各类桩费用总计（元）	304602.06	242212.79
与大截面抗滑桩造价下降比	—	25.75%

　　表 10-12 计算显示，h 型组合式抗滑桩方案（右翼方案）相对于大截面抗滑桩方案（左翼方案）整体工程量有部分下降，工程造价降低了约 25.75%。相比 h 型组合式抗滑桩，大截面抗滑桩存在钢材使用量大、造价高等缺点。

　　在同等滑坡推力作用条件下，h 型组合式抗滑桩较普通抗滑桩节省工程成本，这说明 h 型组合式抗滑结构的应用在较大的提升支挡工程的性能同时，优化了工程设计，节约了工程的成本，实现成本节约与技术先进的有效结合。通过比较发现，采用抗滑桩治理大型滑坡时，桩型的选择是非常关键的，选择适合的桩型，能够在有效达到治理目的的同时，节省工程造价。

10.7　h 型组合式抗滑桩施工中其他说明

　　（1）组织施工前，施工单位认真查阅了施工图和相应的标准、规范，并严格按照国家有关部委颁布的现行有关规范、规定和本设计的有关要求进行施工。图 10-8 为重庆南川—贵州道真高速公路滑坡防治工程中采用的 h 型组合式抗滑桩群。

　　（2）在施工过程中，施工单位做好了记录和地质编录工作，并加强监控和信息反馈工作，采用动态设计方法，发现有与设计不符或有任何异常，及时与设计单位联系解决。

　　（3）在施工过程中，施工单位仔细做好了施工质量检验评定和工序交接的工作，并加强监控和信息反馈工作。

　　（4）h 型组合式抗滑桩的施工分为三个分项工程：抗滑桩后排桩桩基、抗滑桩前排桩桩基、桩连系梁。

(5)施工检测与动态设计:滑坡采用动态设计,施工期间严格进行施工监测工作,施工完成不间断进行防治效果监测和营运期监测,以施工安全检测和防治效果监测为主,以监测结果作为判断滑坡稳定状态、指导施工、反馈设计和防治效果检验的重要依据。

(6)施工期间有专人组织交通并观测滑坡变形和道路情况,以保证省道行车和施工安全。

图10-8 h型组合式抗滑桩群

10.8 本章小结

南川至贵州道真高速公路重庆段 TJ2 工区石坝沟滑坡抗滑桩工程由重庆市交通规划勘察设计院承担工程设计,重庆建工集团、重庆交建集团承担工程施工。h 型组合式抗滑桩作为一种新型抗滑结构,其施工工艺目前尚未有大量的工程实践参考。施工单位在 TJ2 工区 h 型组合式抗滑桩施工过程中克服了许多困难,解决了许多施工难题,确保了施工质量与进度。

h 型组合式抗滑桩的施工是一个质量要求高、施工工序多、施工工期紧凑的地下隐蔽工程。整个施工过程系统性强,复杂性高。目前,国内外对此种组合式抗滑桩施工工艺的研究尚处于探索阶段,很不系统和全面,尚没有直接可供参考的工序指导实践。在 h 型组合式抗滑桩的受力特性、工程经济性研究方面,通过以南川至贵州道真高速公路重庆段 TJ2 工区石坝沟滑坡抗滑桩工程作为依托工程,可为后期 h 型组合式抗滑桩的设计和施工提供参考。通过本工程实例,得到以下结论:

(1)在滑坡推力较大,受力条件相同的情况下,选择适合的桩型,能够更好地达到治理滑坡的目的,h 型组合式抗滑桩结构本身整体刚度较大,对地基的要求也相对较低的优点,使用 h 型组合式抗滑桩实现了滑坡防治工程的优良效果。

(2)力学技术指标方面,在滑坡推力相同的情况下,通过对比大截面抗滑桩和 h 型组合式抗滑桩的受力状态得出,h 型组合式抗滑桩桩身的最大弯矩值和最大剪力值相比大截面抗滑桩,都较有优势,桩身受力更合理,采用较小截面,节约工程造价。

(3)技术经济性方面,通过对比分析在治理滑坡中采用的两种结构形式——h 型组合式抗滑桩和大截面抗滑桩的工程量和工程造价,得出 h 型组合式抗滑桩治理滑坡的方案相对于大截面抗滑桩方案,整体工程量有部分下降,节约了钢筋的使用量和混凝土的使用量,工程造价降低。

第11章 重庆市渝澳大桥至两路口分流道边坡防护工程

11.1 项目背景

重庆市渝中区上清寺、两路口片区由于其特殊的地理位置,进出渝中半岛的车辆都要来此转换,两路口环道、中山三路、八一隧道、向阳隧道的通行能力已经饱和,长期的拥堵制约了周边经济发展,阻碍了广大市民的生产生活,对该片区交通问题的投诉意见非常强烈,见图11-1。本项目的推进,能有效地缓解该片区交通瓶颈问题,改善路网结构,提高城市运行效率。

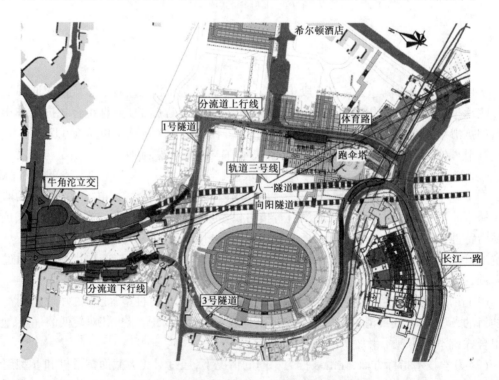

图11-1 两路口分流道平面布置图

两路口分流道上行线为渝澳大桥至长江一路方向,北起渝澳大桥至上清寺左转匝道桥,沿轨道3号线东侧高架跨越牛角沱立交,上跨八一隧道,下穿体育路后,在跳伞塔附近出洞,右转接长江一路至大坪方向。

两路口分流道下行线为长江一路至嘉陵江大桥方向,南起长江一路,在长江一路上增设大坪至江北方向左转匝道,上跨长江一路健康路口后,下穿健康路、桂花园路,在渝中区交巡警大队附近出洞,沿牛角沱公交站场西侧通过,再下穿嘉陵路,右转接牛滴路,通过嘉陵江大桥南桥头立交通往江北方向。

11.1.1　1号隧道设计概况

1号隧道位于上行线上,隧道全长313m。隧道平面主要布置在现状体育路下方,隧道设计高程距体育路路面高差6.5~12m,见图11-2、图11-3。

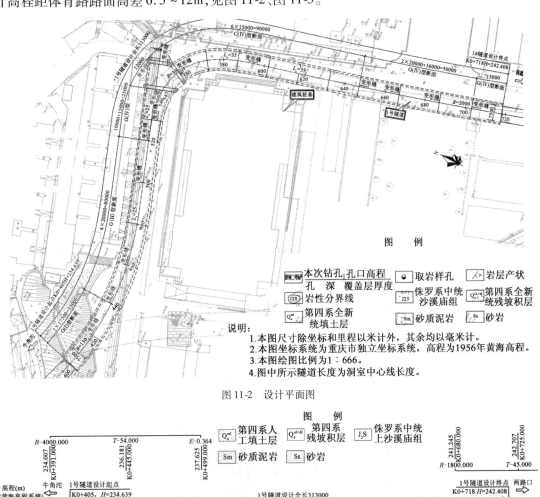

图 11-2　设计平面图

图 11-3　设计侧面图

隧道衬砌采用闭合箱形断面部框架结构,外设置柔性防水层,采用明挖法施工,隧道断面设计见图11-4。

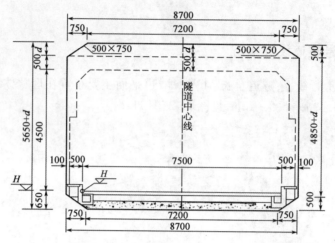

图11-4　隧道内轮廓设计(尺寸单位:mm)

受周边建筑限制无放坡条件,基坑开挖需在进行必要支护后进行垂直开挖。隧道开挖支护拟采用钢横撑＋排桩支护,保证基坑开挖同时两边建筑及人行道的正常运营。支护断面见图11-5。

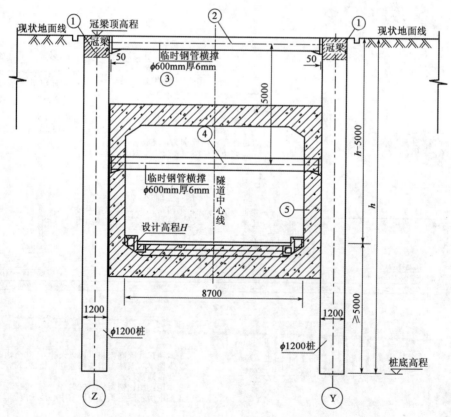

图11-5　基坑支护断面一般构造图(尺寸单位:mm)

11.1.2　堡坎基坑范围

K0+405~K0+506 段基坑位于现状堡坎上,受地形限制采用钢管横撑+排桩支护方案难以实现,钻探期间,设计技术人员对该段基坑同期进行了详细的现场调查,结合钻探情况,经过认真分析基坑规模和变形机制、机理,考虑各方面影响因素后,基于安全性和环境要求情况提出了双排桩支挡方案(方案一)和单排桩板式挡土墙支挡方案(二),经与业主、技术及管理人员现场探讨,充分考虑滑坡实际情况后,决定采用双排桩桩支护措施。堡坎基坑开挖一般剖面图如图 11-6 所示。

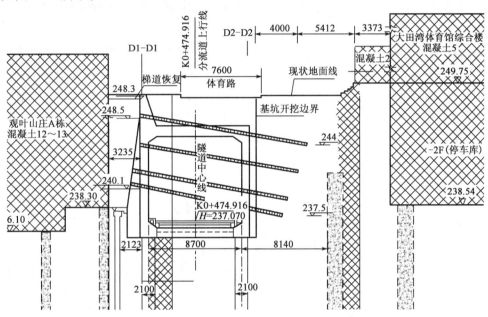

图 11-6　堡坎基坑开挖一般剖面图(尺寸单位:mm;高程单位:m)

11.2　工程地质概况

11.2.1　地理位置与交通

重庆市渝中区上清寺—两路口分流通道位于上清寺、两路口片区,主要在牛角沱立交~长江一路一带,途经八一、向阳隧道、体育路、健康路等,交通较为方便。

11.2.2　气象及水文

根据重庆市气象局1951—2010年间的气象观测资料,本区段所在地区总的气象特征具有空气潮润、春旱夏长、冬暖多雾、秋雨连绵的特点。

(1)气温。多年平均气温18.3°,极端最高气温43.0℃(2007年8月15日),极端最低气温-1.8℃(1955年1月11日)。最冷月(一月)平均气温7.7℃,最冷月(一月)平均最低气温

5.7℃。最大平均日温差 11.9℃（1953 年 7 月）。

（2）降水量。多年平均降水量 108.26mm，降雨多集中在 5～9 月；日最大降水量 192.9mm（1956 年 6 月 25 日），雨季平均起讫日期为 5 月 2 日～9 月 27 日。一次连续最大降水量 190.9mm（1956 年 6 月 24 日 21 时 00 分～6 月 25 日 15 时 46 分），经历时间长 18 时 46 分。

（3）湿度。年蒸发量 1079.2mm。最大年蒸发量 1347.3mm，出现年份为 1959 年。年平均相对湿度 79%，年平均绝对湿度 17.7hPa。

（4）风。全年主要风向向北，全年平均风速为 1.3m/s 左右，最大风速为 26.7m/s（1981 年 5 月 10 日）。

重庆市渝中区上清寺—两路口分流通道工程沿线无常年性溪河，地表水系不发育。

11.2.3 地形地貌

场区地貌宏观上属长江、嘉陵江河流侵蚀丘陵，为两江分水岭，地形总体较平坦，局部地段较陡，因人类活动频繁，原始地形遭到破坏，地面经人工改造成房屋地坪或道路，地形呈多级平台状，平台高一般 2.00～3.0m，宽 15～20m，地形呈折线形坡。地形总体坡角 5°～15°，局部可达 40°～60°，目前地面高程 192～265m，相对高差约 73m。

11.2.4 地质构造

路线沿线位于川东南弧形构造带，华蓥山帚状褶皱构造束东南部，龙王洞背斜西冀近轴部区域。牛角沱立交至八一、向阳隧道洞口地段岩层产状 195°∠8°；八一、向阳隧道洞口至长江一路地段岩层产状 220°∠7°。区内无断层，地质构造简单。

场区内主要发育组构造裂隙：①J1 组倾向 320°～324°，倾角 70°～80°，间距 2.0～3.0m，裂隙面平直，延伸 8～10m；②J2 组倾向 10°，倾角 50°～77°，裂隙闭合，延伸 3～10m。

上述两组裂隙为区域性构造裂隙，呈共轭"X"形，延伸较远，规律性较强。砂质泥岩体内节理面较为粗糙，舒缓起伏，张开度 1～3mm，局部有泥质、岩屑碎石或方解石充填；砂岩体内节理面多平直，张开度 1～2mm。

11.2.5 地层结构

经地面地质调查和搜集的相关地质资料反映，场地内出露地层为一套强氧化环境下的河湖相碎屑岩沉积建造。由砂岩—砂质泥岩不等厚的正向沉积韵律层组成。以紫红色、暗紫红色泥岩、粉砂质钙质泥岩为主，夹黄灰色、灰色中至厚层状细粒长石砂岩。出露的地层由上而下依次可分为第四系全新统填土层（Q_4^{ml}）和侏罗系中统沙溪庙组（J_{2s}）沉积岩层。

11.2.6 水文地质条件

场地位于长江与嘉陵江河间坪状丘陵分水岭，场地内出露岩层为河湖相沉积岩，以泥质岩为主，地表水径流条件较好，水文地质条件简单。

根据地下水的赋存条件、水理性质和水力特征，按地下水类型可分为松散层岩类孔隙水和碎屑岩类孔隙裂隙水两类。

11.2.7 地震

根据《中国地震动峰值加速度区划图》(GB 18306—2015)图 A1 及《中国地震动反应谱特征周期区划图》(GB 18306—2015)图 B1,调查评价区地震动峰值加速度为 0.05g,地震动反应谱特征周期为 0.35s,抗震设防烈度为 6 度。

11.2.8 人类工程活动

本工程涉及的地下洞室包括 1 号~3 号人防洞室、向阳和八一隧道、轨道交通 3 号线两路口~牛角沱区间隧道、轨道交通 1 号线两路口~鹅岭区间隧道以及 1 号线两路口车站;其中向阳和八一隧道及轨道交通 1、3 号线在正式运营当中,现状稳定。

1 号~3 号人防洞室洞宽 2.00~2.50m,洞高 1.50~2.50m,顶板高程 196.26~205.06m,底板高程 194.06~202.83m。该洞室部分段已衬砌,部分段仍为毛洞,洞室围岩为砂质泥岩。

通过本次地面地质调查、走访确认,路线范围内未见岩土变形迹象,也未发现滑坡、泥石流、地面塌陷、危岩和崩塌等不良地质现象。

11.3 堡坎基坑规模与变形机理分析

11.3.1 基坑形态规模特征

根据现场调查知,本段堡坎为人造堡坎,受周边建筑修建平场回填形成,现状堡坎为桩锚挡土墙,基坑开挖形成边坡高度 10.0~12.3m。堡坎基坑平面如图 11-7 所示,堡坎基坑典型剖面图如图 11-8 所示,堡坎全貌如图 11-9 所示,堡坎局部图如图 11-10 所示,门架式桩施工现场如图 11-11 所示。

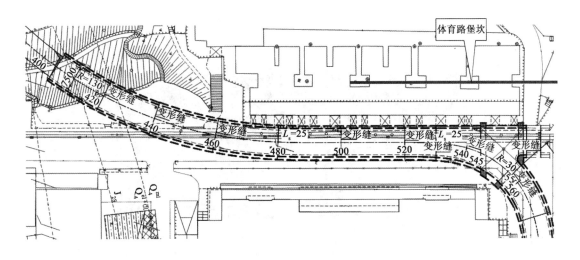

图 11-7 堡坎基坑平面(尺寸单位:mm)

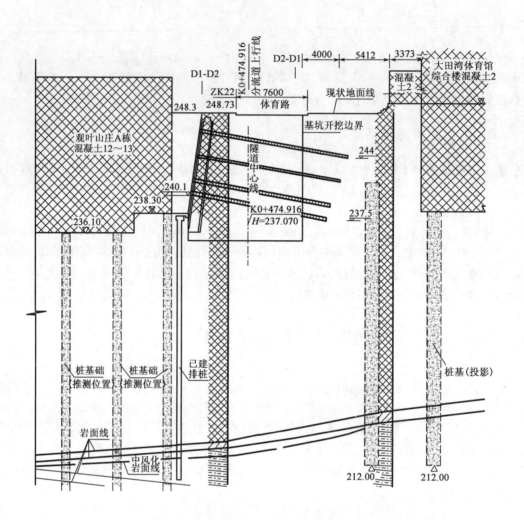

图 11-8　堡坎基坑典型剖面图(尺寸单位:mm)

图 11-9　堡坎全貌图

图 11-10　堡坎局部图

图 11-11　门架式桩施工现场

11.3.2　堡坎基坑类型及变形破坏模式

该段岩土界面相对平缓,基坑施工时,土体不易沿基岩面产生整体滑动,但土坡易在土体内部发生圆弧形滑动,下部岩坡整体稳定,结合本段隧道两侧建筑物相对较多,部分间距较近。

11.4　主要工程设计

11.4.1　设计原则

(1)安全:控制变形,保证整个施工过程安全。

(2)倾向重点,防治结合:在兼顾改善下部斜坡岩土体稳定情况下,遵循"防治结合,合理利用土地"的原则。

(3)经济合理:在保证安全的基础上尽量节约投资,可以采用简便易行、易于控制的方法。

(4)施工工期:施工图设计考虑尽量控制缩短施工周期。

11.4.2 支护分析

根据现场调查知,堡坎基坑开挖过程中基坑顶部需保证现状临时转换道路的车辆通行,且该区域管线众多,需重点控制基坑变形,保证整个施工过程中基坑顶部的安全。

从上述分析可知,堡坎基坑具有自身特点,采用清除方案将进一步导致斜坡土体变形向后缘发展,进而导致斜坡土体大规模变形,治理方案初拟过程中即排除了大规模清方方案,滑坡治理思路主要围绕支挡方案进行。

方案一:门架桩支护方案。

门架桩设置于基坑内侧边坡坡顶平台处,同时桩径较小便于桩孔开挖作业。该方案主要优点是控制变形较好,费用相对较低,且保证基坑顶部临时便道通车的可靠性,为推荐方案。

方案二:单排桩支护方案。

单排桩板墙设置于基坑前缘边缘处,桩基数量减小但桩截面面积增大,且单排桩嵌固深度增加,桩混凝土加挡土板混凝土工程量比方案一桩混凝土有一定增加,其费用有一定增加,初步估算费用,该方案比方案一费用增加25%~30%,同时由于该方案支挡结构对变形约束效果不好,故考虑采用方案一作为设计方案。

11.4.3 支护方案设计

单排桩支护方案:采用1500mm×1800mm方桩,纵向间距3000mm。

门架桩支护方案:采用两根直径1200mm圆桩(桩间距4000mm)通过横梁(1200mm×1000mm)连接成门架桩支护结构,纵向间距2000mm,门架桩布置如图11-12~图11-15所示。

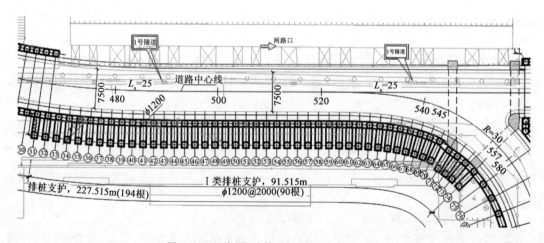

图11-12 堡坎基坑支护平面图(尺寸单位:mm)

桩基成孔采用人工挖孔,C20钢筋混凝土护壁;第四系松散土层,强风化岩体和完整性比较差的弱风化岩体段均应进行护壁。

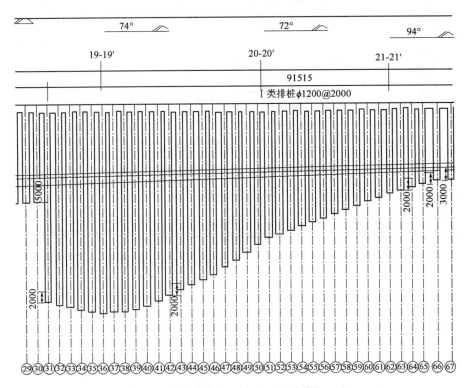

图 11-13　堡坎基坑支护纵断面图(尺寸单位:mm)

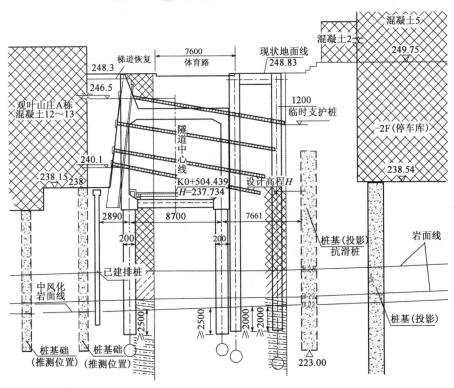

图 11-14　门架桩支护地质剖面图(尺寸单位:mm)

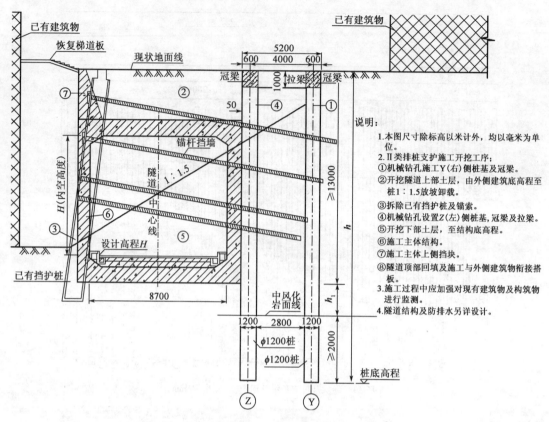

图 11-15　门架桩支护一般构造图(尺寸单位:mm)

11.4.4　计算分析

选用典型断面作为分析对象,并用弹塑性空间有限元工具对其进行分析。其岩体参数见表 11-1,模型尺寸见上述分析。弹塑性空间数值分析采用通用有限元程序 MIDAS/GTS 进行。

岩土体力学参数表　　　　　　　　　　　　　　　表 11-1

岩土名称	重度 (kN/m³)	单轴饱和抗压强度标准值 (MPa)	黏聚力 c (kPa)	内摩擦角 φ (°)	弹性模型 (MPa)	泊松比 v
杂填土	19.5	—	0	25	40	0.45
粉质砂土	19.8	—	20	10	40	0.45
砂岩	25.0	22.0	1000	34	1400	0.21
泥岩	25.6	7.7	240	30	700	0.38
混凝土 C20	25.0	—	—	—	25500	0.20
混凝土 C25	25.0	—	—	—	28000	0.20
混凝土 C30	25.0	—	—	—	30000	0.20
混凝土 C40	25.0	—	—	—	32500	0.20
锚杆钢筋	78.5	—	—	—	20600	0.30

如图11-16～图11-21所示为计算的结果图。图11-16为堡坎基坑计算模型图,图11-17为堡坎基坑计算模型图(单桩支护),图11-18为堡坎基坑开挖后周边位移场图(门架桩支护),图11-19为堡坎基坑开挖后周边位移场图(单排桩支护),图11-21为门架桩支护弯矩内力图,图11-21为门架桩支护轴力内力图。

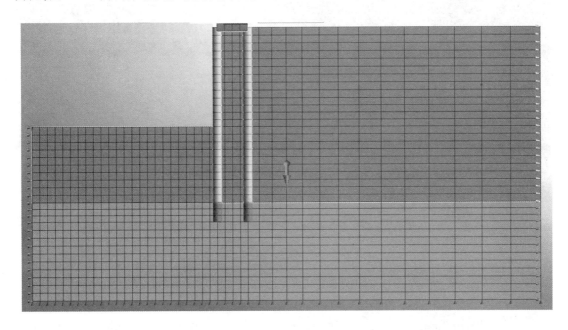

图11-16 堡坎基坑计算模型图(双排桩支护)

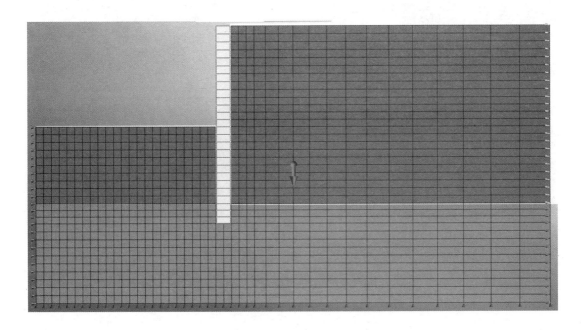

图11-17 堡坎基坑计算模型图(单桩支护)

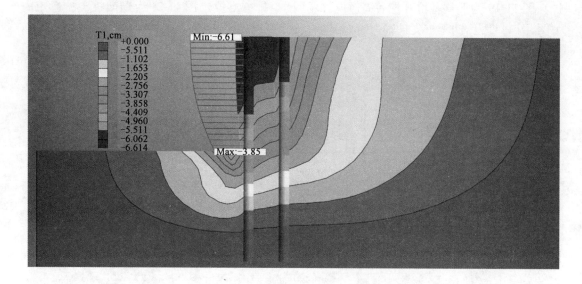

图 11-18　堡坎基坑开挖后周边位移场图（门架桩支护）

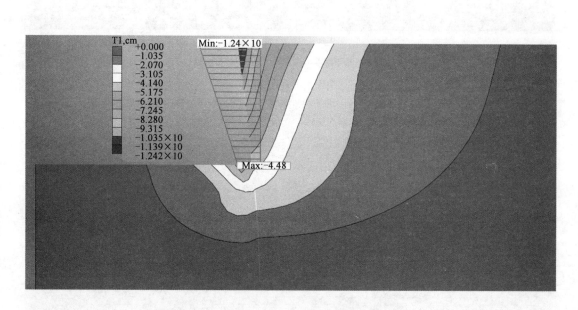

图 11-19　堡坎基坑开挖后周边位移场图（单排桩支护）

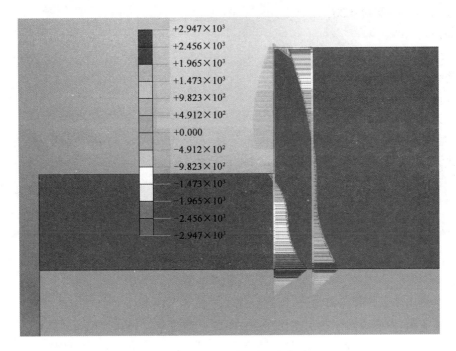

图 11-20　门架桩支护弯矩内力图

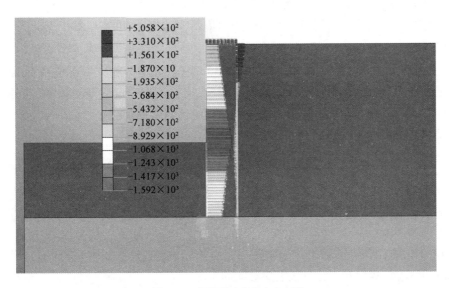

图 11-21　门架桩支护轴力内力图

通过双排桩支护方案、单排桩支护方案位移场对比分析知,门架桩有效约束了基坑横向变形。基坑最大水平位移:12.4cm(单排桩支护方案)、6.6cm(门架桩支护方案)。

门架桩配筋图如图 11-22 所示。

(1)已知条件

$D=1200$mm。

计算长度 $L=18.00$m。

混凝土强度等级 C30，$f_c = 14.30\text{N/mm}^2$，$f_t = 1.43\text{N/mm}^2$。

纵筋级别 HRB400，$f_y = 360\text{N/mm}^2$。

箍筋级别 HPB300，$f_y = 270\text{N/mm}^2$。

轴力设计值 $N = 550.00\text{kN}$。

弯矩设计值 $M_x = 1473.00\text{kN} \cdot \text{m}$。

（2）计算结果

①纵筋：$28\phi25$（13744mm^2，$\rho = 1.22\%$）$> A_s = 6925\text{mm}^2$，配筋满足。

②箍筋：$d12@150$（$1508\text{mm}^2/\text{m}$，$\rho_{sv} = 0.13\%$）$> A_{sv}/s = 1274\text{mm}^2/\text{m}$，配筋满足。

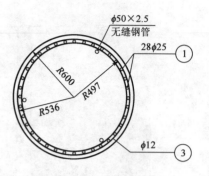

图 11-22　门架桩支护配筋断面图

11.4.5　监测工程设计

基坑监测以地表位移监测为主，内容包括水平位移监测和垂直位移监测、裂缝监测、抗滑桩桩顶位移监测，监测方法采用全站仪、光电测距仪、水准仪、标桩、直尺或裂缝仪，在滑坡体设置多条测线，测线交叉布置，以能控制滑坡周界，并适当外扩一定范围为原则，形成观测网；测线上布设观测点 26 个，地表位移观测点采用水泥墩制作。

观测周期：观测网建立期间及施工治理期间应适当缩短观测时间，前 1 个月可考虑 3d 观测一次，以后正常天气可按 5~7d 一次的观测频率，雨季及降雨期间应加密观测，尤其应注意观测收集降雨前天，降雨期间，降雨后 1d、2d、3d、4d、5d、7d、10d 变形资料，并收集记录天气变化情况，记录降雨量、降雨时间段、降雨强度等指标，支挡工程完成后观测频率适当降低，一般情况下可 15d 观测一次，连续多日降雨期间和雨后应适当增加观测次数。

观测期限：整个施工周期。

资料分析：根据观测资料，采用多种方法分析基坑变形特征，预测其变形趋势，进行预警，评价治理效果。

11.4.6　施工注意事项

（1）在组织施工前，认真查阅本施工图和相应的标准、规范。并严格按照国家有关部委颁布的现行有关规范、规定和本设计的有关要求进行施工。

（2）施工单位在施工前向主管部门提交相应的施工组织计划和安全保障措施，安全保障措施应包括滑坡范围的居民生活生产设施、行人、车辆及施工作业工作人员的人身安全等。

（3）门架式组合桩施工工序。

门架式组合桩结构施工完成后，方可进行基坑开挖，且桩基础施工中若遇到锚索，应和锚索浇筑在一起，避免提前损害锚索。

分段开挖基坑，根据开挖深度逐步拆除锚索，避免堡坎提前失稳。

（4）桩施工。

作业顺序：设备进场、备料→截水沟、临时排水设施→人工挖孔、护壁→钢筋制安→C30 混凝土浇筑→养护（为保证作业安全，抗滑桩施工采用由两侧向中部逐步推进的方式进行，即按照先两侧后中间的施工工序进行）。

门架式组合桩施工严格执行跳挖法施工，斜坡稳定程度很差时，应分为三个施工批次实施，以保证施工安全。桩基础在挖孔过程中，派专业地质工程师对地质情况进行现场编录，以复核实际地质情况是否与设计一致；每根桩基础编录内容应包括位置（坐标）、地面高程、基岩面高程、强弱风化面高程等。

挖孔时，应预留护壁、锁口等空间，以保证桩基础的净截面的误差只能为正，不能为负。

灌注 C30 混凝土时，必须连续进行，不得有中途停浇状况。当有意外情况需加快施工进度时，宜采用速凝、早强混凝土。

桩基础钢筋制作可分段进行，采用机械连接，同一截面接头数量不应超过钢筋总数的 1/2。

施工时，若井中有地下水渗出时，抽干孔中积水再浇混凝土，否则采用水下混凝土浇筑的方法。每根桩必须一次性连续浇筑完成，并按规定振捣，以防断桩。成桩后，每根桩均应进行桩身质量无损检测，如有不合格者，应采取补救措施。

该段桩基础应间隔施工，待第一批桩混凝土强度达到 70% 后，方可进行下一批桩的施工。

挖掘前必须向工人进行技术交底，注意抓好下挖、吊运弃土、支模护壁、找正等几个重要环节。桩身嵌固段尽可能避免放炮开挖，以免破坏岩体的完整性和引起孔壁坍塌。对通风、排水、照明、信号联络亦应注意。在孔深超过 10m 时，每天开挖前必须先检测井下有无有毒、有害气体，并采取相应的强制通风措施。井下照明应采用 30V 安全电压和电缆分段与井壁相固定，长度适中，防止与吊桶相碰。

桩基础施工须保证嵌固段长度。

（5）施工检测与动态设计。

采用动态设计，施工期间严格进行施工监测工作，施工完成后应不间断进行防治效果监测和营运期监测，以施工安全检测和防治效果监测为主，监测结果作为判断基坑稳定状态、指导施工、反馈设计和防治效果检验的重要依据。

（6）施工期间有专人组织交通并观测滑坡变形和道路情况，保证行车和施工安全。

（7）施工过程中，施工单位仔细做好记录和地质编录工作，加强监控和信息反馈工作，采用动态设计方法，发现有与设计不符或有任何异常，及时与设计单位联系解决。

11.5　本章小结

门架式抗滑桩在渝澳大桥至两路口南北分流道工程的成功应用，证明了组合式抗滑支挡结构不但可以用于滑坡防治工程中，对堡坎基坑、边坡工程的支护也同样适用。

同时，以门架式抗滑结构、h 型组合式抗滑桩为代表的组合式支挡结构使用范围不断拓展，并获得良好的支挡效果，充分说明了此类支挡结构具有较优的结构合理性和技术经济性，值得推广应用。

参 考 文 献

[1] 张倬元,王士庆,王兰生.工程地质分析原理[M].2版.北京:地质出版社,1994.

[2] 王恭先.滑坡防治工程措施的国内外现状[J].中国地质灾害与防治学报,1998(1):1-9.

[3] Hoek E, Bray J. Rock slope engineering[M]. London:Institution of Mining and Metallurgy, 1977:492-494.

[4] Zaruba Q, Mencl V. Instabilities (Book reviews:landslides and their control)[J]. Science, 1970, 168.

[5] Duncan J M, Brandon T L. Soil strength and slope stability[J]. Slope Failure, 2005.

[6] Cornforth D. Landslides in practice[M]. New York:John Wiley & Sons,2005.

[7] Abramson L W. Slope stability and stabilization methods[J]. Slopes, 2002.

[8] Bromhead E N. The stability of slopes[J]. Blackie Academic & Professional, 1986, 10(1): 77-79.

[9] Goodman, Richard E. Methods of geological engineering in discontinuous rocks[M]. Minnesota: West Pub. Co, 1976.

[10] 卢螽楒.浅论易滑地层[J].山地学报,1988,6(2):57-60.

[11] 李远耀,殷坤龙,柴波,等.三峡库区滑带土抗剪强度参数的统计规律研究[J].岩土力学,2008,29(5):1419-1424.

[12] 黄润秋,徐则民.西南典型城市环境地质问题与城市规划[J].中国地质,2007,34(5):894-906.

[13] 黄润秋,黄达,宋肖冰.卸荷条件下三峡地下厂房大型联合块体稳定性的三维数值模拟分析[J].地学前缘,2007,14(2):270-277.

[14] 许强,黄润秋,殷跃平,等.2009年6·5重庆武隆鸡尾山崩滑灾害基本特征与成因机理初步研究[J].工程地质学报,2009,17(4):433-444.

[15] 刘天翔,许强,黄润秋,等.三峡库区塌岸预测评价方法初步研究[J].成都理工大学学报(自科版),006,33(1):77-83.

[16] 王广德,葛华,刘汉超,等.重庆市万州区塌岸模式及影响因素分析[J].中国地质灾害与防治学报,2008,19(3):148-151.

[17] 吉锋,葛华,刘汉超,等.三峡库区重庆市万州区塌岸现状调查[J].山地学报,2007,25(2):190-196.

[18] 秦凯旭,石豫川,刘汉超,等.三峡库区某滑坡体成因机制分析与稳定性评价[J].水土保持研究,2006,13(5):84-86.

[19] 葛华,汉超.万州草街子双堰塘滑坡稳定性影响因素敏感性分析[J].国地质灾害与防治学报,2003,4(2):15-18.

[20] 黄润秋,林峰,陈德基,等.岩质高边坡卸荷带形成及其工程性状研究[J].工程地质学报,2001,9(3):227-232.

[21] 李玉生.重庆市三峡库区若干重大地质灾害隐患[J].中国地质灾害与防治学报,2010,

21(1):133-135.

[22] 范泽英,徐刚.武水高速公路白云隧道地质勘察技术及应用[J].地下空间与工程学报,
2008,4(6):1116-1120.

[23] 牛建中,熊开治.重庆市武隆县巷口镇河坝危岩带稳定性研究[J].山西建筑,2010,
36(1):130-132.

[24] 柴贺军,阎宗岭,贾学明.土石混填路基修筑技术[M].北京:人民交通出版社,2009.

[25] 柴贺军,李海平,王俊杰.山区公路斜坡地形路基病害类型及处治方法[J].公路交通技
术,2008(6):1-5.

[26] 冯五一,唐胜传,柴贺军.三峡库区巴东组地层超长桩桩侧摩阻力的自平衡试验[J].交
通标准化,2008(6):113-115.

[27] 李远耀,殷坤龙,柴波,等.三峡库区滑带土抗剪强度参数的统计规律研究[J].岩土力
学,2008,29(5):1419-1424.

[28] 吴益平,余宏明,胡艳新.巴东新城区紫红色泥岩工程地质性质研究[J].岩土力学,
2006,27(7):1201-1203.

[29] 余宏明,胡艳欣,张纯根.三峡库区巴东地区紫红色泥岩的崩解特性研究[J].地质科技
情报,2002,21(4):77-80.

[30] 殷跃平,胡瑞林.三峡库区巴东组(T_2b)紫红色泥岩工程地质特征研究[J].工程地质学
报,2004,12(2):124-135.

[31] 地质矿产部编写组.长江三峡工程库岸稳定性研究[M].北京:地质出版社,1988.

[32] 李守定,李晓,张年学,等.三峡库区侏罗系易滑地层沉积特征及其对岩石物理力学性质
的影响[J].工程地质学报,2004,12(4):385-389.

[33] 高振中.长江三峡地区沉积演化研究[M].北京:地质出版社,1999.

[34] 铁道第二勘察设计院.铁路路基支挡结构设计规范[M].北京:中国铁道出版社,2006.

[35] 王恭先.日本的滑坡防治技术[J].铁道建筑,1987(9):11-14.

[36] 王恭先.滑坡防治工程措施的国内外现状[J].中国地质灾害与防治学报,1998(1):1-9.

[37] JuranI, Benslimane A, Bruce D A. Slope stabilization by micropile reinforcement[J]. Land-
slides, 1996, 5:1718-1726.

[38] 章勇武,马惠民.山区高速公路滑坡与高边坡病害防治技术实践[M].北京:人民交通出
版社,2007.

[39] 马惠民,王恭先,周德培.山区高速公路高边坡病害防治实例[M].北京:人民交通出版
社,2006.

[40] 闵顺南,徐凤鹤,袁建国.施溶溪2号滑坡整治中的椅式桩墙[J].路基工程,1987(3):
35-43.

[41] 程知言,张可能,裴慰伦,等.双排桩支护结构设计计算方法探讨[J].地质与勘探,2001,
37(2):88-90.

[42] Mindlin R D. Force at a point in the interior of a semi-Infinite solid[J]. Physics, 2004,
7(5):195-202.

[43] Brows B B.侧向受力桩的技术现状[M]//抗滑桩译文选.西南交通大学隧道及地下铁道

专业情报组译. 成都:铁道部第二勘察设计院科研所,1977.

[44] Baguelin F, Frank R, Said Y H. 关于桩侧向反力机理的理论研究[M]//抗滑桩译文选. 汪锡民译. 铁道部第二堪察设计院研究所,1979.

[45] Chang C Y, Duncan J M. Analysis of soil movement around a deep excavation[J]. Journal of Soil Mechanics & Foundations Div, 1970, 96(5):1655-1681.

[46] Nicu N D, Antes D R, Kessler R S. Field measurements on instrumented piles under an overpass abutment[M]. New Delhi:Highway Research Record,1971:88-92.

[47] Stewart D P, Jewell R J, Randolph M F. Design of piled bridge abutments on soft clay for loading from lateral soil movements[J]. Géotechnique, 1994, 44(2):277-296.

[48] 房营光,莫海鸿. 深基坑工程施工过程动态反演与变形预测的半解析分析[J]. 岩石力学与工程学报,2002,21(10):1562-1567.

[49] 何颐华,杨斌,金宝森,等. 双排护坡桩试验与计算的研究[J]. 建筑结构学报,1996(2):58-66.

[50] 余志成,施文华. 深基坑支护设计与施工[M]. 北京:中国建筑工业出版社,1997.

[51] 龚晓南. 深基坑工程设计施工手册[M]. 北京:中国建筑工业出版社,1998.

[52] 龚晓南. 土工计算机分析[M]. 北京:中国建筑工业出版社,2000.

[53] 杨雪强,刘祖德,何世秀. 论深基坑支护的空间效应[J]. 岩土工程学报,1998,20(2):74-78.

[54] 黄强. 深基坑支护工程设计技术[M]. 北京:机械工业出版社,1995.

[55] Pei-Yi L U. Finite element analysis of double-row piles in consideration of dimensional effect [J]. Journal of Tianjin University, 2006, 39(8):963-967.

[56] Cai Y, Lianfa R, Wu S, et al. Finite element analysis and application of deep excavation with retaining structure of double-row piles in soft clay[J]. Journal of Building Structures, 1999, 20(04):65-71.

[57] 蔡袁强,赵永倩,吴世明,等. 软土地基深基坑中双排桩式围护结构有限元分析[J]. 浙江大学学报(工学版),1997(4):442-448.

[58] 王湛,刘冰花. 双排桩计算方法探讨[J]. 防灾减灾学报,2001,17(2):64-68.

[59] Ying H, Chu Z. Finite element analysis of deep excavation with braced retaining structure of double-row piles[J]. Chinese Journal of Rock Mechanics & Engineering, 2007.

[60] 戴智敏,阳凯凯. 深基坑双排桩支护结构体系受力分析与计算[J]. 信阳师范学院学报(自然科学版),2002,15(3):348-352.

[61] 万智,王贻荪,李刚. 双排桩支护结构的分析与计算[J]. 湖南大学学报(自科版),2001(s1):120-124+135.

[62] 平扬,白世伟,曹俊坚. 深基双排桩空间协同计算理论及位移反分析[J]. 土木工程学报,2001,34(2):79-83.

[63] 平扬. 关于"基坑支护桩结构优化设计"的讨论[J]. 岩土工程学报,2001,23(5):646-647.

[64] 曹俊坚,平扬. 考虑圈梁空间作用的深基坑双排桩支护计算方法研究[J]. 岩石力学与工

程学报,1999,18(6):709-712.

[65] 曹俊坚.深基坑双排桩支护计算理论与桩顶位移反馈计算方法研究[D].中国科学院武汉岩土力学研究所,1999.

[66] 黄凯,应宏伟,谢康和.深基坑圈梁与支护桩的相互作用分析[J].岩石力学与工程学报,2003,22(3):75-82.

[67] 王旭,晏鄂川,吕美君,等.埋入式双排桩—土体系桩间内力分配的模拟[J].煤田地质与勘探,2006,34(4):57-60.

[68] Zhou C Y, Liu Z Q, Shang W, et al. New mode for calculation of portal double row anti-sliding piles[J]. Rock & Soil Mechanics, 2005, 26(3):441-440.

[69] 蒋楚生. 椅式抗滑桩的内力计算[J]. 路基工程, 2004(1):57-59.

[70] Liu J L, Wang J L, Yuan F F. Influence of layout style on soil arching effect of double-row anti-slide piles[J]. Journal of the Graduate School of the Chinese Academy of Sciences, 2010.

[71] Yang B, Zheng Y R, Zhao S Y, et al. Two-row anti-slide piles in three kinds of typical landslide computations and stress rule analysis[J]. Rock & Soil Mechanics, 2010.

[72] 赵海玲. h形抗滑桩变形性状的研究[D]. 四川大学, 2005.

[73] 赵海玲,彭盛恩,王启智. 滑坡成因机制分析及治理措施[J]. 铁道建筑, 2004(11):55-58.

[74] Xiao S G. Approximate theoretical solution of distribution modes of landslide thrust on anti-sliding piles in soil-like slopes or landslides[J]. Yantu Gongcheng Xuebao/chinese Journal of Geotechnical Engineering, 2010, 32(1):120-123.

[75] Xiao S G. Analytical method for h-type combined anti-sliding pile retaining landslide or excavated slope and its application to practical projects[J]. Rock & Soil Mechanics, 2010.

[76] 肖世国. 椅型组合抗滑桩治理大推力滑坡的力学机制和计算理论研究[J]. 学术动态, 2009(1):27-29.

[77] Hassiotis S, Chameau J L, Gunaratne M. Design method for stabilization of slopes with piles[J]. Journal of Geotechnical & Geoenvironmental Engineering, 1999, 125(10):910-914.

[78] 史佩栋. 实用桩基工程手册[M]. 北京:中国建筑工业出版社, 1999.

[79] 吴恒立. 计算推力桩的综合刚度原理和双参数法[M]. 北京:人民交通出版社, 2000.

[80] 戴自航, 沈蒲生, 张建伟. 水平梯形分布荷载桩双参数法的数值解[J]. 岩石力学与工程学报, 2004, 23(15):2632-2638.

[81] 周春梅, 殷坤龙. 双参数法在抗滑桩设计中的运用[J]. 武汉理工大学学报, 2004, 26(10):35-37.

[82] 中华人民共和国行业标准. JGJ 120—1999 建筑基坑支护技术规程[S]. 北京:中国建筑工业出版社,1999.

[83] 铁道部第二勘察设计院.抗滑桩设计与计算[M]. 北京:中国铁道出版社,1983.

[84] 中华人民共和国行业标准. GB 50330—2002 建筑边坡工程技术规范[S]. 北京:中国建筑工业出版社, 2002.

[85] 中国地质环境监测院. 长江三峡工程库区滑坡防治工程设计与施工技术规程[M]. 北京:地质出版社, 2001.

[86] Reese L C, Wang S T, Fouse J L. Use of drilled shafts in stabilizing a slope[C]// Stability and Performance of Slopes and Embankments II. Reston, ASCE, 2010:1318-1332.

[87] Lee C Y, Poulos H G, Hull T S. Effect of seafloor instability on offshore pile foundations [J]. Canadian Geotechnical Journal, 2011, 28(5):729-737.

[88] 龙驭球,包世华.结构力学[M].北京:高等教育出版社,2006.

[89] 熊峰,李章政.简明结构力学[M].成都:四川大学出版社,2007.

[90] 马惠民,王恭先,周德培.山区高速公路高边坡病害防治实例[M].北京:人民交通出版社,2006.

[91] 李海光.新型支挡结构设计与工程实例[M].北京:人民交通出版社,2004.

[92] 赵明阶,何光春,王多垠.边坡工程处治技术[M].北京:人民交通出版社,2003.

[93] Jeong S, Kim B, Won J, et al. Uncoupled analysis of stabilizing piles in weathered slopes [J]. Computers & Geotechnics, 2003, 30(8):671-682.

[94] 中华人民共和国行业标准.JTG D30—2015 公路路基设计规范[S]. 北京:人民交通出版社,2015.

[95] Ito T, Matsui T, Hong W P. Design method for stabilizing piles against landslide-one row of piles[J]. Soils & Foundations, 1981, 21(1):21-37.

[96] Cai F, Ugai K. Numerical analysis of the reinforced with piles[J]. Soils Found, 2000, 40(1):66-69.

[97] 中华人民共和国行业标准. JGJ 94—2008 建筑桩基技术规范[S]. 北京:人民交通出版社, 1994.

[98] Reese L C. Laterally loaded piles: program documentation[J]. Journal of Geotechnical & Geoenvironmental Engineering, 1977, 103(12):287-305.

[99] Casagrande L. Comments on conventional design of retaining structures[J]. Journal of Soil Mechanics & Foundations Div, 1973, 99.

[100] Mcclelland B, Jr J A F. Soil modulus for laterally loaded piles[J]. Journal of the Soil Mechanics & Foundations Division, 1958, 82:1-22.

[101] Matlock H. Correlation for design of laterally loaded piles in soft clay[C]// Offshore Technology in Civil Engineering. Reston, ASCE, 1970:77-94.

[102] Stevens J B, Audibert J M E. Re-examination of P-Y curve formulations[J]. 1979.

[103] 中华人民共和国行业标准. GB 50010—2010 混凝土结构设计规范[S].北京:中国建筑工业出版社,2011.

[104] 中华人民共和国行业标准. GB 50009—2012 建筑结构荷载规范[S].北京:中国建筑工业出版社,2012.

[105] 江见鲸.混凝土结构工程学[M].北京:中国建筑工业出版社,1998.

[106] 张誉.混凝土结构基本原理[M].北京:中国建筑工业出版社,2012.

[107] 王铁成,混凝土结构设计原理[M].天津:天津大学出版社,2002.

［108］孙家乐,钦喜,许宝华.深基空间组合支护桩设计与工程应用［J］.工业建筑,1995,25(9):8-13.

［109］程知言,张可能,裴慰伦,等.双排桩支护结构设计计算方法探讨［J］.地质与勘探,2001,37(2):88-90.

［110］黄强.护坡桩空间受力简化计算方法［J］.建筑技术,1989(6):43-45.

［111］龚曙光.ANSYS基础应用及范例解析［M］.北京:机械工业出版社,2003.

［112］Robert L, Sanping Z. Numerical study on soil archingmechanism in drilled shafts for slope stabilization［J］. Soil and Foundation, 2002, 42(2): 83-92.

［113］贺建清,张家生,梅松华.弹性抗滑桩设计中几个问题的探讨［J］.岩石力学与工程学报, 1999, 18(5):600-602.

［114］Chen C Y, Martin G R. Soil-structure interaction for landslide stabilizing piles［J］. Computers & Geotechnics, 2002, 29(5):363-386.

［115］Ong D E L, Leung C F, Chow Y K. Behavior of pile groups subject to excavation-induced soil movement in very soft clay［J］. Journal of Geotechnical & Geoenvironmental Engineering, 2000, 126(11):1462-1474.

［116］Vermeer P A, Punlor A, Ruse N. Arching effects behind a soldier pile wall［J］. Computers & Geotechnics, 2001, 28(6):379-396.

［117］王成华,陈永波,林立相.抗滑桩间土拱力学特性与最大桩间距分析［J］.山地学报,2001,19(6):556-559.

［118］汤芃,韩雪松,冯莉梅,等.排桩基坑支护结构桩间土流失问题分析［J］.工程建设与设计,2008(3):68-70.

［119］中华人民共和国行业标准.GB 50204—2015 混凝土结构工程施工质量验收规范［S］.北京:中国建筑工业出版社,2015.